# ABITUR

Prüfungsaufgaben
mit Lösungen

# 2013



# Mathematik

Gymnasium • Gemeinschaftsschule
Schleswig-Holstein

2009–2012

STARK

ISBN 978-3-8490-0267-1


6. neu bearbeitete und ergänzte Auflage
www.stark-verlag.de

# Inhalt



* Die Teilaufgaben 2009 – Aufgabe 5 e und 2010 – Aufgabe 6 a enthalten Fragestellungen, die für das Abitur 2013 nicht mehr prüfungsrelevant sind.

**Zentralabitur 2011**



**Zentralabitur 2012**



Jeweils zu Beginn des neuen Schuljahres erscheinen die neuen
Ausgaben der Abiturprüfungsaufgaben mit Lösungen.

**Lösungen der Aufgaben:**

**Prof. Dr. Hinrich Lorenzen:**
2009: Aufgaben 3, 4, 5, 6; 2010: Aufgaben 1, 2, 4; 2011: Aufgaben 2, 3, 4, 5;
2012: Aufgaben 1, 2, 3, 4

**Oliver Thomsen:**
2009: Aufgaben 1, 2, 1 (CAS), 2 (CAS); 2010: Aufgaben 3, 5, 6, 1 (CAS), 2 (CAS);
2011: Aufgaben 1, 6, 1 (CAS), 2 (CAS); 2012: Aufgaben 5, 6, 1 (CAS), 2 (CAS)

# Vorwort

**Liebe Schülerin, lieber Schüler,**

mit diesem Buch möchten wir Ihnen helfen, sich effektiv auf das **Zentralabitur 2013** vorzubereiten:

- Sie erhalten im ersten Teil des Buches zahlreiche **Informationen zum Abitur**, deren Kenntnis für die gezielte Vorbereitung auf die Abiturklausur hilfreich und wichtig ist. Dazu gehören u. a. eine komplette Aufstellung der für die Prüfung 2013 relevanten Themen, Hinweise zum genauen Ablauf der Prüfung sowie alles Wissenswerte zur Struktur und zu den Anforderungen der Prüfungsaufgaben.
- Sie finden darüber hinaus viele **praktische Hinweise**, die Ihnen sowohl in der Vorbereitung auf das Abitur als auch während der Prüfung dazu verhelfen, Prüfungsaufgaben gut zu lösen.
- Der Band enthält alle **in den Jahren 2009 bis 2012 in Schleswig-Holstein zentral gestellten Aufgaben** der schriftlichen Abiturprüfung. Damit können Sie sich ein genaues Bild davon machen, wie die Prüfung in den letzten Jahren ausgesehen hat. Beachten Sie bitte, dass die Aufgaben der Jahre 2009 und 2010 noch Prüfungsaufgaben für den Leistungskurs waren. Seit 2011 werden die Aufgaben für das Kernfach Mathematik der Profiloberstufe in Umfang und Anspruch entsprechend reduziert.
- Sämtliche Aufgaben enthalten **vollständige, kommentierte Lösungsvorschläge** sowie separate **Tipps zum Lösungsansatz**, die Ihnen das selbstständige Lösen der Aufgaben erleichtern.

Sollten nach Erscheinen dieses Bandes noch wichtige Änderungen in der Abitur-Prüfung 2013 vom Ministerium für Bildung und Wissenschaft bekannt gegeben werden, finden Sie aktuelle Informationen dazu im Internet unter:
www.stark-verlag.de/ info.asp? zentrale-pruefung-aktuell

Wir wünschen Ihnen viel Erfolg bei der Abiturprüfung!

Prof. Dr. H. Lorenzen  Oliver Thomsen

# Stichwortverzeichnis

## I. Analysis

## II. Analytische Geometrie

## III. Stochastik

# Hinweise und Tipps zum Zentralabitur 2013

## 1 Ablauf der Prüfung

### Einführung des Zentralabiturs in Schleswig-Holstein

Zur Sicherung der Vergleichbarkeit und Qualität aller schulischen Abschlüsse hat die Landesregierung Schleswig-Holstein schrittweise zentrale Abschlussprüfungen in Schleswig-Holstein eingeführt.
Seit dem Schuljahr 2010/2011 werden in der Abiturprüfung an den Gymnasien und Gemeinschaftsschulen mit Oberstufe des Landes Schleswig-Holstein für die schriftlichen Prüfungen der Kernfächer Deutsch, Englisch, Französisch, Spanisch, Russisch, Dänisch, Latein, Griechisch und Mathematik zentrale Aufgaben gestellt.

### Aufbau der Prüfung

Der Fachlehrerin/dem Fachlehrer werden sechs Aufgaben vorgelegt: Zwei Aufgaben aus dem Sachgebiet Analysis, zwei Aufgaben aus dem Sachgebiet Analytische Geometrie sowie zwei Aufgaben aus dem Sachgebiet Stochastik. Sie/er wählt aus **jedem** der drei Sachgebiete Analysis, Analytische Geometrie und Stochastik **je eine** der beiden vorgelegten Aufgaben aus.
Die Abiturientin/der Abiturient bearbeitet alle **drei** von der Fachlehrerin/dem Fachlehrer ausgewählten Aufgaben, hat also selbst keine Auswahlmöglichkeit.

### Dauer der Prüfung

Die Bearbeitungszeit beträgt 300 Minuten.

### Zugelassene Hilfsmittel

Als Hilfsmittel sind eine Formelsammlung und ein deutsches Wörterbuch zugelassen. Nicht programmierbare und nicht grafikfähige Taschenrechner sind grundsätzlich zugelassen.
Über den Einsatz grafikfähiger Taschenrechner entscheidet das Ministerium für Bildung und Wissenschaft (MBW). Der Einsatz grafikfähiger Taschenrechner musste dort von der Fachlehrerin/dem Fachlehrer beantragt werden. Die Zulassung kann mit einer veränderten Aufgabenstellung verbunden sein.
Ebenfalls mussten die Fachlehrerinnen und Fachlehrer beim Ministerium für Bildung und Wissenschaft die Genehmigung für den Einsatz von Computer-Algebra-Systemen (CAS) beantragen. Als Folge der Genehmigung erhalten ihre/seine Schülerinnen und Schüler besondere Aufgaben zur Bearbeitung in der Abiturprüfung.

**Korrektur**
Die Korrektur der Prüfungsarbeiten erfolgt dezentral: Der Kurslehrer/die Kurslehrerin führt die Erstkorrektur und eine weitere Lehrkraft der Schule die Zweitkorrektur durch. Wie bisher wird das Ministerium für Bildung und Wissenschaft (MBW) an einem Teil der Gymnasien und Gemeinschaftsschulen Drittkorrekturen durchführen.

## 2 Themenkorridor

Bei der Erstellung der Abituraufgaben werden für das Zentralabitur 2013 die folgenden verbindlichen Lerninhalte vorausgesetzt.

**Sachgebiet Analysis:**
- Grundlagen der Differentialrechnung (mittlere und momentane Änderungsrate, Ableitungsfunktion von ganzrationalen Funktionen sowie von Kehrwert und Wurzelfunktionen, Exponential- und Logarithmusfunktionen und trigonometrischen Funktionen, Differentiationsregeln (inklusive Produktregel, Quotientenregel, Kettenregel), Extremwertberechnung, Krümmung und Wendepunkte)
- Untersuchung von ganzrationalen Funktionen, Exponential- und Logarithmusfunktionen jeweils einschließlich Funktionenscharen auch in Sachzusammenhängen
  (Hinweis: Gebrochen-rationale Funktionen sollen nicht explizit diskutiert werden, sie können aber als Ableitung anderer Funktionen vorkommen.)
- Integralrechnung (Integrationsregeln inklusive partieller Integration und Substitution an einfachen Beispielen (innere Funktionen sind linear), Flächenberechnung, Volumenberechnung) auch in Sachzusammenhängen

**Sachgebiet Analytische Geometrie:**
- Lagebeziehungen von Punkten, Geraden, Ebenen und Kugeln im dreidimensionalen Vektorraum über den reellen Zahlen
- Verschiedene Darstellungsformen sowie Skalar-, Vektor- und Spatprodukt in Sachzusammenhängen (z. B. Abstands-, Winkel- und Flächenberechnungen)

**Sachgebiet Stochastik:**
- Grundbegriffe der Wahrscheinlichkeitsrechnung (u. a. Baumdiagramme, bedingte Wahrscheinlichkeit, Zufallsvariable, Erwartungswerte)
- Wahrscheinlichkeitsverteilungen (Hypergeometrische Verteilung, Binomialverteilung, Normalverteilung)
- Beurteilende Statistik (Alternativtest, Signifikanztest)

## 3 Operatoren

Bei der Formulierung der zentralen Prüfungsaufgaben werden sogenannte Operatoren verwendet, die sicherstellen sollen, dass alle Schüler und Lehrer unter einer bestimmten Aufgabenstellung das gleiche verstehen. Damit Sie die Aufgabenstellungen korrekt erfassen können, ist es sehr zu empfehlen, sich mit den in der folgenden Liste definierten Operatoren auseinanderzusetzen:

| Operatoren | Definition | Beispiel |
|---|---|---|
| angeben, nennen | Führen Sie Sachverhalte, Begriffe und Daten ohne genauere Begründungen, Lösungsansätze und -wege auf. | 2012 – Aufgabe 4a |
| begründen | Benutzen Sie Regeln und mathematische Beziehungen, um Sachverhalte auf Gesetzmäßigkeiten zurückzuführen. | 2012 – Aufgabe 6a |
| berechnen | Sie sollen die Ergebnisse durch Rechenoperationen erzielen, indem Sie von einem Ansatz ausgehen. | 2012 – Aufgabe 3a |
| beschreiben | Hier sollen Sie Sachverhalte oder Methoden in eigenen Worten und angemessener Fachsprache darstellen. (hier sind auch Einschränkungen möglich, z. B.: „Beschreiben Sie in Stichworten“.) | 2012 – Aufgabe 3c |
| bestimmen, ermitteln | Sie sollen Lösungswege und Zusammenhänge finden und anwenden, sodass Sie das Ergebnis anschließend angeben können. | 2010 – Aufgabe 3a |
| beurteilen | Fällen Sie unter Verwendung von Fachwissen ein eigenes Urteil und erläutern Sie dies. | 2010 – Aufgabe 2e (CAS) |
| beweisen, widerlegen | Verwenden Sie mathematische Sätze, Äquivalenzumformungen und logische Schlussfolgerungen, um Aussagen zu bestätigen oder ggf. durch ein Gegenbeispiel zu widerlegen. | 2010 – Aufgabe 6d |
| entscheiden | Legen Sie sich bei Alternativen begründet und eindeutig auf eine Möglichkeit fest. | Entscheiden Sie, ob die Geraden parallel sind. |
| erstellen | Stellen Sie Sachverhalte, Beziehungen und Vorgehensweisen in fachlich sachgerechter Form dar. | 2011 – Aufgabe 5a |

| Operatoren | Definition | Beispiel |
|---|---|---|
| herleiten | Sie sollen für gegebene Sachverhalte beschreiben, wie sie entstehen oder wie sie aus anderen Zusammenhängen abgeleitet werden können. | 2012 – Aufgabe 1 a |
| (re-)interpretieren | Sie sollen die Ergebnisse einer mathematischen Überlegung auf das ursprüngliche Problem rückübersetzen. | 2012 – Aufgabe 1 b |
| skizzieren | Stellen Sie die wesentlichen Merkmale von Sachverhalten grafisch dar. | 2012 – Aufgabe 2 a |
| untersuchen | Sie sollen Probleme und Fragestellungen auf bestimmte Kriterien hin behandeln. | 2010 – Aufgabe 1 a |
| vergleichen | Finden Sie nach vorgegebenen oder selbst gewählten Gesichtspunkten Gemeinsamkeiten und Unterschiede. | 2010 – Aufgabe 6 a |
| zeichnen, grafisch darstellen | Sie sollen ein hinreichend genaues Abbild von Objekten oder Daten erstellen. | 2009 – Aufgabe 1 a |
| zeigen, nachweisen | Bestätigen Sie die Aussagen der Fragestellung mithilfe von Berechnungen und Herleitungen. | 2010 – Aufgabe 3 a |

## 4 Methodische Hinweise und allgemeine Tipps zur schriftlichen Prüfung

### Vorbereitung

- Bereiten Sie sich langfristig auf die Abiturprüfung vor. Beachten Sie, dass prinzipiell die gesamten Inhalte der Oberstufe relevant sind, das gilt auch für den Stoff des 11. Jahrgangs. Erstellen Sie anhand des Themenkorridors eine Übersicht über die zu wiederholenden Inhalte und legen Sie fest, bis wann Sie welche Inhalte wiederholt haben wollen. Wenn bei Ihrer Wiederholung Fragen auftreten, notieren Sie diese und fragen Sie Mitschüler oder Ihren Mathematiklehrer.
- Benutzen Sie zur Prüfungsvorbereitung neben diesem Übungsbuch auch Ihre Unterrichtsmitschriften, Ihr Lehrbuch und Ihre Klausuren.
- Bearbeiten Sie die Übungsaufgaben grundsätzlich mit den in der Prüfung zugelassenen Hilfsmitteln. Stellen Sie sicher, dass Sie im Umgang mit der Formelsammlung, dem Taschenrechner oder ggf. dem CAS-Rechner gut geübt sind.
- Bearbeiten Sie die Übungsaufgaben auch in einer simulierten Prüfungssituation. Testen Sie, ob Sie die Aufgaben auch in der dafür vorgesehenen Zeit lösen können.

**Bearbeitung der Prüfung**

- Lesen Sie die drei Ihnen gestellten Aufgaben durch und entscheiden Sie sich für diejenige, die Ihnen am besten liegt. Mit dieser Aufgabe sollten Sie anfangen.
- Lesen Sie die Aufgabenstellungen genau und beachten Sie die Definition der Operatoren. Oft ist es hilfreich, wenn Sie bei der Analyse einer Aufgabenstellung wichtige Informationen (gegebene Größen, Lösungshinweise) farbig markieren.
- Überlegen Sie, ob eine Skizze zum Verständnis der Aufgabenstellung bzw. zum Finden eines Lösungsweges hilfreich sein kann.
- Beachten Sie, dass bei einigen Aufgaben Zwischenlösungen angegeben sein können, die Ihnen zur Kontrolle dienen oder auch die Bearbeitung folgender Aufgabenteile ermöglichen sollen.
- Falls Sie mit einer Aufgabe gar nicht weiterkommen, so verwenden Sie nicht zu viel Zeit auf diese. Versuchen Sie, mit einer anderen Teilaufgabe weiterzumachen und kommen Sie später wieder auf die noch ungelöste Aufgabe zurück. Vermeiden Sie aber zu häufiges Springen von Aufgabe zu Aufgabe: Eine gewisse Zeit ist zur Lösungsfindung und Durchführung der Lösungsschritte stets erforderlich!
- Orientieren Sie sich an der angegebenen Punktezahl: Je mehr Punkte einer Aufgabe zugeordnet sind, desto mehr Zeit ist für deren Bearbeitung anzusetzen.
- Achten Sie auf die sprachliche Richtigkeit und eine saubere äußere Form. Insbesondere durch entsprechende Kommentare sollte Ihr Lösungsweg Dritten verständlich gemacht werden.

**Lösungsplan**

Aufgrund des Umfangs und der Komplexität von Aufgaben auf Abiturniveau empfiehlt es sich, beim Lösen systematisch zu arbeiten. Folgende Vorgehensweise hilft Ihnen dabei:

*Schritt 1:*
Nehmen Sie sich ausreichend Zeit zum **Analysieren** der Aufgabenstellung. Stellen Sie fest, zu welchem Themenbereich die Aufgabe gehört. Sammeln Sie alle Informationen, welche direkt gegeben sind, und achten Sie darauf, ob evtl. versteckte Informationen enthalten sind.

*Schritt 2:*
Markieren Sie die **Operatoren** in der Aufgabenstellung. Diese geben an, was in der Aufgabe von Ihnen verlangt wird. Vergegenwärtigen Sie sich die Bedeutung der verwendeten Fachbegriffe.

*Schritt 3:*
Versuchen Sie, den Sachverhalt zu veranschaulichen. Fertigen Sie ggf. mithilfe der Angaben und Zwischenergebnisse aus vorherigen Teilaufgaben eine **Skizze** an.

*Schritt 4:*
Erarbeiten Sie nun schrittweise den **Lösungsplan**, um aus den gegebenen Größen die gesuchte Größe zu erhalten. Notieren Sie sich, welche Einzel- bzw. Zwischenschritte auf dem Lösungsweg notwendig sind. Prinzipiell haben Sie zwei Möglichkeiten, oft hilft auch eine Kombination beider Vorgehensweisen:

- Sie gehen vom Gegebenen aus und versuchen, das Gesuchte zu erschließen.
- Sie gehen von dem Gesuchten aus und überlegen „rückwärts", wie Sie zur Ausgangssituation kommen.

Bei diesem Schritt wird dann sukzessive die **Lösung dargestellt**.

*Schritt 5:*
Suchen Sie nach geeigneten Möglichkeiten, das Endergebnis zu **kontrollieren**. Oftmals sind bereits Überschlagsrechnungen, Punktproben oder Grobskizzen ausreichend.

Anhand der folgenden **Beispielaufgabe** werden diese Schritte veranschaulicht:

Gegeben ist eine Schar von Funktionen $f_k$ durch die Gleichung $f_k(x) = kx^3 + 4x^2$ mit $k \in \mathbb{R} \setminus \{0\}$. Der Graph von $f_k$ sei $G_k$.

a) Untersuchen Sie $G_k$ auf Extrempunkte.

b) Zeigen Sie: Die Stammfunktion der Schar ist

$$F_k(x) = \frac{k}{4}x^4 + \frac{4}{3}x^3.$$

Berechnen Sie für $k = -1$ die Fläche, die $G_k$ mit der x-Achse einschließt.

Lösungsvorschlag für Teilaufgabe a:

*Schritt 1:*

- Themenbereich: Kurvendiskussion einer Funktionenschar
- Der Funktionsterm weist einen Parameter k auf. Dieser Parameter bereitet jedoch beim Rechnen keine Probleme, solange er nicht im Nenner, unter einer Wurzel usw. steht. Er wird ganz normal wie eine Zahl behandelt.
- Der Definitionsbereich ist nicht angegeben, daher wird $\mathbb{R}$ als der größtmögliche angenommen.

*Schritt 2:*

- Der Operator „Untersuchen Sie" bedeutet, mögliche Eigenschaften festzustellen und anzugeben.
- Unter Extrempunkten versteht man Hoch- oder Tiefpunkte.

*Schritt 3:*
Eine Veranschaulichung ist aufgrund des Parameters k nur schwer möglich. Anzahl, Art und Lage der Extrempunkte können zudem von k abhängen. Eine Skizze ist daher wenig sinnvoll.

*Schritt 4:*
Ausgehend von der gegebenen Funktionenschar werden mögliche Extremstellen berechnet und damit Art und Lage der Extrempunkte bestimmt:

- $f_k$ ist ein Polynom und lässt sich trotz Parameter leicht ableiten (Summenregel, Faktorregel, Potenzregel):

  $$f'_k(x) = 3kx^2 + 8x$$

  Die Nullstellen der Ableitung sind mögliche Extremstellen:

  $$3kx^2 + 8x = x \cdot (3kx + 8) = 0 \overset{k \neq 0}{\Leftrightarrow} x = 0 \vee x = -\frac{8}{3k}$$

- Ob tatsächlich Extremstellen vorliegen, lässt sich durch Einsetzen in die zweite Ableitung überprüfen:

  $$f''_k(x) = 6kx + 8$$

  $$f''_k(0) = 8 > 0 \Rightarrow \text{Minimum bei } x = 0$$

  $$f''_k\left(-\frac{8}{3k}\right) = 6k\left(-\frac{8}{3k}\right) + 8 = -8 < 0 \Rightarrow \text{Maximum bei } x = -\frac{8}{3k}$$

- Um die Lage angeben zu können, braucht man noch die y-Koordinate. Dazu werden die Extremstellen in den Funktionsterm $f_k$ eingesetzt:

  $$f_k(0) = 0$$

  $$f_k\left(-\frac{8}{3k}\right) = k\left(-\frac{8}{3k}\right)^3 + 4\left(-\frac{8}{3k}\right)^2 = -\frac{512}{27k^2} + \frac{256 \cdot 3}{3 \cdot 9k^2} = \frac{256}{27k^2}$$

- Ergebnis:

  $$\text{Tiefpunkt } (0 \mid 0) \text{ und Hochpunkt } \left(-\frac{8}{3k} \;\middle|\; \frac{256}{27k^2}\right)$$

*Schritt 5:*
Um das Ergebnis zu überprüfen, könnte man die Funktion $f_k$ für ein gewähltes k skizzieren. Dazu muss eine Wertetabelle erstellt werden. Ablesen der Extrempunkte aus dem Graphen ermöglicht einen Vergleich mit den berechneten Punkten.

Lösungsvorschlag für Teilaufgabe b:

*Schritt 1:*

- Themenbereich: Flächenberechnung mithilfe eines Integrals
- Es ist die Funktion, die Stammfunktion und der Parameterwert $k = -1$ gegeben. Weiter ist implizit gegeben, dass die Funktion mindestens zwei verschiedene Nullstellen hat, weil der Graph eine Fläche mit der x-Achse einschließt.

*Schritt 2:*

- Der erste Operator ist „Zeigen Sie“. Das bedeutet, dass Sie die Aussage mithilfe von Berechnungen bestätigen sollen. Die Funktion und die zugehörige Stammfunktion sind dabei gegeben.

- Um zu zeigen, dass F(x) eine Stammfunktion von f(x) ist, kann entweder f(x) integriert oder F(x) abgeleitet werden. Es muss dann F'(x) = f(x) gelten. Da das Bilden der Ableitung leichter ist als die Funktion zu integrieren, bietet es sich hier an, die Stammfunktion abzuleiten.

$$F(x) = \frac{k}{4}x^4 + \frac{4}{3}x^3$$

$$F'(x) = kx^3 + 4x^2 \quad \Rightarrow \quad F'(x) = f(x) \quad \text{q.e.d.}$$

- Der zweite Operator in der Aufgabe ist „Berechnen Sie", das bedeutet, dass Sie das Ergebnis durch Berechnungen erzielen sollen.

*Schritt 3:*

Nutzen Sie die Lage des Hochpunkts und die Vorgabe k = –1, um den Graphen zu skizzieren.

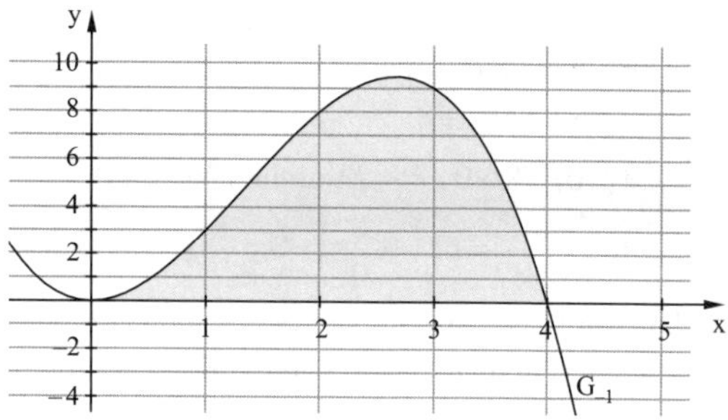


*Schritt 4: Vom Gegebenen zum Gesuchten*

Wie Sie an der Lösungsskizze erkennen, brauchen Sie für die Bestimmung der Fläche die beiden Nullstellen:

$$-x^3 + 4x^2 = 0 \quad \Leftrightarrow \quad x^2(-x+4) = 0 \quad \Leftrightarrow \quad x_1 = 0 \lor x_2 = 4$$

Für die Berechnung der Fläche benötigen Sie die Stammfunktion der Funktion, die angegeben ist:

$$\int_0^4 f(x)\,dx = [F(x)]_0^4 = \left[-\frac{1}{4}x^4 + \frac{4}{3}x^3\right]_0^4 = -\frac{256}{4} + \frac{256}{3} = \frac{256}{12} = \frac{64}{3}$$

*Schritt 4: Vom Gesuchten zum Gegebenen*

Um die gesuchte Fläche zu berechnen, benötigen Sie die Stammfunktion der Funktion, die angegeben ist:

$$\int_{x_1}^{x_2} f(x)\,dx = [F(x)]_{x_1}^{x_2} = \left[-\frac{1}{4}x^4 + \frac{4}{3}x^3\right]_{x_1}^{x_2}$$

Für die Berechnung des Integrals benötigen Sie die Integralgrenzen. Diese sind die Nullstellen der Funktion, wie Sie an der Lösungsskizze erkennen können.

$$-x^3 + 4x^2 = 0 \quad \Leftrightarrow \quad x^2(-x+4) = 0 \quad \Leftrightarrow \quad x_1 = 0 \lor x_2 = 4$$

Damit ergibt sich für das Integral:

$$\left[-\frac{1}{4}x^4 + \frac{4}{3}x^3\right]_{x_1}^{x_2} = \left[-\frac{1}{4}x^4 + \frac{4}{3}x^3\right]_0^4 = -\frac{256}{4} + \frac{256}{3} = \frac{256}{12} = \frac{64}{3}$$

*Schritt 5:*

Um die Fläche abzuschätzen, können Sie in der Skizze die Kästchen abzählen, die von dem Graphen und der x-Achse eingeschlossen werden. Man erhält ca. 21 Kästchen, das passt gut zu dem errechneten Wert.

## Schleswig-Holstein – Mathematik Leistungskurs
## 2009 – Aufgabe 1: Analysis

Gegeben ist die Funktionenschar $f_a$ mit $f_a(x) = x \cdot e^{a-x}$ $(a, x \in \mathbb{R})$.

a) Untersuchen Sie die Funktionenschar $f_a$ auf Nullstellen, das Verhalten im Unendlichen, Extrempunkte, Wendepunkte und bestimmen Sie die Gleichungen der Wendetangenten.
[Zur Kontrolle: Der Wendepunkt des Graphen von $f_a$ lautet $W_a(2 \mid 2e^{a-2})$.]
Zeichnen Sie den Graphen der Funktion $f_3$. 14 P

b) Bestimmen Sie den Inhalt $A_a$ der Fläche, die im Intervall [0; b] zwischen dem Graphen von $f_a$ und der x-Achse liegt.
Erläutern Sie das Ergebnis für den Fall, dass b gegen Unendlich strebt. 5 P

c) Gegeben ist eine zweite Funktionenschar $g_a$ mit
$g_a(x) = (1-x) \cdot e^{a-x}$ und $a, x \in \mathbb{R}$.
- Berechnen Sie die Schnittpunkte der Graphen von $f_a$ und $g_a$.
- Zeigen Sie, dass für alle $x > \frac{1}{2}$ gilt: $f_a(x) > g_a(x)$
- Die Gerade mit der Gleichung $x = c$ mit $c > \frac{1}{2}$ schneidet die Graphen von $f_a$ und $g_a$ in den Punkten $S_a$ und $T_a$. Berechnen Sie den größtmöglichen Abstand zwischen $S_a$ und $T_a$ in Abhängigkeit von a.

  [Sollten Sie keine Lösung für die Funktion erhalten, die den Abstand zwischen den Punkten $S_a$ und $T_a$ beschreibt, so verwenden Sie $d_a(x) = (2x-1) \cdot e^{a-x}$ mit $a, x \in \mathbb{R}$.] 8 P

d) Für jedes a schneide die Ursprungsgerade mit dem Steigungswinkel $\alpha$ $(0° < \alpha < 90°)$ den Graphen von $f_a$ außer im Punkt $O(0 \mid 0)$ zusätzlich in dem Punkt $P_a$. Bestimmen Sie die Koordinaten von $P_a$ in Abhängigkeit von $\alpha$. 3 P

## Hinweise und Tipps

### Teilaufgabe a

- Bestimmen Sie Kandidaten für Extremstellen über die üblichen notwendigen Bedingungen.
- Überprüfen Sie dann, ob die hinreichenden Bedingungen für Extremstellen/Wendestellen an diesen Stellen erfüllt sind.
- Zum Ableiten der Funktionenschar benötigen Sie die Produkt- und die Kettenregel.
- Die Wendetangente verläuft durch den Wendepunkt und hat an der Wendestelle von $f_a$ dieselbe Steigung wie der Graph von $f_a$.

### Teilaufgabe b

- Die gesuchte Fläche erhält man über eine geeignete Integration.
- Eine Stammfunktion zu $f_a$ kann man mithilfe der partiellen Integration (Produktintegration) ermitteln: $\int g'(x)f(x)\,dx = g(x)f(x) - \int g(x)f'(x)\,dx$
- Untersuchen Sie, gegen welchen Grenzwert $A_a$ für $b \to \infty$ strebt.

### Teilaufgabe c

- Setzen Sie die Funktionsterme von $f_a$ und $g_a$ gleich.
- Untersuchen Sie, für welche x die Differenzfunktion $d_a = f_a - g_a$ positiv bzw. negativ ist.
- Bestimmen Sie das globale Maximum der Differenzfunktion $d_a(x)$ für $x > \frac{1}{2}$.
- Suchen Sie lokale Extremstellen der Differenzfunktion $d_a$ mithilfe der notwendigen Bedingung.
- Prüfen Sie, ob das lokale Maximum auch das globale Maximum von $d_a$ im zu untersuchenden Intervall ist.

### Teilaufgabe d

- Zwischen der Steigung m einer Geraden und ihrem Steigungswinkel $\alpha$ besteht der Zusammenhang $m = \tan \alpha$.
- Berechnen Sie den Schnittpunkt der Funktionen $h(x) = mx$ und $f_a(x)$ und eliminieren Sie m, sodass die Schnittstelle x von den Parametern $\alpha$ und a abhängt.
- Berechnen Sie den Funktionswert von h bzw. $f_a$ an der ermittelten Schnittstelle.

## Lösung

a) Gegeben ist die Funktion $f_a$ mit $f_a(x)=x\cdot e^{a-x}$, $a, x\in\mathbb{R}$.

Bestimmung der Nullstellen:
Für die Nullstellen $x_N$ gilt $f_a(x_N)=0$.

$0=x_N\cdot e^{a-x_N} \Leftrightarrow 0=x_N$, da $e^{a-x_N}\neq 0$ für alle $a, x_N\in\mathbb{R}$
Daher ist $x_N=0$ die einzige Nullstelle.

Verhalten im Unendlichen:
Für $x\to+\infty$ ergibt sich $\lim\limits_{x\to+\infty} f_a(x)=\lim\limits_{x\to+\infty} x\cdot e^{a-x}=0$.

Für $x\to-\infty$ ergibt sich $\lim\limits_{x\to-\infty} f_a(x)=\lim\limits_{x\to-\infty} x\cdot e^{a-x}=-\infty$.

Ableitungen:
Mit Produkt- und Kettenregel findet man:

$f_a'(x)=e^{a-x}+x\cdot(-e^{a-x})=(1-x)\cdot e^{a-x}$

$f_a''(x)=-e^{a-x}+(1-x)\cdot(-e^{a-x})=(x-2)\cdot e^{a-x}$

$f_a'''(x)=e^{a-x}+(x-2)\cdot(-e^{a-x})=(3-x)\cdot e^{a-x}$

Extrempunkte:
Notwendig für einen Extrempunkt bei $x_E$ ist $f_a'(x_E)=0$.

Es gilt:

$$\begin{aligned} & f_a'(x_E)=(1-x_E)\cdot e^{a-x_E}=0 \\ \Leftrightarrow\quad & 1-x_E=0 \\ \Leftrightarrow\quad & x_E=1, \text{ da } e^{a-x_E}\neq 0 \text{ für alle } x_E\in\mathbb{R} \end{aligned}$$

Hinreichend für einen Hochpunkt bei $x_E$ ist $f_a'(x_E)=0$ und $f_a''(x_E)<0$.
Hinreichend für einen Tiefpunkt bei $x_E$ ist $f_a'(x_E)=0$ und $f_a''(x_E)>0$.
Es ist:
$f_a''(1)=(1-2)\cdot e^{a-1}=-e^{a-1}<0$, da $e^{a-1}>0$ für alle $a\in\mathbb{R}$
Daher liegen an der Stelle $x_E=1$ für alle $a\in\mathbb{R}$ Hochpunkte $H_a(1\,|\,e^{a-1})$ vor.

Wendepunkte:
Notwendig für einen Wendepunkt bei $x_W$ ist $f_a''(x_W)=0$.

Es gilt:

$$\begin{aligned} & f_a''(x_W)=(x_W-2)\cdot e^{a-x_W}=0 \\ \Leftrightarrow\quad & x_W-2=0 \\ \Leftrightarrow\quad & x_W=2, \text{ da } e^{a-x_W}\neq 0 \text{ für alle } x_W\in\mathbb{R} \end{aligned}$$

Hinreichend für einen Wendepunkt bei $x_W$ ist $f_a''(x_W) = 0$ und $f_a'''(x_W) \neq 0$.
Es ist:

$f_a'''(2) = (3-2) \cdot e^{a-2} = e^{a-2} \neq 0$ für alle $a \in \mathbb{R}$
Also liegen für alle $a \in \mathbb{R}$ bei $x_W = 2$ die Wendepunkte $W_a(2 \mid 2e^{a-2})$ vor.

Wendetangenten:
Sei $w(x) = m_t \cdot x + b$ der Funktionsterm der Funktion, deren Graph die gesuchte Wendetangente ist. Die Steigung $m_t$ der Wendetangenten ist die erste Ableitung von $f_a$ an der Stelle $x_W = 2$.
Damit ergibt sich:

$f_a'(2) = (1-2) \cdot e^{a-2} = -e^{a-2} = m_t$

Den y-Achsenabschnitt der Wendetangenten erhält man mithilfe der Wendepunkte $W(2 \mid 2e^{a-2})$.

$w(2) = 2e^{a-2} = m_t \cdot 2 + b \iff 2e^{a-2} = (-e^{a-2}) \cdot 2 + b \iff 4e^{a-2} = b$

Die Geradengleichung der Wendetangenten ist $y = -e^{a-2}x + 4e^{a-2}$.

Zeichnung von $f_3$:
Bekannte Punkte: $N(0 \mid 0)$, $H(1 \mid e^{3-1})$, $W(2 \mid 2e)$
Verhalten im Unendlichen: Für immer kleiner werdende x (mit $x < 0$) streben die Funktionswerte gegen $-\infty$ und für große x gegen null.

Wertetabelle:

| x | −1 | 0 | 1 | 2 | 3 | 4 | 5 |
|---|---|---|---|---|---|---|---|
| $f_3(x)$ | $\approx -54{,}6$ | 0 | $e^2 \approx 7{,}4$ | $\approx 5{,}4$ | 3 | $\approx 1{,}5$ | $\approx 0{,}68$ |

Der Graph von $g_3$ aus Teilaufgabe c ist bereits mit eingetragen.

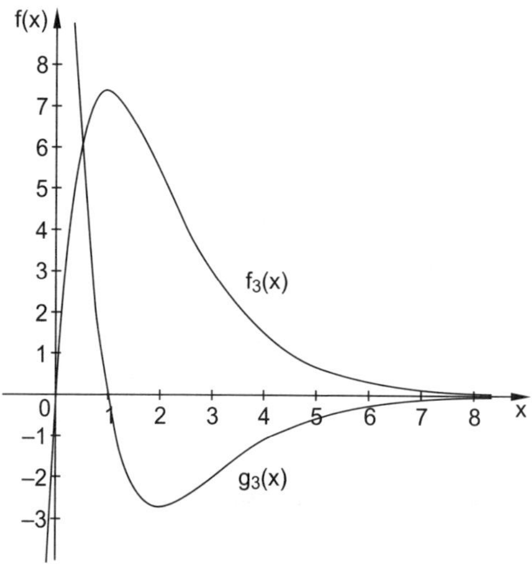

b) $A_a = \int_0^b f_a(x)\,dx = \int_0^b x \cdot e^{a-x}\,dx$, da im Intervall [0; b] keine weiteren Nullstellen vorliegen.

Es wird eine partielle Integration durchgeführt. Mit $u(x) = x$, $u'(x) = 1$, $v'(x) = e^{a-x}$ und $v(x) = -e^{a-x}$ folgt:

$$\int_0^b f_a(x)\,dx = \int_0^b x \cdot e^{a-x}\,dx = [x \cdot (-e^{a-x})]_0^b - \int_0^b 1 \cdot (-e^{a-x})\,dx$$

$$= [x \cdot (-e^{a-x})]_0^b - [e^{a-x}]_0^b$$

$$= [-xe^{a-x} - e^{a-x}]_0^b$$

$$= [(-x-1)e^{a-x}]_0^b$$

$$= (-b-1) \cdot e^{a-b} + e^a$$

Für große b strebt $(-b-1) \cdot e^{a-b}$ gegen null. Damit strebt $(-b-1) \cdot e^{a-b} + e^a$ für große b insgesamt gegen $e^a$. Der Flächeninhalt A der Fläche zwischen den Graphen von $f_a$ und der x-Achse beträgt also jeweils $e^a$:

$$\lim_{b \to \infty} \int_0^b f_a(x)\,dx = e^a$$

c) Schnittpunkte der Graphen von $f_a$ und $g_a$:
Dafür ist die Gleichung $f_a(x_s) = g_a(x_s)$ zu untersuchen.

$$x_s \cdot e^{a-x_s} = (1-x_s) \cdot e^{a-x_s} \quad \Leftrightarrow \quad x_s = 1 - x_s \quad \Leftrightarrow \quad x_s = \frac{1}{2},$$

da $e^{a-x_s} \neq 0$ für alle $a, x_s \in \mathbb{R}$ gilt.
Für alle $a \in \mathbb{R}$ haben die Graphen von $f_a$ und $g_a$ jeweils den Schnittpunkt

$$Q_a\left(\frac{1}{2} \,\middle|\, \frac{1}{2} \cdot e^{a-\frac{1}{2}}\right).$$

Es muss gezeigt werden: $f_a(x) > g_a(x)$ für alle $x > \frac{1}{2}$
Betrachtet man die Differenzfunktion
$d_a(x) = f_a(x) - g_a(x) = x \cdot e^{a-x} - (1-x) \cdot e^{a-x} = (2x-1) \cdot e^{a-x}$,
so hat diese für alle $x > \frac{1}{2}$ nur positive Funktionswerte, da in diesem Falle

$2x - 1 > 0$ und $e^{a-x} > 0$ gilt. Daraus folgt direkt die Behauptung.

Der größtmögliche Abstand zwischen $S_a$ und $T_a$ entspricht dem Maximum der Differenzfunktion:
$d_a(x) = f_a(x) - g_a(x) = x \cdot e^{a-x} - (1-x) \cdot e^{a-x} = (2x-1) \cdot e^{a-x}$ für $x > \frac{1}{2}$.

Mithilfe der Produkt- und der Kettenregel erhält man:

$d_a'(x) = 2 \cdot e^{a-x} + (2x-1) \cdot (-e^{a-x}) = (3-2x) \cdot e^{a-x}$

$d_a''(x) = -2 \cdot e^{a-x} + (3-2x) \cdot (-e^{a-x}) = (2x-5) \cdot e^{a-x}$

Notwendig für das Vorliegen eines Extremums ist $d_a'(x_E) = 0$.

$$(3-2x_E) \cdot e^{a-x_E} = 0$$

$$\Leftrightarrow \quad 3-2x_E = 0$$

$$\Leftrightarrow \quad x_E = \frac{3}{2}, \text{ da } e^{a-x_E} \neq 0 \text{ für alle } a,\ x_E \in \mathbb{R} \text{ ist}$$

Hinreichend für einen lokalen Extrempunkt bei $x_E$ ist $d_a'(x_E) = 0$ und $d_a''(x_E) \neq 0$.

$$d_a''\left(\frac{3}{2}\right) = \left(2 \cdot \frac{3}{2} - 5\right) \cdot e^{a-\frac{3}{2}} = -2e^{a-\frac{3}{2}} < 0, \text{ da } e^{a-\frac{3}{2}} > 0 \text{ für alle } a \in \mathbb{R}$$

$d_a\left(\frac{3}{2}\right) = 2e^{a-\frac{3}{2}}$ beschreibt den lokal maximalen Abstand zwischen $S_a$ und $T_a$. Wegen $d_a\left(\frac{1}{2}\right) = 0$ und $\lim\limits_{x \to \infty} d_a(x) = 0$ ist dieser auch der global maximale Abstand für $x > \frac{1}{2}$.

d) Die Funktion, deren Graph eine Ursprungsgerade mit dem Steigungswinkel $\alpha$ ist, hat den Funktionsterm $h(x) = mx$ mit $m = \tan\alpha$.
Um die x-Koordinate des von $(0|0)$ verschiedenen Schnittpunktes zu errechnen, löst man folgende Gleichung:
$h(x) = f_a(x) \quad \Leftrightarrow \quad mx = xe^{a-x}$
Da $x \neq 0$ gilt, folgt:

$$m = e^{a-x}$$
$$\ln m = a - x$$
$$x = a - \ln m$$

Die y-Koordinate ist dann:

$$y = mx$$
$$y = (a - \ln(\tan\alpha)) \cdot \tan\alpha$$

Für $a \neq \ln(\tan\alpha)$ ist der Punkt $P_a$ verschieden vom Punkt $O(0|0)$. Also wird der Graph von $f_a$ vom Graphen h im Punkt $P_a(a - \ln(\tan\alpha) \,|\, (a - \ln(\tan\alpha) \cdot \tan\alpha)$ geschnitten.

Für $a = \ln(\tan\alpha)$ erhält man $O(0|0)$.

## Schleswig-Holstein – Mathematik Leistungskurs
## 2009 – Aufgabe 2: Analysis

Phototrophe Bakterien brauchen Licht für ihren Stoffwechsel. Sie bevölkern daher die oberflächennahen Wasserschichten.
Wenn man wenige solcher Bakterien in ein entsprechend belichtetes Wasserbecken einsetzt, so beginnen sie sich zu vermehren.
Mit steigendem Bestand machen die Bakterien das Wasser weniger durchsichtig, sodass schließlich die Wachstumsrate (oder Wachstumsgeschwindigkeit) zurückgeht.
Die Wachstumsrate in Anzahl pro Liter und Minute wird durch die Funktionen $f_k$ mit $f_k(t) = t \cdot e^{-kt}$, $k \in \mathbb{R}^+$, $t \in \mathbb{R}_0^+$ beschrieben; t bezeichnet dabei die Zeit in Minuten, unterschiedliche Faktoren beeinflussen die Zeitkonstante k.

a) Bestimmen Sie den Zeitpunkt $t_E$ des stärksten Wachstums und die Wachstumsrate zu diesem Zeitpunkt. 8 P

b) Bestimmen Sie die Koordinaten des Wendepunktes des Graphen von $f_k$. Geben Sie die Bedeutung dieses Punktes im Kontext der Aufgabe an. 5 P

c) Bestimmen Sie durch Integration die Stammfunktion $F_k$ von $f_k$.

[Zur Kontrolle $F_k(t) = \dfrac{(-kt-1) \cdot e^{-kt}}{k^2} + C$]

Berechnen Sie C so, dass gilt: $F_k(t) = \dfrac{1 + k^2 - (1+kt)e^{-kt}}{k^2}$ mit $F_k(0) = 1$.

Beschreiben Sie die Bedeutung der Funktionenschar $F_k$ im Sachkontext. 7 P

d) Zeichnen Sie $f_{0,5}$ und $F_{0,5}$ im Bereich $0 \le t \le 10$. Beschreiben Sie durch 4 Aussagen den Einfluss des Parameters k auf das Aussehen der Graphen von $f_k$ und $F_k$. 7 P

e) Begründen Sie, dass für jedes k die Funktionswerte $F_k(t)$ gegen eine endliche Zahl streben, wenn t gegen Unendlich strebt.
Bestimmen Sie diese Zahl in Abhängigkeit von k und geben Sie die Bedeutung dieses Wertes im Kontext der Aufgabe an. 3 P

## Hinweise und Tipps

### Teilaufgabe a

- Beachten Sie, dass die Funktionen $f_k$ bereits Wachstumsraten („Wachstumsgeschwindigkeit") angeben.
- Benutzen Sie zunächst eine notwendige Bedingung für das Vorliegen eines Maximums an einer Stelle.
- Zur Ableitung der Funktionenschar benötigen Sie die Produkt- und die Kettenregel.
- Prüfen Sie dann mit der zweiten Ableitung, ob auch die hinreichende Bedingung für das Vorliegen eines Maximums an der ermittelten Stelle erfüllt ist.

### Teilaufgabe b

- Notwendig dafür, dass der Graph von $f_k$ an der Stelle $x_W$ einen Wendepunkt hat, ist $f''(x_W)=0$.
- Hinreichend dafür, dass der Graph von $f_k$ an der Stelle $x_W$ einen Wendepunkt hat, ist $f''(x_W)=0$ und $f'''(x_W)\neq 0$.
- Zur Interpretation des Wendepunktes: An einer Wendestelle von $f_k$ ist die Änderungsrate von $f_k$ lokal extremal.

### Teilaufgabe c

- Nutzen Sie die Methode der partiellen Integration (Produktintegration) zur Bestimmung der Menge der Stammfunktionen von $f_k$.
- Regel zur partiellen Integration: $\int u \cdot v' = u \cdot v - \int u' \cdot v$
- Wählen Sie dabei: $u=t$, $v=e^{-kt}$.
- Beachten Sie, dass eine Stammfunktion von $f_k$ nur bis auf eine additive Konstante bestimmt ist.
- Bestimmen Sie diese Konstante so, dass $F_k(0)=1$ gilt.
- Bedenken Sie bei der Interpretation, dass $f_k$ die Ableitung (die Änderungsrate) von $F_k$ ist.

### Teilaufgabe d

- Nutzen Sie zur Beschreibung des Verlaufs der Graphen von $f_k$ die Ergebnisse aus Teilaufgabe a.
- Nutzen Sie zur Beschreibung des Verlaufs der Graphen von $F_k$ die Erkenntnisse über den Verlauf der Graphen von $f_k$ und bedenken Sie, dass $f_k$ die Ableitung von $F_k$ ist.

### Teilaufgabe e

- Lassen Sie t im Funktionsterm $F_k(t)$ gegen unendlich streben.
- Interpretieren Sie den ermittelten Grenzwert.

## Lösung

a) Mithilfe von Produkt- und Kettenregel erhält man die ersten drei Ableitungen von $f_k$.

$$f_k'(t) = e^{-kt} + t\cdot(-k)\cdot e^{-kt} = (1-kt)\cdot e^{-kt}$$
$$f_k''(t) = -k\cdot e^{-kt} + (1-kt)\cdot(-k)\cdot e^{-kt} = (-2k+k^2t)\cdot e^{-kt}$$
$$f_k'''(t) = k^2\cdot e^{-kt} + (-2k+k^2t)\cdot(-k)\cdot e^{-kt} = (3k^2-k^3t)\cdot e^{-kt}$$

Das stärkste Wachstum liegt zu der Zeit $t_E$ vor, zu der die Funktion $f_k$ ihr Maximum annimmt, da $f_k(t)$ die Wachstumsrate zur Zeit t angibt. Notwendig für ein lokales Maximum an der Stelle $t_E$ ist $f_k'(t_E) = 0$.

Es gilt:

$$f_k'(t_E) = (1-kt_E)\cdot e^{-kt_E} = 0$$
$$\Leftrightarrow \quad 1-kt_E = 0$$
$$\Leftrightarrow \quad t_E = \frac{1}{k}, \text{ da } e^{-kt} \neq 0 \text{ für alle } t\in\mathbb{R}_0^+ \text{ und } k\in\mathbb{R}^+$$

Hinreichend für ein lokales Maximum an der Stelle $t_E$ ist $f_k'(t_E) = 0$ und $f_k''(t_E) < 0$.

Es ist:

$$f_k''\left(\frac{1}{k}\right) = \left(-2k + k^2\cdot\frac{1}{k}\right)\cdot e^{-k\cdot\frac{1}{k}} = -k\cdot e^{-1} < 0, \text{ da } k\in\mathbb{R}^+ \text{ und } e^{-1} > 0.$$

Also liegt an der Stelle $x_E = \frac{1}{k}$ ein lokales Maximum vor.

Wegen $f_k(0) = 0$ und $\lim\limits_{t\to\infty} f_k(t) = 0$ ist dies auch das globale Maximum von $f_k$ für $t\in\mathbb{R}_0^+$.

Die Wachstumsrate zu diesem Zeitpunkt beträgt:

$$f_k\left(\frac{1}{k}\right) = \frac{1}{k}e^{-k\cdot\frac{1}{k}} = \frac{1}{k\cdot e}$$

b) Notwendig für einen Wendepunkt an der Stelle $t_W$ ist $f_k''(t_W) = 0$.

$$f_k''(t_W) = (k^2t_W - 2k)\cdot e^{-kt_W} = 0$$
$$\Leftrightarrow \quad k^2t_W - 2k = 0$$
$$\Leftrightarrow \quad t_W = \frac{2}{k}, \text{ da } e^{-kt} \neq 0 \text{ für alle } t\in\mathbb{R}_0^+ \text{ und } k \neq 0$$

Hinreichend für einen Wendepunkt an der Stelle $t_W$ ist $f_k''(t_W) = 0$ und $f_k'''(t_W) \neq 0$.

Es ist:

$$f_k'''\left(\frac{2}{k}\right) = \left(3k^2 - k^3\frac{2}{k}\right)\cdot e^{-k\cdot\frac{2}{k}} = \frac{k^2}{e^2} \neq 0 \text{ für alle } k\in\mathbb{R}^+$$

Der Funktionswert von $f_k$ an der Stelle $t_W = \frac{2}{k}$ beträgt:

$$f_k(t_W) = f_k\left(\frac{2}{k}\right) = \frac{2}{k} \cdot e^{-k \cdot \frac{2}{k}} = \frac{2}{ke^2}$$

Also hat der Graph von $f_k$ den Wendepunkt $W\left(\frac{2}{k} \,\middle|\, \frac{2}{ke^2}\right)$.

Die Wendestelle $t_W$ beschreibt den Zeitpunkt, an dem die Änderung der Wachstumsrate lokal extremal ist. Beachtet man, dass $f_k$ für $t > \frac{1}{k}$ streng monoton fällt, handelt es sich hier um die lokal stärkste Abnahme der Wachstumsrate (und wie man nachweisen kann, auch um die global stärkste Abnahme der Wachstumsrate).

Dieser Zeitpunkt tritt nach einem Zeitraum ab Beginn der Betrachtung ein, der doppelt so groß ist wie der Zeitraum von Beginn bis zum Zeitpunkt des stärksten Wachstums.

c) Man kann zunächst die Menge der Stammfunktionen von $f_k$ mittels partieller Integration (Produktintegration) bestimmen.

Mit $u(t) = t$, $u'(t) = 1$, $v'(t) = e^{-kt}$ und $v(t) = -\frac{1}{k}e^{-kt}$ folgt:

$$\int \underbrace{t}_{u} \cdot \underbrace{e^{-kt}}_{v'}\,dt = \underbrace{t}_{u} \cdot \underbrace{\left(-\frac{1}{k}e^{-kt}\right)}_{v} - \int \underbrace{1}_{u'} \cdot \underbrace{\left(-\frac{1}{k}e^{-kt}\right)}_{v} dt$$

$$= -\frac{t}{k}e^{-kt} - \frac{1}{k^2}e^{-kt} + C$$

$$= \left(-\frac{t}{k} - \frac{1}{k^2}\right) \cdot e^{-kt} + C$$

$$= \frac{(-kt-1) \cdot e^{-kt}}{k^2} + C$$

Aus der Forderung, dass $F_k(0) = 1$ sein soll, lässt sich die Integrationskonstante C eindeutig bestimmen:

$$F_k(0) = 1$$

$$\Leftrightarrow \quad \frac{(-k \cdot 0 - 1) \cdot e^0}{k^2} + C = 1$$

$$\Leftrightarrow \quad C = 1 + \frac{1}{k^2}$$

Damit folgt:

$$F_k(t) = \frac{(-kt-1) \cdot e^{-kt}}{k^2} + 1 + \frac{1}{k^2}$$

$$= \frac{(-kt-1) \cdot e^{-kt}}{k^2} + \frac{k^2}{k^2} + \frac{1}{k^2}$$

$$= \frac{1 + k^2 - (1+kt) \cdot e^{-kt}}{k^2}$$

$f_k$ beschreibt die Dichteänderung der Bakterien. Also beschreibt die Stammfunktion $F_k$ von $f_k$ mit $F_k(0) = 1$ die Dichte der Bakterien selbst, wobei die Anfangsdichte 1 beträgt.

d) Die folgende Grafik zeigt die Graphen der Funktionen $f_{0,5}$ und $F_{0,5}$:

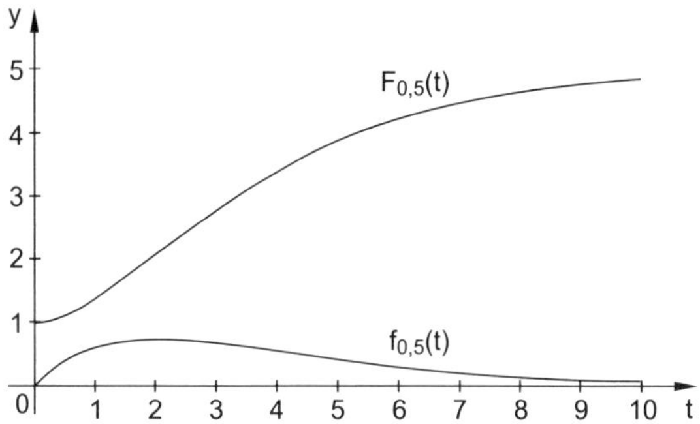


Einfluss des Parameters k auf den Verlauf des Graphen von $f_k$:
Je größer k

- desto flacher verläuft die Kurve,
- desto weiter links und tiefer liegt der Hochpunkt von $f_k$ (vgl. Teilaufgabe a).
- desto weiter links und tiefer liegt der Wendepunkt (vgl. Teilaufgabe a).

Einfluss des Parameters k auf den Verlauf des Graphen von $F_k$:
Je größer k, desto langsamer steigt die Kurve an (folgt aus dem Verlauf von $f_k$).

e) Es gilt:

$$\lim_{t \to \infty} F_k(t) = \lim_{t \to \infty} \frac{1 + k^2 - (1 + kt) \cdot e^{-kt}}{k^2}$$

$$= \lim_{t \to \infty} \frac{1 + k^2}{k^2} - \lim_{t \to \infty} \frac{(1 + kt) \cdot e^{-kt}}{k^2}$$

$$= \frac{1 + k^2}{k^2} - 0$$

$$= 1 + \frac{1}{k^2}$$

Der Grenzwert $\lim\limits_{t \to \infty} \frac{(1 + kt) \cdot e^{-kt}}{k^2}$ ist null, weil für $t \to \infty$ die Terme $e^{-kt}$ und damit auch $(1 + kt) \cdot e^{-kt}$ gegen null streben.

Der Grenzwert $\lim\limits_{t \to \infty} F_k(t) = 1 + \frac{1}{k^2}$ ist der Wert, dem sich die Funktionswerte der Dichtefunktion $F_k$ asymptotisch von unten nähern, wenn t gegen unendlich läuft. In diesem Sinne kann man $1 + \frac{1}{k^2}$ als Enddichte der Bakterienpopulation interpretieren.

## Schleswig-Holstein – Mathematik Leistungskurs
## 2009 – Aufgabe 3: Analytische Geometrie

In einem kartesischen Koordinatensystem sind folgende Punkte gegeben:
$A(2|3|4)$, $B(6|1|0)$ und $D(0|7|0)$.

a) Zeigen Sie, dass die Punkte A, B und D durch den vierten Punkt $C(4|5|-4)$ zu dem Quadrat ABCD ergänzt werden können. 5 P

b) Das Quadrat ABCD ist die Grundfläche einer regelmäßigen Pyramide (d. h., der Fußpunkt der Höhe ist der Diagonalenschnittpunkt dieses Quadrates) mit einer Höhe von 6 LE.
Zeigen Sie, dass die Koordinaten der beiden möglichen Pyramidenspitzen $T_1(7|8|2)$ und $T_2(-1|0|-2)$ sind. 6 P

c) Gegeben ist zusätzlich die Gerade g mit der Gleichung

$$g\colon \vec{x} = \begin{pmatrix} 3 \\ 10 \\ 6 \end{pmatrix} + r \cdot \begin{pmatrix} -2 \\ 1 \\ 2 \end{pmatrix}.$$

Zeigen Sie, dass die Pyramiden $ABCDS_n$, deren Spitzen $S_n$ auf der Geraden g liegen, alle das gleiche Volumen haben und bestimmen Sie dieses. 9 P

d) Der quadratischen Pyramide $ABCDT_1$ können zur Ebene $E_{ABC}$ senkrecht stehende Zylinder einbeschrieben werden, die alle vier Seitenwände berühren. Das Volumen jedes Zylinders lässt sich durch die Funktion V mit $V(r) = 6 \cdot \pi \cdot r^2 - 2 \cdot \pi \cdot r^3$ bestimmen (r ist der Grundflächenradius).
Leiten Sie diese Volumengleichung her und bestimmen Sie den Radius, die Höhe und das Volumen für denjenigen Zylinder mit maximalem Volumen. 10 P

## Hinweise und Tipps

### Teilaufgabe a

- Machen Sie sich die Definition eines Quadrats klar.
- Ein Quadrat ist eine ebene Figur (Viereck), wobei benachbarte Seiten senkrecht zueinander sind und alle vier Seiten gleich lang sind.
- Wenn alle Seiten gleich lang sind, reicht es aus zu zeigen, dass ein rechter Winkel existiert. In diesem Fall müssen alle Winkel $90^\circ$ betragen.
- Alternativ: Ein Quadrat ist eine ebene Figur (Viereck), wobei die Diagonalen gleich lang sind, sich halbieren und senkrecht zueinander sind.

### Teilaufgabe b

- Erstellen Sie eine passende Skizze.
- Zur Bestimmung des Höhenfußpunktes benutzen Sie eine geeignete Vektorgleichung.
- Bestimmen Sie einen Einheitsnormalenvektor zur Grundfläche der Pyramide.
- Die Höhe der Pyramide beträgt die 6-fache Länge des Einheitsnormalenvektors.
- $t = 6$ oder $t = -6$ ergibt zwei mögliche Spitzen der Pyramide (eine nach oben, die andere nach unten.)

### Teilaufgabe c

- Welche Bedingung muss die gegebene Gerade bezüglich der Ebene ABCD haben?
- Welche Bedingung müssen der Richtungsvektor der Geraden und der Normalenvektor der Grundfläche dazu haben?
- Für das Volumen einer Pyramide gilt $V(G, h) = \frac{1}{3} G \cdot h$.
- Die Grundfläche ist quadratisch.

### Teilaufgabe d

- Fertigen Sie wieder eine Skizze an.
- Führen Sie einen ebenen Schnitt durch die Spitze senkrecht zur Grundfläche durch. Machen Sie sich die neue Situation wieder durch eine Zeichnung klar.
- Denken Sie an die Strahlensätze.
- Eliminieren Sie von den beiden Größen h und r eine durch die andere.
- Denken Sie an den Definitionsbereich der zu maximierenden Funktion.

## Lösung

a) Zur Ergänzung zum Quadrat ist zu zeigen:
$|\overrightarrow{AB}| = |\overrightarrow{BC}| = |\overrightarrow{CD}| = |\overrightarrow{AD}|$ und $\overrightarrow{AB} \perp \overrightarrow{AD}$

Es gilt:

$$\overrightarrow{AB} = \begin{pmatrix} 6 \\ 1 \\ 0 \end{pmatrix} - \begin{pmatrix} 2 \\ 3 \\ 4 \end{pmatrix} = \begin{pmatrix} 4 \\ -2 \\ -4 \end{pmatrix} \qquad \overrightarrow{BC} = \begin{pmatrix} 4 \\ 5 \\ -4 \end{pmatrix} - \begin{pmatrix} 6 \\ 1 \\ 0 \end{pmatrix} = \begin{pmatrix} -2 \\ 4 \\ -4 \end{pmatrix}$$

$$\overrightarrow{CD} = \begin{pmatrix} 0 \\ 7 \\ 0 \end{pmatrix} - \begin{pmatrix} 4 \\ 5 \\ -4 \end{pmatrix} = \begin{pmatrix} -4 \\ 2 \\ 4 \end{pmatrix} \qquad \overrightarrow{AD} = \begin{pmatrix} 0 \\ 7 \\ 0 \end{pmatrix} - \begin{pmatrix} 2 \\ 3 \\ 4 \end{pmatrix} = \begin{pmatrix} -2 \\ 4 \\ -4 \end{pmatrix}$$

Deren Längen sind gleich, denn es gilt:

$$|\overrightarrow{AB}| = \sqrt{4^2 + (-2)^2 + (-4)^2} = 6 \qquad |\overrightarrow{BC}| = \sqrt{(-2)^2 + 4^2 + (-4)^2} = 6$$

$$|\overrightarrow{CD}| = \sqrt{(-4)^2 + 2^2 + 4^2} = 6 \qquad |\overrightarrow{AD}| = \sqrt{(-2)^2 + (4)^2 + (-4)^2} = 6$$

Damit die Vektoren $\overrightarrow{AB}$ und $\overrightarrow{AD}$ zueinander senkrecht stehen, muss ihr Skalarprodukt null ergeben.

$$\overrightarrow{AB} \circ \overrightarrow{AD} = \begin{pmatrix} 4 \\ -2 \\ -4 \end{pmatrix} \circ \begin{pmatrix} -2 \\ 4 \\ -4 \end{pmatrix} = -8 - 8 + 16 = 0$$

**Alternativ:**
Dass C(4 | 5 | −4) der vierte Quadratpunkt ist, zeigt sich z. B. an den notwendigen Diagonaleigenschaften eines Quadrates. Es muss gelten:
$|\overrightarrow{AC}| = |\overrightarrow{BD}|$, $\overrightarrow{AC} \perp \overrightarrow{BD}$ und $\overrightarrow{AC}$ halbiert $\overrightarrow{BD}$, d. h., die Diagonalen haben denselben Mittelpunkt.
Eine kurze Rechnung bestätigt dies:

$$\overrightarrow{AC} = \begin{pmatrix} 4 \\ 5 \\ -4 \end{pmatrix} - \begin{pmatrix} 2 \\ 3 \\ 4 \end{pmatrix} = \begin{pmatrix} 2 \\ 2 \\ -8 \end{pmatrix} \qquad \overrightarrow{BD} = \begin{pmatrix} 0 \\ 7 \\ 0 \end{pmatrix} - \begin{pmatrix} 6 \\ 1 \\ 0 \end{pmatrix} = \begin{pmatrix} -6 \\ 6 \\ 0 \end{pmatrix}$$

$$|\overrightarrow{AC}| = \sqrt{2^2 + 2^2 + (-8)^2} = \sqrt{72} \qquad |\overrightarrow{BD}| = \sqrt{(-6)^2 + 6^2 + 0^2} = \sqrt{72}$$

Ebenso gilt $\overrightarrow{AC} \perp \overrightarrow{BD}$:

$$\overrightarrow{AC} \circ \overrightarrow{BD} = \begin{pmatrix} 2 \\ 2 \\ -8 \end{pmatrix} \circ \begin{pmatrix} -6 \\ 6 \\ 0 \end{pmatrix} = -12 + 12 + 0 = 0$$

$$\vec{M}_{AC} = \frac{1}{2}(\overrightarrow{OA} + \overrightarrow{OC}) = \frac{1}{2} \cdot \begin{pmatrix} 6 \\ 8 \\ 0 \end{pmatrix} = \begin{pmatrix} 3 \\ 4 \\ 0 \end{pmatrix}$$

$$\vec{M}_{BD} = \frac{1}{2}(\overrightarrow{OB} + \overrightarrow{OD}) = \frac{1}{2} \cdot \begin{pmatrix} 6 \\ 8 \\ 0 \end{pmatrix} = \begin{pmatrix} 3 \\ 4 \\ 0 \end{pmatrix}$$

b) Die nebenstehende Skizze soll die Situation veranschaulichen.

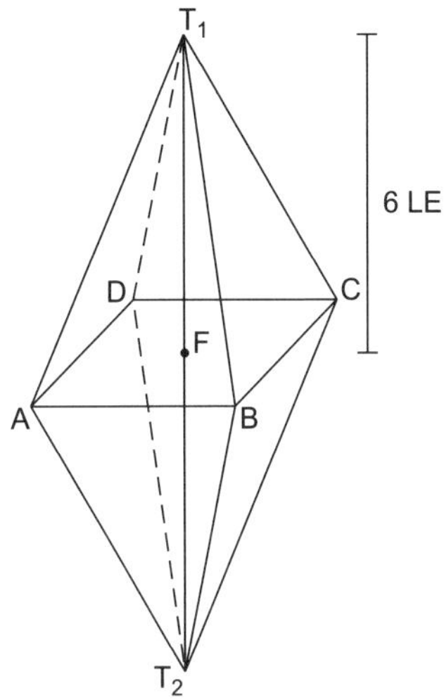


Den Höhenfußpunkt kann man z. B. durch die Gleichung $\overrightarrow{OF} = \overrightarrow{OD} + \frac{1}{2}\overrightarrow{DB}$ bestimmen.
Damit gilt:

$$\overrightarrow{OF} = \begin{pmatrix} 0 \\ 7 \\ 0 \end{pmatrix} + \frac{1}{2}\begin{pmatrix} 6 \\ -6 \\ 0 \end{pmatrix} = \begin{pmatrix} 0 \\ 7 \\ 0 \end{pmatrix} + \begin{pmatrix} 3 \\ -3 \\ 0 \end{pmatrix} = \begin{pmatrix} 3 \\ 4 \\ 0 \end{pmatrix}$$

$\Rightarrow$ F(3|4|0)

Damit $T_1$ bzw. $T_2$ die beiden möglichen Pyramidenspitzen sind, bestimmt man zunächst einen Einheitsnormalenvektor $\vec{n}_0$ zur Ebene ABCD. Es gilt:

$$\vec{n} = \overrightarrow{AB} \times \overrightarrow{AD} = \begin{pmatrix} 4 \\ -2 \\ -4 \end{pmatrix} \times \begin{pmatrix} -2 \\ 4 \\ -4 \end{pmatrix} = \begin{pmatrix} 24 \\ 24 \\ 12 \end{pmatrix} = 12 \cdot \begin{pmatrix} 2 \\ 2 \\ 1 \end{pmatrix}$$

Damit erhält man:

$$\vec{n}_0 = \frac{1}{|\vec{n}|} \cdot \vec{n} = \frac{1}{12 \cdot 3} \cdot 12 \cdot \begin{pmatrix} 2 \\ 2 \\ 1 \end{pmatrix} \quad \Rightarrow \quad \vec{n}_0 = \frac{1}{3}\begin{pmatrix} 2 \\ 2 \\ 1 \end{pmatrix}$$

Da die Höhe der Pyramide 6 LE betragen soll, erhält man $T_1$ bzw. $T_2$ aus den folgenden Gleichungen:
$\overrightarrow{OT_1} = \overrightarrow{OF} + 6 \cdot \vec{n}_0$ und $\overrightarrow{OT_2} = \overrightarrow{OF} + (-6) \cdot \vec{n}_0$, also:

$$\overrightarrow{OT_1} = \begin{pmatrix} 3 \\ 4 \\ 0 \end{pmatrix} + 6 \cdot \frac{1}{3}\begin{pmatrix} 2 \\ 2 \\ 1 \end{pmatrix} = \begin{pmatrix} 3 \\ 4 \\ 0 \end{pmatrix} + \begin{pmatrix} 4 \\ 4 \\ 2 \end{pmatrix} = \begin{pmatrix} 7 \\ 8 \\ 2 \end{pmatrix} \text{ und}$$

$$\overrightarrow{OT_2} = \begin{pmatrix} 3 \\ 4 \\ 0 \end{pmatrix} + (-6) \cdot \frac{1}{3}\begin{pmatrix} 2 \\ 2 \\ 1 \end{pmatrix} = \begin{pmatrix} 3 \\ 4 \\ 0 \end{pmatrix} + \begin{pmatrix} -4 \\ -4 \\ -2 \end{pmatrix} = \begin{pmatrix} -1 \\ 0 \\ -2 \end{pmatrix}$$

c) Gegeben sei nun die Gerade g mit

$$g\colon \vec{x} = \begin{pmatrix} 3 \\ 10 \\ 6 \end{pmatrix} + r \cdot \begin{pmatrix} -2 \\ 1 \\ 2 \end{pmatrix}.$$

Damit sich das Pyramidenvolumen bei konstantem Grundflächeninhalt nicht ändert, wenn die Spitzen auf der Geraden g liegen, muss die angegebene Gerade g parallel zur Ebene ABCD sein, nur dann ändert sich die Höhenlänge der Pyramide nicht und das Volumen $V(G, h) = \frac{1}{3} \cdot G \cdot h$ bleibt konstant.

Um zu zeigen, dass die Gerade g tatsächlich parallel zur Ebene verläuft, müssen der Richtungsvektor der Geraden g, also $\begin{pmatrix} -2 \\ 1 \\ 2 \end{pmatrix} = \vec{u}$ und ein Normalenvektor der Ebene senkrecht zueinander sein.

Aus Teilaufgabe b erhält man für einen Normalenvektor der Ebene $\vec{n}_{ABCD} = \begin{pmatrix} 2 \\ 2 \\ 1 \end{pmatrix}$
Damit folgt:

$$\vec{u} \circ \vec{n}_{ABCD} = \begin{pmatrix} -2 \\ 1 \\ 2 \end{pmatrix} \circ \begin{pmatrix} 2 \\ 2 \\ 1 \end{pmatrix} = -4+2+2=0 \quad \Rightarrow \quad \vec{u} \perp \vec{n}_{ABCD}$$

Für das Volumen bestimmt man die Größen G und h. Für die quadratische Grundfläche gilt nach Teilaufgabe a $|\overrightarrow{AB}| = 6$, also $G = |\overrightarrow{AB}|^2 = 36$. Für die Länge der Höhe der Pyramide h bestimmt man den Abstand eines beliebigen Punktes S von der Geraden g, z. B. $S(3\,|\,10\,|\,6)$, zur Grundfläche, d. h. zur Ebene ABCD. Es gilt:

$$h = |\vec{n}_0 \circ (\overrightarrow{OS} - \overrightarrow{OA})| = \left| \frac{1}{3} \cdot \begin{pmatrix} 2 \\ 2 \\ 1 \end{pmatrix} \circ \left[ \begin{pmatrix} 3 \\ 10 \\ 6 \end{pmatrix} - \begin{pmatrix} 2 \\ 3 \\ 4 \end{pmatrix} \right] \right| = \frac{1}{3} \cdot \left| \begin{pmatrix} 2 \\ 2 \\ 1 \end{pmatrix} \circ \begin{pmatrix} 1 \\ 7 \\ 2 \end{pmatrix} \right|$$

↑
aus Teilaufgabe b

$$= \frac{1}{3} \cdot |2+14+2| = \frac{1}{3} \cdot 18 = 6$$

Damit ergibt sich folgendes Volumen:

$$V(G, h) = \frac{1}{3} \cdot G \cdot h = \frac{1}{3} \cdot 36 \cdot 6 = 72$$

d) Eine Skizze soll die Situation verdeutlichen:

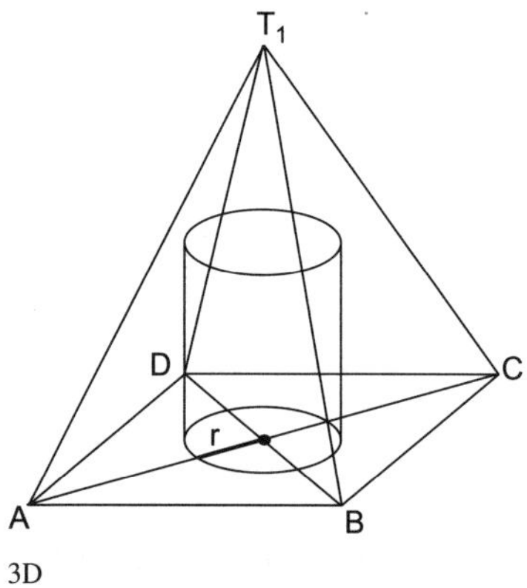

3D

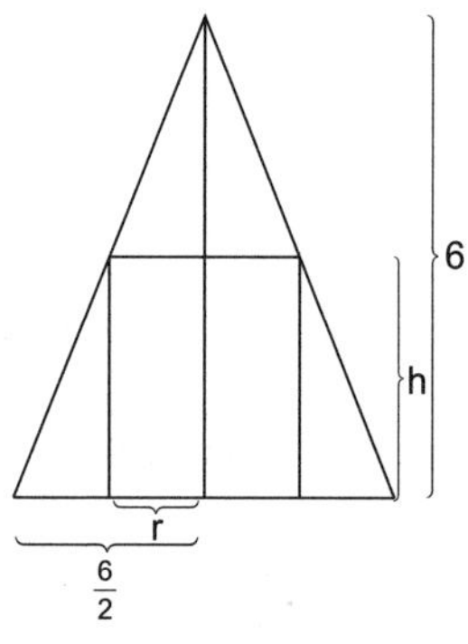

2D (senkrechter Schnitt durch $T_1$ zu ABCD)

Sei r der Radius des einbeschriebenen Zylinders.
Dann ist zu zeigen, dass $V(r) = 6\pi r^2 - 2\pi r^3$ die Volumenfunktion in Abhängigkeit des Radius beschreibt.

Für das Volumen eines Zylinders gilt allgemein $V(G, h) = G \cdot h = (\pi \cdot r^2) \cdot h$.

In der Abbildung in 2D erkennt man eine Strahlensatzfigur mit den Parallelen Deckfläche des Zylinders und Grundfläche der Pyramide. Demnach gilt mit dem 1. Strahlensatz:

$$\frac{6-h}{r}=\frac{6}{3} \quad \Leftrightarrow \quad 6-h=2r \quad \Leftrightarrow \quad h=6-2r$$

Demnach gilt für das Volumen:

$V(G, h)=(\pi r^2)\cdot h=\pi r^2\cdot(6-2r)=6\pi r^2-2\pi r^3$ mit dem Definitionsbereich $r \in \mathbb{R}$ und $0<r<3$.

Der Radius muss positiv sein und darf nicht größer sein als die halbe Seitenlänge des Quadrats, da der Zylinder sonst nicht mehr innerhalb der Pyramide liegt.

Zur Bestimmung des maximalen Volumens betrachtet man die dafür notwendige Bedingung $V'(r)=0$.

$V'(r)=12\pi r-6\pi r^2=6\pi r(2-r) \quad \Rightarrow \quad 6\pi r(2-r)=0 \quad \Leftrightarrow \quad r=0$ oder $r=2$

Dabei ist zu beachten, dass $r=0$ nicht im Definitionsbereich von $V(r)$ liegt.

$V''(r)=12\pi-12\pi r$

$V''(2)=12\pi-12\pi\cdot 2<0$

Demnach ist an der Stelle $r=0$ ein lokales Maximum.

Es gelten für die Höhe und das Volumen:

$h=6-2r=6-2\cdot 2=2$

$V(2)=6\pi\cdot 4-2\pi\cdot 8=8\pi$

Es liegt kein Randextremum vor, da sich am Definitionsrand für $r=3$ $V(3)=0<V(2)$ ergibt.

# Schleswig-Holstein – Mathematik Leistungskurs
## 2009 – Aufgabe 4: Analytische Geometrie

Flugzeuge beschleunigen auf Rollbahnen, die in dieser Aufgabe in einer Ebene liegen. Diese Ebene sei die $x_1$-$x_2$-Ebene eines kartesischen Koordinatensystems. Entgegen der üblichen Schreibweise wird hier, angepasst an die Navigation auf der Erde, die folgende Darstellung gewählt:

$$\begin{pmatrix} x_1 \\ x_2 \\ x_3 \end{pmatrix} \leftrightarrow \begin{pmatrix} \text{Ost} \\ \text{Nord} \\ \text{Oben} \end{pmatrix}$$

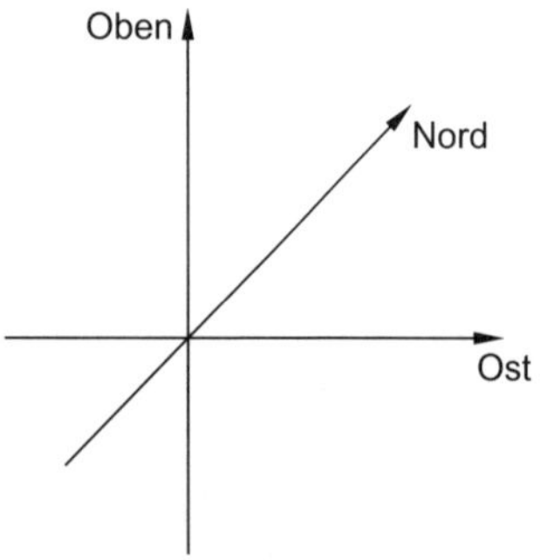


Mit dem Abheben eines Flugzeugs beginnt die Startflugphase, die unter der Annahme einer konstanten Geschwindigkeit durch die Gerade g mit

$$g\colon\ \vec{x} = \begin{pmatrix} -200 \\ -400 \\ 0 \end{pmatrix} + t \cdot \begin{pmatrix} 30 \\ 48 \\ 36 \end{pmatrix}$$

beschrieben wird.
Das Flugzeug hebt zum Zeitpunkt $t = 0$ von der Startbahn ab. Dabei beschreibt der Parameter t die Zeit in Sekunden. Die Zahlenangaben des Aufpunktvektors sind in der Einheit Meter, die des Richtungsvektors in $\frac{m}{s}$ zu lesen.

a) Berechnen Sie die Geschwindigkeit v des Flugzeugs in der Startflugphase. Bestimmen Sie die Größe des Steigungswinkels $\alpha$, den das Flugzeug in der Startflugphase gegenüber der Rollbahn hat. 4 P

b) Der Kontrollraum des Flughafentowers befindet sich im Punkt $T(0 \mid 100 \mid 30)$. Berechnen Sie die kürzeste Entfernung des startenden Flugzeugs zum Tower des Flughafens. 7 P

c) Der Start des Flugzeugs erfolgt bei sonnigem Wetter.

Die Richtung der Sonneneinstrahlung wird durch $\vec{s} = \begin{pmatrix} -10 \\ 20 \\ -30 \end{pmatrix}$ beschrieben.

Bestimmen Sie die Geschwindigkeit des Flugzeugschattens, der sich fortwährend auf der $x_1$-$x_2$-Ebene bewegt.
Erläutern Sie Aspekte, die die Geschwindigkeit des Flugzeugschattens beeinflussen. 10 P

d) Ein anderes Flugzeug, das sich zum Zeitpunkt $t=0$ in der Position $Q(3\,000\,|\,-8\,000\,|\,6\,000)$ befindet, fliegt (auch vor dem Zeitpunkt $t=0$) in konstanter Höhe mit einer Geschwindigkeit von $150\,\frac{m}{s}$ geradlinig nordwärts. Sein Flug kann also durch die Gleichung $\vec{x} = \begin{pmatrix} 3\,000 \\ -8\,000 \\ 6\,000 \end{pmatrix} + t \cdot \begin{pmatrix} 0 \\ 150 \\ 0 \end{pmatrix}$ beschrieben werden.
Bestimmen Sie zunächst den Abstand der beiden Flugzeuge zum Zeitpunkt $t=0$.
Bestimmen Sie zudem den Zeitpunkt t, in dem sich die beiden Flugzeuge bei gleich bleibender Geschwindigkeit am nächsten kommen. 9 P

---

## Hinweise und Tipps

### Teilaufgabe a

- Bestimmen Sie den Abhebepunkt (es gilt dabei $t=0$).
- In welcher Richtung fliegt das Flugzeug?
- Ermitteln Sie die Länge, die nach 1 Sekunde zurückgelegt wird.
- Um den Winkel zwischen zwei sich schneidenden Geraden zu bestimmen, benutzt man die Gleichung $\cos\alpha = \left| \frac{\vec{a} \circ \vec{b}}{|\vec{a}| \cdot |\vec{b}|} \right|$, wobei $\vec{a}$ und $\vec{b}$ die Richtungsvektoren der beiden Geraden sind.
- Bestimmen Sie den zur $x_1$-$x_2$-Ebene senkrechten Vektor, also den Normalenvektor der Ebene.
- Bestimmen Sie zunächst den Winkel zwischen dem Normalenvektor und dem Richtungsvektor der Flugbahn.
- Der Steigungswinkel ergibt sich durch Differenzbildung aus $(90° - \beta)$.

### Teilaufgabe b

- Machen Sie sich die Situation in einer Skizze deutlich.
- Bestimmen Sie die Vektoren zwischen den Punkten S auf der Geraden g und dem Tower ($\overrightarrow{TS}$).
- Der minimale Abstand zwischen startendem Flugzeug und Tower wird durch den „kürzesten" Vektor repräsentiert, also durch den Vektor der senkrecht zur Geraden g ist.
- Verwenden Sie $\overrightarrow{TS} \perp \begin{pmatrix} 30 \\ 48 \\ 36 \end{pmatrix}$ und bestimmen Sie daraus den passenden Parameter.
- Setzen Sie den Parameter in $\overrightarrow{TS}$ ein und bestimmen Sie $|\overrightarrow{TS}|$.

**Teilaufgabe c**

- Durch die Sonnenstrahlen in Richtung $\begin{pmatrix} -10 \\ 20 \\ -30 \end{pmatrix}$ wird auf der $x_1$-$x_2$-Ebene ein Schatten des darüber fliegenden Flugzeugs projiziert.
- Die Geschwindigkeit des Schattens bestimmt man dadurch, dass man z. B. die Länge der Strecke bestimmt, die der Schatten nach 1 Sekunde zurückgelegt hat.
- Bestimmen Sie einen Punkt A des Flugzeugs nach 1 Sekunde mithilfe der Geraden g.
- Bestimmen Sie die Gleichung der Sonnenstrahlen durch den Punkt A.
- Bestimmen Sie den Schnittpunkt A' dieser Geraden mit der $x_1$-$x_2$-Ebene.
- Berücksichtigen Sie, dass die $x_3$-Koordinate null sein muss.
- Bestimmen Sie nun den Abstand von diesem Punkt zum Abhebepunkt.

**Teilaufgabe d**

- Bestimmen Sie zunächst die Punkte der beiden Flugzeuge zum Zeitpunkt $t = 0$ durch Einsetzen des Parameters.
- Bestimmen Sie den Abstand durch die Abstandsformel.
- Beachten Sie die unterschiedlichen Geschwindigkeiten der Flugzeuge.
- Nutzen Sie die beiden Flugbahngleichungen der Flugzeuge.
- Betrachten Sie zu zwei beliebigen Punkten X und Y auf der Flugbahn die von einem Parameter abhängigen Abstände $|\overrightarrow{XY}|$.
- Bedenken Sie, dass $f = t^2$ dieselbe Extremstelle hat wie $\sqrt{f} = t$.

## Lösung

a) Skizze:

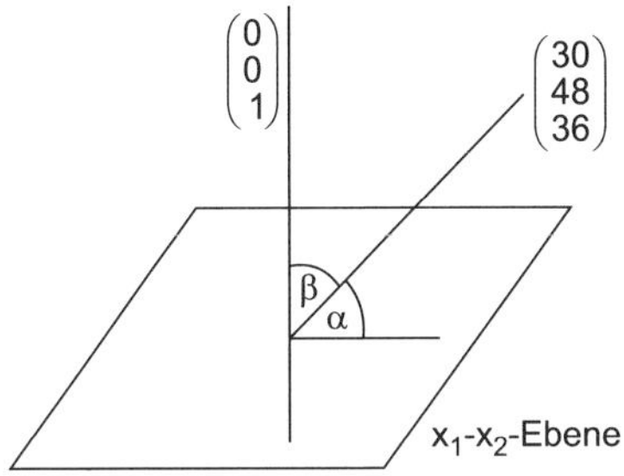


Zum Zeitpunkt des Abhebens befindet sich das Flugzeug „auf der $x_1$-$x_2$-Ebene" im Punkt P(–200 | –400 | 0). Beim Abheben fliegt es in Richtung des Vektors $\begin{pmatrix}30\\48\\36\end{pmatrix}$. Dabei beträgt die Flugstreckenlänge nach einer Sekunde $\left|\begin{pmatrix}30\\48\\36\end{pmatrix}\right|$, also:

$1\cdot\sqrt{30^2+48^2+36^2}=\sqrt{4\,500}=30\sqrt{5}\approx 67{,}08$ Meter

Die Startgeschwindigkeit beträgt also 67,08 $\frac{\text{m}}{\text{s}}$ oder 241,5 $\frac{\text{km}}{\text{h}}$.

Um den Steigungswinkel α zwischen Flugbahn und Rollbahn zu bestimmen, berechnet man zunächst den Winkel β, der zusammen mit α 90° ergibt. Ein Normalenvektor zur $x_1$-$x_2$-Ebene ist durch $\begin{pmatrix}0\\0\\1\end{pmatrix}$ gegeben. Daraus ergibt sich der Winkel β wie folgt:

$$\cos\beta=\frac{\left|\begin{pmatrix}30\\48\\36\end{pmatrix}\circ\begin{pmatrix}0\\0\\1\end{pmatrix}\right|}{\sqrt{30^2+48^2+36^2}\cdot 1}=\frac{36}{30\sqrt{5}}\approx 0{,}54 \quad\Leftrightarrow\quad \beta\approx 57{,}54^\circ$$

Also gilt für den Steigungswinkel $\alpha=90^\circ-\beta=32{,}46^\circ$.

b) Man bestimmt zunächst diejenigen Vektoren, die zwischen den Punkten der Geraden g und dem Tower liegen. Dabei sei S ein beliebiger Punkt der Startflugbahngeraden.

$$\overrightarrow{TS}=\left(\begin{pmatrix}-200\\-400\\0\end{pmatrix}+r\cdot\begin{pmatrix}30\\48\\36\end{pmatrix}\right)-\begin{pmatrix}0\\100\\30\end{pmatrix}=\begin{pmatrix}-200\\-500\\-30\end{pmatrix}+r\cdot\begin{pmatrix}30\\48\\36\end{pmatrix}\quad \text{mit } r\in\mathbb{R}$$

Da nach dem minimalen Abstand gefragt wird, ist nun derjenige Vektor $\overrightarrow{TS}$ auszuwählen, der senkrecht zur Flugbahn, also senkrecht zum Richtungsvektor von g ist. Es ist also dasjenige $r\in\mathbb{R}$ gesucht, sodass Folgendes gilt:

$$\overrightarrow{TS}\perp\begin{pmatrix}30\\48\\36\end{pmatrix}\quad\Rightarrow\quad\left[\begin{pmatrix}-200\\-500\\-30\end{pmatrix}+r\cdot\begin{pmatrix}30\\48\\36\end{pmatrix}\right]\circ\begin{pmatrix}30\\48\\36\end{pmatrix}=0$$

Skizze zur Verdeutlichung:

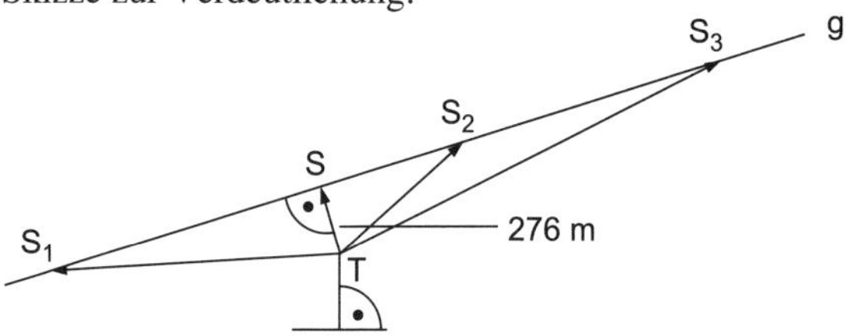


Aus der Bedingung folgt nun:

$$-6\,000+900r-24\,000+2\,304r-1\,080+1\,296r=0$$
$$\Leftrightarrow \quad -31\,080+4\,500r=0$$
$$\Leftrightarrow \quad r=\frac{31\,080}{4\,500}=\frac{518}{75}$$

Also lautet der zu g senkrechte Vektor:

$$\overrightarrow{TS}=\begin{pmatrix}-200\\-500\\-30\end{pmatrix}+\frac{518}{75}\cdot\begin{pmatrix}30\\48\\36\end{pmatrix}=\frac{1}{25}\cdot\begin{pmatrix}180\\-4\,212\\5\,466\end{pmatrix}$$

Seine Länge beträgt:

$$\overrightarrow{TS}=\frac{1}{25}\cdot\sqrt{180^2+(-4\,212)^2+5\,466^2}\approx 276{,}12$$

Die Minimalentfernung beträgt somit etwa 276 m.

c) Die Richtung der Sonnenstrahlen werde durch den Vektor $\vec{s}=\begin{pmatrix}-10\\20\\-30\end{pmatrix}$ beschrieben.

Durch die Strahlen wird vom Flugzeug auf der $x_1$-$x_2$-Ebene ein Schatten erzeugt, dessen Geschwindigkeit nun bestimmt werden soll. Dazu bestimmt man die Länge der Strecke, die der Schatten 1 Sekunde nach dem Start des Flugzeugs zurückgelegt hat.

Nach einer Sekunde befindet sich das Flugzeug in einem Punkt A:

Dieser wird ermittelt, indem in die Geradengleichung $t=1$ eingesetzt wird.

$$\overrightarrow{OA}=\begin{pmatrix}-200\\-400\\0\end{pmatrix}+1\cdot\begin{pmatrix}30\\48\\36\end{pmatrix}=\begin{pmatrix}-170\\-352\\36\end{pmatrix} \quad\Rightarrow\quad A(-170\,|\,-352\,|\,36)$$

Sei A' der Schatten dieses Punktes auf der $x_1$-$x_2$-Ebene. Gesucht ist nun $|\overrightarrow{PA'}|$.

Ein Sonnenstrahl durch A kann durch folgende Gleichung beschrieben werden:

$$\vec{x}=\begin{pmatrix}-170\\-352\\36\end{pmatrix}+r\cdot\begin{pmatrix}-10\\20\\-30\end{pmatrix}$$

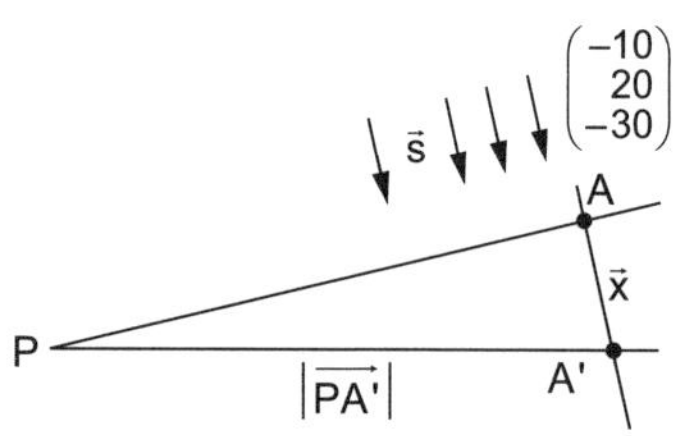

Gesucht ist nun der Schnittpunkt dieser Geraden mit der $x_1$-$x_2$-Ebene. Daraus folgt, dass die $x_3$-Koordinate null sein muss. Es gilt daher:

$36 - 30 \cdot r = 0 \quad \Leftrightarrow \quad r = 1{,}2$

Damit ergibt sich für den Punkt A':

$$\overrightarrow{OA'} = \begin{pmatrix} -170 \\ -352 \\ 36 \end{pmatrix} + 1{,}2 \cdot \begin{pmatrix} -10 \\ 20 \\ -30 \end{pmatrix} = \begin{pmatrix} -182 \\ -328 \\ 0 \end{pmatrix} \quad \Rightarrow \quad A'(-182\,|-328\,|\,0)$$

Damit gilt für den Abstand:

$$\overrightarrow{PA'} = \begin{pmatrix} -182 \\ -328 \\ 0 \end{pmatrix} - \begin{pmatrix} -200 \\ -400 \\ 0 \end{pmatrix} = \begin{pmatrix} 18 \\ 72 \\ 0 \end{pmatrix}$$

$$|\overrightarrow{PA'}| = \sqrt{18^2 + 72^2} \approx 74{,}22$$

Die Schattengeschwindigkeit ist also etwa 74,22 $\frac{m}{s}$ oder 267 $\frac{km}{h}$.

Die beeinflussenden Faktoren der Schattengeschwindigkeit sind zum Beispiel:
- Geschwindigkeit des Flugzeugs: je schneller das Flugzeug, desto schneller der Schatten.
- Winkel zwischen Startbahn und Flugbahn: je größer der Winkel, desto schneller der Schatten.

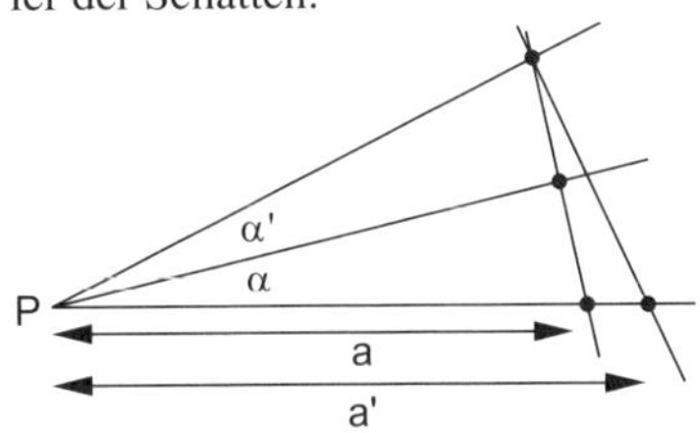


$\alpha' > \alpha \quad \Rightarrow \quad a' > a$

d) Sei ein zweites Flugzeug wie in der Aufgabenstellung durch die Gleichung

$$\vec{x} = \begin{pmatrix} 3\,000 \\ -8\,000 \\ 6\,000 \end{pmatrix} + t \cdot \begin{pmatrix} 0 \\ 150 \\ 0 \end{pmatrix}$$

beschrieben. Man bestimmt zunächst den Abstand der beiden Flugzeuge zum Zeitpunkt $t = 0$, also den Abstand der beiden Punkte $Q(3\,000\,|-8\,000\,|\,6\,000)$ und $P(-200\,|-400\,|\,0)$. Es gilt:

$$|\overrightarrow{PQ}| = \left| \begin{pmatrix} 3\,200 \\ -7\,600 \\ 6\,000 \end{pmatrix} \right| = \sqrt{3\,200^2 + (-7\,600)^2 + 6\,000^2} \approx 10\,198{,}04$$

Der Abstand zum Zeitpunkt $t = 0$ der beiden Flugzeuge beträgt also etwa 10,2 km.

Seien X und Y die zwei Punkte der beiden Flugbahnen, dessen minimaler Abstand gesucht ist. Die beiden Flugbahnen lassen sich durch

$$\overrightarrow{OX} = \begin{pmatrix} -200 \\ -400 \\ 0 \end{pmatrix} + t \cdot \begin{pmatrix} 30 \\ 48 \\ 36 \end{pmatrix} \text{ und}$$

$$\overrightarrow{OY} = \begin{pmatrix} 3\,000 \\ -8\,000 \\ 6\,000 \end{pmatrix} + t \cdot \begin{pmatrix} 0 \\ 150 \\ 0 \end{pmatrix}$$

beschreiben.
Gesucht ist nun dasjenige $t \in \mathbb{R}$, für das $|\overrightarrow{XY}|$ minimal wird. Es gilt:

$$\overrightarrow{XY} = \overrightarrow{OY} - \overrightarrow{OX} = \begin{pmatrix} 3\,200 \\ -7\,600 \\ 6\,000 \end{pmatrix} + t \cdot \begin{pmatrix} -30 \\ 102 \\ -36 \end{pmatrix}$$

$$|\overrightarrow{XY}| = \sqrt{(3\,200 - 30t)^2 + (-7\,600 + 102t)^2 + (6\,000 - 36t)^2}$$

Da die Extremstellen von $f(t) = |\overrightarrow{XY}|^2$ dieselben sind wie von $\sqrt{f(t)} = |\overrightarrow{XY}|$, betrachtet man:

$$f(t) = (3\,200 - 30t)^2 + (-7\,600 + 102t)^2 + (6\,000 - 36t)^2$$

$$f'(t) = 2 \cdot (-30) \cdot (3\,200 - 30t) + 2 \cdot 102 \cdot (-7\,600 + 102t) + 2 \cdot (-36) \cdot (6\,000 - 36t)$$

$$= -2\,174\,400 + 25\,200t$$

Notwendig für die Existenz einer Extremstelle ist $f'(t) = 0$, also:
$0 = -2\,174\,400 + 25\,200t \;\Leftrightarrow\; t \approx 86{,}29$
Es ist eine Minimalstelle, da f(t) eine nach oben geöffnete Parabel ist.
Die Flugzeuge kommen sich also nach etwa 86 Sekunden am nächsten.

## Schleswig-Holstein – Mathematik Leistungskurs
## 2009 – Aufgabe 5: Stochastik

Eine Firma fertigt elektronische Bauteile als Massenware. Von den Bauteilen sind durchschnittlich 14 % defekt. Die Defekte entstehen zufällig und sind nicht auf fehlerhaft arbeitende Maschinen zurückzuführen.

a) Der laufenden Produktion werden sechs Bauteile entnommen.
Berechnen Sie die Wahrscheinlichkeit,

- dass höchstens ein Bauteil defekt ist;
- dass höchstens vier Teile defekt sind. 4 P

b) Ein defektes Bauteil wird von einem firmeneigenen Prüfgerät mit einer Wahrscheinlichkeit von 95 % als defekt erkannt. Das Prüfgerät zeigt allerdings auch einwandfreie Bauteile fälschlicherweise mit einer Wahrscheinlichkeit von 2 % als defekt an.
Berechnen Sie die Wahrscheinlichkeit,

- mit der das Prüfgerät eine richtige Entscheidung trifft;
- dass ein Bauteil tatsächlich defekt ist, wenn das Prüfgerät einen Defekt anzeigt. 7 P

c) In der Firma denkt man stets über mögliche Kosteneinsparungen nach.
Daher wird beschlossen, das Prüfverfahren wie folgt zu ändern:
Zehn Bauteile werden hintereinander geschaltet und gleichzeitig in einem Durchgang geprüft. Nur dann, wenn bei dieser Gruppenuntersuchung eine Defektanzeige erfolgt (mindestens ein Bauteil ist dann defekt), wird zusätzlich jedes Bauteil einer Einzelprüfung unterzogen.

- Begründen Sie, dass nach diesem Verfahren entweder genau eine Prüfung oder genau 11 Prüfungen erforderlich sind.

Der Erwartungswert der Zufallsvariablen Z, die die möglichen Anzahlen der Prüfungen beschreibt, ist definiert durch

$E(Z) = 1 \cdot P(Z = 1) + 11 \cdot P(Z = 11).$

Die Kosten pro Prüfvorgang betragen 5 ct.

- Begründen Sie, dass bei dem neuen Prüfverfahren bei der Überprüfung von 10 Bauteilen die durchschnittliche Kostenersparnis pro Bauteil durch $R(10) = \dfrac{10 \cdot 0{,}86^{10} - 1}{10} \cdot 5\text{ ct}$ gegeben ist.

Die Kostenprüfer sind enttäuscht. Sie argumentieren, dass das neue Verfahren lediglich eine Einsparung von etwa 12 % gegenüber dem ursprünglichen Verfahren mit den einzelnen Prüfungen bedeutet.
Werden nach der neuen Methode n Bauteile zunächst hintereinander geschaltet geprüft, so ergibt sich gegenüber den Einzelprüfungen eine zu erwartende Kostenersparnis pro Bauteil von

$$R(n) = \frac{n \cdot 0{,}86^n - 1}{n} \cdot 5\text{ ct} = \left(0{,}86^n - \frac{1}{n}\right) \cdot 5\text{ ct},\quad n \neq 1.$$

- Begründen Sie, warum der Fall $n = 1$ ausgeschlossen ist.
- Bestimmen Sie einzelne Werte von R(n) und ermitteln Sie durch Probieren die vermutliche Anzahl n, für die R(n) maximal ist. 10 P

d) Die sorgfältig geprüften Bauteile sollten natürlich auch fehlerfrei bei den Kunden der Firma ankommen. Das beauftragte Versandunternehmen kann Transportschäden natürlich nicht ganz ausschließen. Die Wahrscheinlichkeit, dass ein Bauteil beim Versand beschädigt wird, beträgt nach dessen Angaben jedoch nur 0,3 %.
Falls bei einer Lieferung von 1 000 Bauteilen mehr als 7 Bauteile durch den Versand Schäden erleiden, muss die Versandfirma eine hohe Entschädigungssumme von 15 000 € zahlen.
Um das Risiko zu mindern, im Schadensfall plötzlich so hohe Kosten tragen zu müssen, will die Versandfirma sich bei einer Versicherung bzgl. solcher Entschädigungsleistungen versichern lassen.
Berechnen Sie den Mindestbetrag, den eine Versicherung pro Lieferung von 1 000 Bauteilen fordern müsste, um einen Schadensfall zu regulieren. Verwenden Sie dabei eine geeignete Näherungsverteilung.

*Hinweis*
Versicherungssteuern, weitere Steuern, Gewinne, … sollen hier unberücksichtigt bleiben. 6 P

e) Eine zweite Versandfirma, die jeden Monat vertragsbedingt eine konstante, aber sehr große Anzahl von Transportaufträgen ausführt, wirbt damit, dass durchschnittlich monatlich lediglich 3,9 Transportschäden entständen.
Y kennzeichne die möglichen Anzahlen von Transportschäden pro Monat. Berechnen Sie $P(Y \leq 4)$. 3 P

## Hinweise und Tipps

### Teilaufgabe a

- Definieren Sie eine passende Zufallsvariable.
- Die Zufallsvariable ist binomialverteilt.
- Die Parameter der Zufallsvariable lauten $n = 6$ und $p = 0{,}14$.
- Das Wort „höchstens" wird durch das mathematische Symbol „$\leq$" ausgedrückt.

### Teilaufgabe b

- Drücken Sie den Text durch geeignet formulierte Ereignisse aus.
- Als Ereignisse kommen A: „Ein Bauteil ist defekt" und B: „Das Prüfgerät zeigt einen Defekt an" infrage.
- Übersetzen Sie die Beschreibung „eine richtige Entscheidung" zunächst inhaltlich und dann in die Formelsprache.
- Eine richtige Entscheidung wird genau dann vom Prüfgerät getroffen, wenn einerseits ein defektes Teil auch als defekt erkannt wird, und andererseits ein fehlerfreies Teil auch als solches erkannt wird.
- In der Formelsprache lautet dies $P(A) \cdot P_A(B) + P(\overline{A}) \cdot P_{\overline{A}}(\overline{B})$.
- Dass ein Bauteil tatsächlich defekt ist, wenn das Prüfgerät einen Defekt anzeigt, heißt in der Formelsprache $P_B(A)$.
- Die Gleichung zur bedingten Wahrscheinlichkeit lautet $P_B(A) = \frac{P(A \cap B)}{P(B)}$.
- $P(B)$ kann durch $P(A) \cdot P_A(B) + P(\overline{A}) \cdot P_{\overline{A}}(B)$ bestimmt werden.

### Teilaufgabe c

- Denken Sie daran, dass auch die Gruppenprüfung eine Prüfung darstellt.
- Was passiert, wenn die Gruppenprüfung einen Defekt anzeigt?
- Ermitteln Sie die Wahrscheinlichkeiten $P(Z = 1)$ und $P(Z = 11)$.
- Die Kosten ergeben sich für 10 Bauteile durch $E(Z) \cdot 5$ ct.
- Die „alte" Methode kostet für 10 Bauteile $10 \cdot 5$ ct.
- Die Differenz beider Kosten ergibt die Kostenersparnis.
- Was bedeutet inhaltlich $n = 1$? Wie unterscheiden sich die alte und neue Methode bzgl. der Kosten?
- Bestimmen Sie durch Einsetzen für $n = 2$, $n = 3$, etc. die einzelnen Funktionswerte der Funktion R.

**Teilaufgabe d**

- Wählen Sie eine geeignete binomialverteilte Zufallsvariable mit den Parametern $n = 1\,000$ und $p = 0{,}003$ aus.
- Die Zufallsvariable, die die mögliche Anzahl von durch den Versand beschädigten Bauteilen beschreibt, heiße X.
- Die Zufallsvariable kann auch als poissonverteilt angesehen werden.
- Bestimmen Sie die Wahrscheinlichkeit für mehr als 7 durch den Versand beschädigte Bauteile.
- Denken Sie an $P(X > 7) = 1 - P(X \leq 7)$.
- Die Entschädigungssumme muss auf die 1 000 Bauteile gemäß des Transportrisikos verteilt werden.
- Der Versicherungsbeitrag errechnet sich durch $P(X > 7) \cdot 15\,000$ €.

**Teilaufgabe e**

- Y ist sicher wieder binomialverteilt mit den unbekannten Parametern n und p. Es gilt aber $np = 3{,}9$. Was bedeutet dies für p, wenn n sehr groß ist?
- Y kann durch eine Poissonverteilung approximiert werden.

## Lösung

a) Es kennzeichne die Zufallsvariable X die Anzahl defekter Bauteile. X ist laut Aufgabenstellung binomialverteilt mit den Parametern $n = 6$ und $p = 0{,}14$.

„Höchstens ein Bauteil ist defekt" bedeutet, dass entweder kein oder genau ein Teil kaputt ist. In Formelsprache heißt dies:

$$P(X \leq 1) = P(X = 0) + P(X = 1)$$
$$= \binom{6}{0} \cdot 0{,}14^0 \cdot 0{,}86^6 + \binom{6}{1} \cdot 0{,}14^1 \cdot 0{,}86^5 \approx 0{,}7997 \approx 80\,\%$$

Die Wahrscheinlichkeit, dass höchstens ein Bauteil defekt ist, beträgt also etwa 80 %.

„Höchstens vier Bauteile sind defekt" bedeutet, dass entweder kein, ein, zwei, drei oder genau vier Teile kaputt sind. In Formelsprache heißt dies:

$$P(X \leq 4) = P(X = 0) + P(X = 1) + P(X = 2) + P(X = 3) + P(X = 4) =$$
$$= 1 - P(X = 5) - P(X = 6)$$
$$= 1 - \binom{6}{5} \cdot 0{,}14^5 \cdot 0{,}86^1 - \binom{6}{6} \cdot 0{,}14^6 \cdot 0{,}86^0$$
$$\approx 1 - 0{,}0002775 - 0{,}0000075 \approx 99{,}97\,\%$$

- In der zweiten Zeile wird der Übergang zur Gegenwahrscheinlichkeit benutzt.

Die Wahrscheinlichkeit, dass höchstens vier Bauteile defekt sind, beträgt also fast 100 %.

b) Es werden die Ereignisse A und B folgendermaßen definiert:
Ereignis A: Ein Bauteil ist defekt.
Ereignis B: Das Prüfgerät zeigt einen Defekt an.
Die zugehörigen Wahrscheinlichkeiten lauten nach Aufgabentext:
$P(A) = 0{,}14$ und $P_A(B) = 0{,}95$.
Zusätzlich ist die Wahrscheinlichkeit von 2 % dafür gegeben, dass die Prüfmaschine einen „Fehler" macht, d. h., ein tatsächlich fehlerfreies Stück als defekt testet. Man schreibt für diese Wahrscheinlichkeit:
$P_{\overline{A}}(B) = 0{,}02$ bzw. $P_{\overline{A}}(\overline{B}) = 0{,}98$

Eine richtige Entscheidung wird genau dann vom Prüfgerät getroffen, wenn ein defektes Teil auch als defekt erkannt wird und wenn ein fehlerfreies Teil auch als solches erkannt wird. In Formelsprache lautet dies also:

$$\begin{aligned} P(\text{„Richtige Entscheidung"}) &= P(A) \cdot P_A(B) + P(\overline{A}) \cdot P_{\overline{A}}(\overline{B}) \\ &= 0{,}14 \cdot 0{,}95 + 0{,}86 \cdot 0{,}98 \\ &= 0{,}9758 \end{aligned}$$

**Alternativ:**
Die Situation kann auch mithilfe eines Baumdiagramms veranschaulicht und mit den bekannten Pfadregeln berechnet werden.

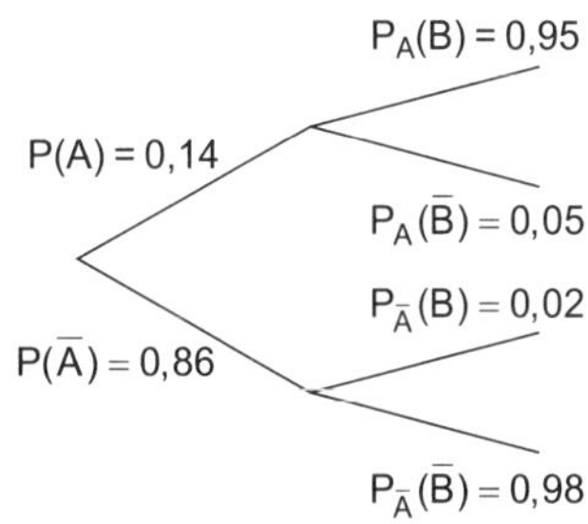


Die Wahrscheinlichkeit, dass das Prüfgerät eine richtige Entscheidung trifft, beträgt somit etwa 98 %.

Dass ein defektes Bauteil auch als defekt von der Prüfmaschine erkannt wird, wird durch die bedingte Wahrscheinlichkeit $P_B(A)$ ausgedrückt. Sie kann durch die folgende Gleichung bestimmt werden:

$$\begin{aligned} P_B(A) &= \frac{P(A \cap B)}{P(B)} = \frac{P(A) \cdot P_A(B)}{P(A) \cdot P_A(B) + P(\overline{A}) \cdot P_{\overline{A}}(B)} \\ &= \frac{0{,}14 \cdot 0{,}95}{0{,}14 \cdot 0{,}95 + 0{,}86 \cdot 0{,}02} \approx 0{,}8855 \end{aligned}$$

Die Maschine arbeitet also mit einer „Prüf-Sicherheit" von ca. 89 %.

c) Wenn die Gruppenuntersuchung von 10 Bauteilen keinen Defekt anzeigt, sind diese Bauteile offensichtlich alle in Ordnung. Es bleibt bei dieser einen Prüfung. Wenn bei der Gruppenuntersuchung eine Defektanzeige erfolgt, muss nach dieser ersten Prüfung nach Aufgabentext jedes Bauteil zusätzlich geprüft werden, sodass noch weitere 10 Prüfungen erfolgen müssen. Insgesamt finden in diesem Fall also $1 + 10 = 11$ Prüfungen statt.

Es kennzeichne die Zufallsvariable Z die mögliche Anzahl von Prüfungen.
Für die Wahrscheinlichkeiten $P(Z = 1)$ und $P(Z = 11)$ gilt:
$P(Z = 1) = 0{,}86^{10}$
$P(Z = 11) = 1 - 0{,}86^{10}$
Dann gilt mit den obigen Überlegungen für entweder eine oder elf Prüfungen für den Erwartungswert E(Z):
$E(Z) = 1 \cdot 0{,}86^{10} + 11 \cdot (1 - 0{,}86^{10}) = 11 - 10 \cdot 0{,}86^{10} \; (\approx 8{,}79)$
Es werden also knapp 9 Prüfungen erwartet.

Die zu erwartenden Kosten bei einer Prüfung von 10 Bauteilen nach der neuen Methode sind dann $(11 - 10 \cdot 0{,}86^{10}) \cdot 5$ ct.
Nach der alten Methode kostete die Prüfung $10 \cdot 5$ ct, sodass eine Kostenersparnis von
$10 \cdot 5\text{ ct} - (11 - 10 \cdot 0{,}86^{10}) \cdot 5\text{ ct} = (10 \cdot 0{,}86^{10} - 1) \cdot 5\text{ ct}$
zu erwarten ist.
Da nach der Kostenersparnis eines Bauteiles gefragt wurde, muss der letzte Term noch durch deren Anzahl, also 10, dividiert werden. Es ergibt sich folglich:

$$R(10) = \frac{10 \cdot 0{,}86^{10} - 1}{10} \cdot 5\text{ ct}$$

Durch Einsetzen von $n = 1$ in die Funktion R erhält man eine Kostenersparnis von $(0{,}86 - 1) \cdot 5\text{ ct} = -0{,}7$ ct als theoretischen Wert, also offenbar keine Ersparnis. Außerdem sind für $n = 1$ die beiden Prüfverfahren der Einzel- und Gruppenprüfung für ein Bauteil identisch und damit nicht unterscheidbar.

Es werden mögliche Kosteneinsparungen mithilfe der Funktion R errechnet und in folgender Tabelle zusammengefasst.

| n | 2 | 3 | 4 | 5 | 6 | 7 | 10 |
|---|---|---|---|---|---|---|---|
| R(n) in ct | 1,20 | 1,51 | 1,49 | 1,35 | 1,19 | 1,03 | 0,61 |

Die Tabellenwerte lassen vermuten, dass das Maximum von R bei $n = 3$ liegt.
Dass die Funktion für $n \geq 4$ streng monoton fällt, braucht hier nicht begründet zu werden.

d) Sei X die Zufallsvariable, die die mögliche Anzahl von durch den Versand beschädigten Bauteilen beschreibt. X kann als binomialverteilt mit den Parametern $n = 1\,000$ und $p = 0{,}003$ oder auch als poissonverteilt mit dem Parameter $\mu = 1\,000 \cdot 0{,}003 = 3$ angesehen werden. Letztere Näherung ist z. B. wegen $n > 100$ und $p < 0{,}05$ gerechtfertigt.

Die Wahrscheinlichkeitsverteilung der Poissonverteilung lautet:

$$P_\mu(Z = k) = \frac{\mu^k}{k!} \cdot e^{-\mu}$$

Die Wahrscheinlichkeit für einen Schadensfall beträgt damit:

$$P(X > 7) = 1 - P(X \le 7) = 1 - \sum_{k=0}^{7} P_\mu(k)$$

$$= 1 - e^{-3}\left(1 + 3 + \frac{9}{2} + \frac{27}{6} + \frac{81}{24} + \frac{243}{120} + \frac{729}{720} + \frac{2\,187}{5\,040}\right) \approx 0{,}0119$$

Es wurde mithilfe der Gegenwahrscheinlichkeit gerechnet.

In ca. 98,8 % aller Fälle tritt also kein Schadensfall auf. Es entstehen dann keine Kosten. In ca. 1,2 % aller Fälle sind 15 000 € Schadensersatz zu zahlen. Dieses Risiko muss auf alle Lieferungen von 1 000 Bauteilen verteilt werden. Ein Versicherungsbeitrag müsste pro Lieferung eines Tausendersatzes mindestens $0{,}012 \cdot 15\,000\text{ €} = 180\text{ €}$ betragen.

e) Sei nun Y die Zufallsvariable, die die möglichen Anzahlen von durch den Versand beschädigten Bauteilen beschreibt.
Y kann sicher als binomialverteilt mit den Parametern n und p angenommen werden. n und p sind laut Aufgabenstellung nicht bekannt, jedoch ist n sehr groß (vgl. Aufgabentext „sehr große Anzahl von Transportaufträgen"). Dann muss p wegen $\mu = n \cdot p = 3{,}9$ („durchschnittliche Schäden") jedoch sehr klein sein. Die Voraussetzungen für eine Approximation durch eine Poissonverteilung mit $\mu = 3{,}9$ liegen vor. Es gilt somit:

$$P(Y \le 4) = e^{-3{,}9}\left(1 + 3{,}9 + \frac{3{,}9^2}{2} + \frac{3{,}9^3}{6} + \frac{3{,}9^4}{24}\right) \approx 0{,}6484$$

## Schleswig-Holstein – Mathematik Leistungskurs
## 2009 – Aufgabe 6: Stochastik

Im Nordatlantik liegt die Inselgruppe der Färöer-Inseln. Aufgrund ihrer geografischen Position (einerseits noch im Golfstrom, andererseits mitten in der Zugstraße der subarktischen Tiefdruckgebiete) sind die Inseln bekannt für ihr ständig wechselndes Wetter.
An der Nordspitze der Hauptinsel Streymoy befindet sich auf einem Felsen bei Tjornuvik eine Wetterstation. Unter anderem wird hier die Veränderlichkeit des Wetters durch die Angabe der Änderungswahrscheinlichkeit $P_{\text{Änd}}$ bestimmt.
Dazu wird der Tag in vier Zeitabschnitte à 6 Stunden beginnend ab 0 Uhr geteilt (diese Abschnitte heißen Perioden). Somit liegen pro Tag 3 Periodenwechsel vor. Eine Periode heißt „trocken", wenn während dieser Zeit höchstens 1 mm Niederschlag fällt; die Periode heißt „regnerisch", wenn mehr als 1 mm Niederschlag fällt. Die Änderungswahrscheinlichkeit $P_{\text{Änd}}$ gibt nun an, mit welcher Wahrscheinlichkeit sich das Wetter von einer Periode zur nächsten zwischen den beiden Typen ändert. Langfristige Messungen ergaben $P_{\text{Änd}} = 0{,}38$.

a) Beschreiben Sie, wie diese Änderungswahrscheinlichkeit ermittelt werden kann. 3 P

b) Nehmen Sie zunächst an, dass man die Wetterbeobachtung als ein Bernoulli-Experiment mit $p = P_{\text{Änd}}$ auffassen kann.
Berechnen Sie unter dieser Voraussetzung die Wahrscheinlichkeiten für folgende Ereignisse:

- Das Wetter ändert sich mindestens einmal am Tag.
- Während eines Tages ändert sich das Wetter von jeder Periode zur nächsten. 3 P

c) Es sollen die vier Perioden eines Tages betrachtet werden. Wir nehmen an, die erste Periode sei regnerisch. Die Zufallsvariable X beschreibe die Anzahl der Wetterwechsel während dieses Tages. X werde als binomialverteilt mit den Parametern $n = 3$ und $p = 0{,}38$ vorausgesetzt.

- Beschreiben Sie die Bedeutung des Ereignisses $(X = 0 \vee X = 2)$ für die vierte Periode des Tages und berechnen Sie die Wahrscheinlichkeit dieses Ereignisses.
- Bestimmen Sie die Wahrscheinlichkeit dafür, dass die fünfte Periode (1. Periode des zweiten Tages) vom gleichen Typ sein wird wie die erste.

- Begründen Sie, dass der Funktionsterm k(n) angibt, wie groß die Wahrscheinlichkeit ist, dass das Wetter nach n Übergängen den gleichen Zustand wie zu Beginn hat.

$$k(n) = \sum_{i=0}^{\lfloor \frac{n}{2} \rfloor} \binom{n}{2i} \cdot P_{Änd}^{2i} \cdot (1 - P_{Änd})^{n-2i}$$

*Hinweis:* Die eckige Klammer $\lfloor \; \rfloor$ bedeutet Abrunden auf die nächste natürliche Zahl.

Setzt man im Funktionsterm k(n) n = 1, 2, 3, 4, 5, 6 ein, so erhält man folgende Tabelle:

| n | 1 | 2 | 3 | 4 | 5 | 6 |
|---|---|---|---|---|---|---|
| k(n) | 0,62 | 0,5288 | 0,5069 | 0,5017 | 0,5004 | 0,5001 |

- Interpretieren Sie die bisherigen Ergebnisse in Hinblick auf mögliche Wetterprognosen in Tjornuvik. 12 P

d) Die Beobachtungen in Tjornuvik ergaben außerdem, dass 35 % der Perioden „trocken“ (T) waren und 65 % „regnerisch“ (R).

In dem folgenden Baumdiagramm werden die Möglichkeiten der Wetterausprägungen in zwei aufeinanderfolgenden Perioden dargestellt.

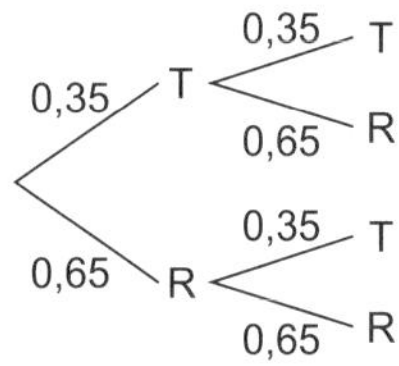


Die Wahrscheinlichkeit für eine Wetterveränderung berechnet sich in diesem Modell durch

$$P(T \cap R) + P(R \cap T) = 0{,}35 \cdot 0{,}65 + 0{,}65 \cdot 0{,}35 = 0{,}455.$$

Andererseits ist die Wahrscheinlichkeit für eine Wetterveränderung mit $P_{Änd} = 0{,}38$ langjährig gesichert (siehe Einführungstext).
Untersuchen Sie, worin die Defizite des Modells, das dem obigen Baumdiagramm zugrunde liegt, bestehen können.
Erklären Sie so die Diskrepanz der unterschiedlichen Werte. 3 P

e) In einem vierjährigen Forschungsauftrag soll untersucht werden, ob der weltweit zu beobachtende Klimawandel auch Auswirkungen auf den 35 %igen Anteil der „Trockenperioden“ in Tjornuvik hat. Der Projektleiter legt dazu fest, dass während dieser 4 Jahre täglich alle Perioden erfasst und als „trocken“ oder „regnerisch“ abgespeichert werden sollen. Aus der Vielzahl der gesammelten Daten soll dann der Computer 585 Perioden zufällig auswählen. Durch diese Maßnahme geht der Projektleiter davon aus, dass nun ein Bernoulli-Experiment vorliegt.
Entwickeln Sie, ausgehend von den Vorgaben des Projektleiters, ein Testverfahren zu dem Forschungsauftrag. 9 P

## Gauß'sche Integralfunktion $\Phi(x) = \int_{-\infty}^{z} \varphi(x)\,dx$

| z | Φ(−z) | Φ(z) |
|---|---|---|
| | 0 | 0 |
| 0,01 | 4960 | 5040 |
| 0,02 | 4920 | 5080 |
| 0,03 | 4880 | 5120 |
| 0,04 | 4840 | 5160 |
| 0,05 | 4801 | 5199 |
| 0,06 | 4761 | 5239 |
| 0,07 | 4721 | 5279 |
| 0,08 | 4681 | 5319 |
| 0,09 | 4641 | 5359 |
| 0,10 | 4602 | 5398 |
| 0,11 | 4562 | 5438 |
| 0,12 | 4522 | 5478 |
| 0,13 | 4483 | 5517 |
| 0,14 | 4443 | 5557 |
| 0,15 | 4404 | 5596 |
| 0,16 | 4364 | 5636 |
| 0,17 | 4325 | 5675 |
| 0,18 | 4286 | 5714 |
| 0,19 | 4247 | 5753 |
| 0,20 | 4207 | 5793 |
| 0,21 | 4168 | 5832 |
| 0,22 | 4129 | 5871 |
| 0,23 | 4090 | 5910 |
| 0,24 | 4052 | 5948 |
| 0,25 | 4013 | 5987 |
| 0,26 | 3974 | 6026 |
| 0,27 | 3936 | 6064 |
| 0,28 | 3897 | 6103 |
| 0,29 | 3859 | 6141 |
| 0,30 | 3821 | 6179 |
| 0,31 | 3783 | 6217 |
| 0,32 | 3745 | 6255 |
| 0,33 | 3707 | 6293 |
| 0,34 | 3669 | 6331 |
| 0,35 | 3632 | 6368 |
| 0,36 | 3594 | 6406 |
| 0,37 | 3557 | 6443 |
| 0,38 | 3520 | 6480 |
| 0,39 | 3483 | 6517 |
| 0,40 | 3446 | 6554 |

| z | Φ(−z) | Φ(z) |
|---|---|---|
| | 0 | 0 |
| 0,41 | 3409 | 6591 |
| 0,42 | 3372 | 6628 |
| 0,43 | 3336 | 6664 |
| 0,44 | 3300 | 6700 |
| 0,45 | 3264 | 6736 |
| 0,46 | 3228 | 6772 |
| 0,47 | 3192 | 6808 |
| 0,48 | 3156 | 6844 |
| 0,49 | 3121 | 6879 |
| 0,50 | 3085 | 6915 |
| 0,51 | 3050 | 6950 |
| 0,52 | 3015 | 6985 |
| 0,53 | 2981 | 7019 |
| 0,54 | 2946 | 7054 |
| 0,55 | 2912 | 7088 |
| 0,56 | 2877 | 7123 |
| 0,57 | 2843 | 7157 |
| 0,58 | 2810 | 7190 |
| 0,59 | 2776 | 7224 |
| 0,60 | 2743 | 7257 |
| 0,61 | 2709 | 7291 |
| 0,62 | 2676 | 7324 |
| 0,63 | 2643 | 7357 |
| 0,64 | 2611 | 7389 |
| 0,65 | 2578 | 7422 |
| 0,66 | 2546 | 7454 |
| 0,67 | 2514 | 7486 |
| 0,68 | 2483 | 7517 |
| 0,69 | 2451 | 7549 |
| 0,70 | 2420 | 7580 |
| 0,71 | 2389 | 7611 |
| 0,72 | 2358 | 7642 |
| 0,73 | 2327 | 7673 |
| 0,74 | 2296 | 7704 |
| 0,75 | 2266 | 7734 |
| 0,76 | 2236 | 7764 |
| 0,77 | 2206 | 7794 |
| 0,78 | 2177 | 7823 |
| 0,79 | 2148 | 7852 |
| 0,80 | 2119 | 7881 |

| z | Φ(−z) | Φ(z) |
|---|---|---|
| | 0 | 0 |
| 0,81 | 2090 | 7910 |
| 0,82 | 2061 | 7939 |
| 0,83 | 2033 | 7967 |
| 0,84 | 2005 | 7995 |
| 0,85 | 1977 | 8023 |
| 0,86 | 1949 | 8051 |
| 0,87 | 1922 | 8078 |
| 0,88 | 1894 | 8106 |
| 0,89 | 1867 | 8133 |
| 0,90 | 1841 | 8159 |
| 0,91 | 1814 | 8186 |
| 0,92 | 1788 | 8212 |
| 0,93 | 1762 | 8238 |
| 0,94 | 1736 | 8264 |
| 0,95 | 1711 | 8289 |
| 0,96 | 1685 | 8315 |
| 0,97 | 1660 | 8340 |
| 0,98 | 1635 | 8365 |
| 0,99 | 1611 | 8389 |
| 1,00 | 1587 | 8413 |
| 1,01 | 1562 | 8438 |
| 1,02 | 1539 | 8461 |
| 1,03 | 1515 | 8485 |
| 1,04 | 1492 | 8508 |
| 1,05 | 1469 | 8531 |
| 1,06 | 1446 | 8554 |
| 1,07 | 1423 | 8577 |
| 1,08 | 1401 | 8599 |
| 1,09 | 1379 | 8621 |
| 1,10 | 1357 | 8643 |
| 1,11 | 1335 | 8665 |
| 1,12 | 1314 | 868 |
| 1,13 | 1292 | 8708 |
| 1,14 | 1271 | 8729 |
| 1,15 | 1251 | 8749 |
| 1,16 | 1230 | 8770 |
| 1,17 | 1210 | 8790 |
| 1,18 | 1190 | 8810 |
| 1,19 | 1170 | 8830 |
| 1,20 | 1151 | 8849 |

| z | Φ(−z) | Φ(z) |
|---|---|---|
| | 0 | 0 |
| 1,21 | 1131 | 8869 |
| 1,22 | 1112 | 8888 |
| 1,23 | 1093 | 8907 |
| 1,24 | 1075 | 8925 |
| 1,25 | 1056 | 8944 |
| 1,26 | 1038 | 8962 |
| 1,27 | 1020 | 8980 |
| 1,28 | 1003 | 8997 |
| 1,29 | 0985 | 9015 |
| 1,30 | 0968 | 9032 |
| 1,31 | 0951 | 9049 |
| 1,32 | 0934 | 9066 |
| 1,33 | 0918 | 9082 |
| 1,34 | 0901 | 9099 |
| 1,35 | 0885 | 9115 |
| 1,36 | 0869 | 9131 |
| 1,37 | 0853 | 9147 |
| 1,38 | 0838 | 9162 |
| 1,39 | 0823 | 9177 |
| 1,40 | 0808 | 9192 |
| 1,41 | 0793 | 9207 |
| 1,42 | 0778 | 9222 |
| 1,43 | 0764 | 9236 |
| 1,44 | 0749 | 9251 |
| 1,45 | 0735 | 9265 |
| 1,46 | 0721 | 9279 |
| 1,47 | 0708 | 9292 |
| 1,48 | 0694 | 9306 |
| 1,49 | 0681 | 9319 |
| 1,50 | 0668 | 9332 |
| 1,51 | 0655 | 9345 |
| 1,52 | 0643 | 9357 |
| 1,53 | 0630 | 9370 |
| 1,54 | 0618 | 9382 |
| 1,55 | 0606 | 9394 |
| 1,56 | 0594 | 9406 |
| 1,57 | 0582 | 9418 |
| 1,58 | 0571 | 9429 |
| 1,59 | 0559 | 9441 |
| 1,60 | 0548 | 9452 |

| z | Φ(−z) | Φ(z) |
|---|---|---|
| 1,61 | 0537 | 9463 |
| 1,62 | 0526 | 9474 |
| 1,63 | 0516 | 9484 |
| 1,64 | 0505 | 9495 |
| 1,65 | 0495 | 9505 |
| 1,66 | 0485 | 9515 |
| 1,67 | 0475 | 9525 |
| 1,68 | 0465 | 9535 |
| 1,69 | 0455 | 9545 |
| 1,70 | 0446 | 9554 |
| 1,71 | 0436 | 9564 |
| 1,72 | 0427 | 9573 |
| 1,73 | 0418 | 9582 |
| 1,74 | 0409 | 9591 |
| 1,75 | 0401 | 9599 |
| 1,76 | 0392 | 9608 |
| 1,77 | 0384 | 9616 |
| 1,78 | 0375 | 9625 |
| 1,79 | 0367 | 9633 |
| 1,80 | 0359 | 9641 |
| 1,81 | 0351 | 9649 |
| 1,82 | 0344 | 9656 |
| 1,83 | 0336 | 9664 |
| 1,84 | 0329 | 9671 |
| 1,85 | 0322 | 9678 |
| 1,86 | 0314 | 9686 |
| 1,87 | 0307 | 9693 |
| 1,88 | 0301 | 9699 |
| 1,89 | 0294 | 9706 |
| 1,90 | 0287 | 9713 |
| 1,91 | 0281 | 9719 |
| 1,92 | 0274 | 9726 |
| 1,93 | 0268 | 9732 |
| 1,94 | 0262 | 9738 |
| 1,95 | 0256 | 9744 |
| 1,96 | 0250 | 9750 |
| 1,97 | 0244 | 9756 |
| 1,98 | 0239 | 9761 |
| 1,99 | 0233 | 9767 |
| 2,00 | 0228 | 9772 |

| z | Φ(−z) | Φ(z) |
|---|---|---|
| 2,01 | 0222 | 9778 |
| 2,02 | 0217 | 9783 |
| 2,03 | 0212 | 9788 |
| 2,04 | 0207 | 9793 |
| 2,05 | 0202 | 9798 |
| 2,06 | 0197 | 9803 |
| 2,07 | 0192 | 9808 |
| 2,08 | 0188 | 9812 |
| 2,09 | 0183 | 9817 |
| 2,10 | 0179 | 9821 |
| 2,11 | 0174 | 9826 |
| 2,12 | 0170 | 9830 |
| 2,13 | 0166 | 9834 |
| 2,14 | 0162 | 9838 |
| 2,15 | 0158 | 9842 |
| 2,16 | 0154 | 9846 |
| 2,17 | 0150 | 9850 |
| 2,18 | 0146 | 9854 |
| 2,19 | 0143 | 9857 |
| 2,20 | 0139 | 9861 |
| 2,21 | 0136 | 9864 |
| 2,22 | 0132 | 9868 |
| 2,23 | 0129 | 9871 |
| 2,24 | 0125 | 9875 |
| 2,25 | 0122 | 9878 |
| 2,26 | 0119 | 9881 |
| 2,27 | 0116 | 9884 |
| 2,28 | 0113 | 9887 |
| 2,29 | 0110 | 9890 |
| 2,30 | 0107 | 9893 |
| 2,31 | 0104 | 9896 |
| 2,32 | 0102 | 9898 |
| 2,33 | 0099 | 9901 |
| 2,34 | 0096 | 9904 |
| 2,35 | 0094 | 9906 |
| 2,36 | 0091 | 9909 |
| 2,37 | 0089 | 9911 |
| 2,38 | 0087 | 9913 |
| 2,39 | 0084 | 9916 |
| 2,40 | 0082 | 9918 |

| z | Φ(−z) | Φ(z) |
|---|---|---|
| 2,41 | 0080 | 9920 |
| 2,42 | 0078 | 9922 |
| 2,43 | 0075 | 9925 |
| 2,44 | 0073 | 9927 |
| 2,45 | 0071 | 9929 |
| 2,46 | 0069 | 9931 |
| 2,47 | 0068 | 9932 |
| 2,48 | 0066 | 9934 |
| 2,49 | 0064 | 9936 |
| 2,50 | 0062 | 9938 |
| 2,51 | 0060 | 9940 |
| 2,52 | 0059 | 9941 |
| 2,53 | 0057 | 9943 |
| 2,54 | 0055 | 9945 |
| 2,55 | 0054 | 9946 |
| 2,56 | 0052 | 9948 |
| 2,57 | 0051 | 9949 |
| 2,58 | 0049 | 9951 |
| 2,59 | 0048 | 9952 |
| 2,60 | 0047 | 9953 |
| 2,61 | 0045 | 9955 |
| 2,62 | 0044 | 9956 |
| 2,63 | 0043 | 9957 |
| 2,64 | 0041 | 9959 |
| 2,65 | 0040 | 9960 |
| 2,66 | 0039 | 9961 |
| 2,67 | 0038 | 9962 |
| 2,68 | 0037 | 9963 |
| 2,69 | 0036 | 9964 |
| 2,70 | 0035 | 9965 |
| 2,71 | 0034 | 9966 |
| 2,72 | 0033 | 9967 |
| 2,73 | 0032 | 9968 |
| 2,74 | 0031 | 9969 |
| 2,75 | 0030 | 9970 |
| 2,76 | 0029 | 9971 |
| 2,77 | 0028 | 9972 |
| 2,78 | 0027 | 9973 |
| 2,79 | 0026 | 9974 |
| 2,80 | 0026 | 9974 |

| z | Φ(−z) | Φ(z) |
|---|---|---|
| 2,81 | 0025 | 9975 |
| 2,82 | 0024 | 9976 |
| 2,83 | 0023 | 9977 |
| 2,84 | 0023 | 9977 |
| 2,85 | 0022 | 9978 |
| 2,86 | 0021 | 9979 |
| 2,87 | 0021 | 9979 |
| 2,88 | 0020 | 9980 |
| 2,89 | 0019 | 9981 |
| 2,90 | 0019 | 9981 |
| 2,91 | 0018 | 9982 |
| 2,92 | 0018 | 9982 |
| 2,93 | 0017 | 9983 |
| 2,94 | 0016 | 9984 |
| 2,95 | 0016 | 9984 |
| 2,96 | 0015 | 9985 |
| 2,97 | 0015 | 9985 |
| 2,98 | 0014 | 9986 |
| 2,99 | 0014 | 9986 |
| 3,00 | 0013 | 9987 |

## Hinweise und Tipps

### Teilaufgabe a

- Erstellen Sie eine zeitlich geordnete Liste (ein n-Tupel) von Daten bzgl. der Merkmale „trocken“ (Abkürzung: T) und „regnerisch“ (Abkürzung: R).
- Stellen Sie zum Beispiel eine Liste von 10 Einträgen auf.
- Achten Sie auf die Anzahl der Änderungen.
- Bestimmen Sie am Beispiel die relative Häufigkeit.
- Die aus einer langen Messreihe gewonnenen relativen Häufigkeiten können als Schätzwert für die entsprechende Wahrscheinlichkeit angesehen werden.

### Teilaufgabe b

- Betrachten Sie die Gegenwahrscheinlichkeit des gesuchten Ereignisses.
- Bei vier Perioden gibt es drei Wetterübergänge.

### Teilaufgabe c

- $X = 0$ bedeutet, dass sich das Wetter nicht ändert und $X = 2$ bedeutet, dass sich das Wetter genau zweimal ändert.
- Diese Werte werden jeweils durch den Binomialkoeffizienten „3 über 0“ bzw. „3 über 2“ berechnet.
- Bei der fünften Periode sind 4 Wetterübergänge möglich.
- Überlegen Sie sich die Anzahl der Wetterwechsel unter der Voraussetzung, dass die erste und fünfte Periode vom gleichen Typ sind.
- In diesem zweiten Fall werden diese Werte durch den Binomialkoeffizienten „4 über 0“ bzw. „4 über 2“ bzw. „4 über 4“ berechnet.
- Versuchen Sie ihr konkretes letztes Beispiel mithilfe der Formel zu identifizieren.
- Warum existiert nur eine gerade Anzahl von Wetteränderungen? Denken Sie dabei an die Eingangsvoraussetzung.
- Beschreiben Sie die Funktion der eckigen Klammer, wenn n gerade bzw. ungerade ist.
- Was besagt eine Wahrscheinlichkeitsaussage von etwa 50 % bei einem Ereignis, welches nur zwei Ausprägungen hat?

### Teilaufgabe d

- In dieser Aufgabe sollen Sie ein anderes Modell (Baumdiagramm) der Möglichkeiten der Wetterausprägungen diskutieren und die Unterschiede zum vorherigen Modell kritisch erläutern.
- Denken Sie bei der Beantwortung des Auftrages an das Wesen der „bedingten Wahrscheinlichkeit“.
- Welche Annahme macht das Modell des Baumdiagramms am Anfang der ersten Verzweigung?

**Teilaufgabe e**

- Überlegen Sie, ob ein einseitiger oder ein zweiseitiger Test durchgeführt werden sollte.
- Nehmen Sie als Signifikanzniveau 5 % an.
- Stellen Sie den Annahmebereich auf, indem Sie $P(\mu - c \leq X \leq \mu + c) \geq 0{,}95$ nach c auflösen.

## Lösung

a) Es wird eine zeitlich geordnete Liste (ein n-Tupel) von Daten bzgl. der Merkmale „trocken“ (Abkürzung: T) und „regnerisch“ (Abkürzung: R) erstellt. Diese Liste könnte z. B. folgendermaßen aussehen:
TTRTRRRTTT
Hat man wie in diesem Beispiel 10 (oder allgemein n) Daten gesammelt, so sind 9 (oder allgemein $n-1$) Änderungen möglich. Zählt man dabei 4 (allgemein k) Wetteränderungen (also die Anzahl der Wetteränderung innerhalb der Liste), so ist der Quotient $\frac{4}{9}$ (allgemein $\frac{k}{n-1}$) die relative Häufigkeit für Wetterwechsel.
Ist die Anzahl der Beobachtungsdaten (allgemein n) sehr groß, so wird sich die relative Häufigkeit in der Regel nicht mehr so stark verändern. Die relative Häufigkeit, die aufgrund einer sehr langen Messreihe gewonnen wurde, kann dann als Schätzwert für die Änderungswahrscheinlichkeit angesehen werden.

b) Die gesuchte Wahrscheinlichkeit für „Wetter ändert sich mindestens einmal am Tag“ ist die Gegenwahrscheinlichkeit des Ereignisses „Wetter bleibt für einen ganzen Tag gleich“. Dies bedeutet: Das Wetter ändert sich an den drei Übergängen zwischen den vier Perioden jeweils nicht. Die Wahrscheinlichkeit, dass sich das Wetter pro Periode nicht ändert, beträgt $(1-0{,}38)$. Also beträgt die gesuchte Gegenwahrscheinlichkeit für drei Übergänge:
$1-(1-0{,}38)^3 \approx 0{,}7617$
Die Wahrscheinlichkeit, dass sich das Wetter mindestens einmal am Tag ändert, liegt also bei etwa 76 %.

Bei drei Periodenübergängen tritt jeweils ein Wechsel ein, also beträgt in diesem Fall die Wahrscheinlichkeit $0{,}38^3 \approx 0{,}0549$, also ca. 5 %.

c) $X = 0$ bedeutet, dass sich das Wetter an diesem Tag nicht ändert und $X = 2$ bedeutet einen zweimaligen Wetterwechsel während des Tages, sodass am Ende des Tages der gleiche Wetterzustand wie am Anfang herrscht. In einer Liste lässt sich dies folgendermaßen darstellen:
RRRR für $X = 0$ und
RTTR bzw. RRTR bzw. RTRR für $X = 2$.

Es gilt:
$$P = P(X = 0 \vee X = 2)$$
$$= P(X = 0) + P(X = 2)$$
$$= \binom{3}{0} \cdot 0{,}38^0 \cdot 0{,}62^3 + \binom{3}{2} \cdot 0{,}38^2 \cdot 0{,}62^1$$
$$\approx 0{,}5069$$
Die Wahrscheinlichkeit dieses Ereignisses liegt also bei ca. 51 %.

Bei gleichem End-Typ und vier Übergängen kann es keinen, zwei oder vier Wechsel geben. Für die Listen hieße das:
RRRRR für keinen Wechsel des Wetters, RTRRR, RRTRR, RRRTR, RTTRR, RRTTR, RTTTR für zwei Wechsel, und RTRTR für vier Wechsel.
Also ergibt sich:
$$P = P(X = 0 \vee X = 2 \vee X = 4)$$
$$= P(X = 0) + P(X = 2) + P(X = 4)$$
$$= \binom{4}{0} \cdot 0{,}38^0 \cdot 0{,}62^4 + \binom{4}{2} \cdot 0{,}38^2 \cdot 0{,}62^2 + \binom{4}{4} \cdot 0{,}38^4 \cdot 0{,}62^0$$
$$\approx 0{,}5017$$
Die Wahrscheinlichkeit dieses Ereignisses liegt also bei ca. 50 %.

Um k(n) zu bestimmen, muss wie oben eine Teilsumme der Binomial-Wahrscheinlichkeiten gebildet werden.
Die angegebene Formel ist die entsprechende Verallgemeinerung dessen, was in den ersten beiden Teilaufgaben berechnet wurde, im zweiten Fall würde man also mithilfe der Formel schreiben:
$$k(4) = \sum_{i=0}^{2} \binom{4}{2i} \cdot 0{,}38^{2i} \cdot 0{,}62^{4-2i}$$
Es gilt:
$$\left\lfloor \frac{4}{2} \right\rfloor = 2$$
Es entstehen somit die drei oben aufgeführten Summanden.

Im Einzelnen gilt:
Der gleiche End-Typ tritt genau dann auf, wenn keine Wetteränderung oder eine gerade Anzahl von Wetteränderungen eingetreten ist.
Daher sind nur die Summanden mit dem Faktor $P_{\text{Änd}}^{2i}$ zu betrachten, also die Summanden
$$\binom{n}{2i} \cdot P_{\text{Änd}}^{2i} \cdot (1 - P_{\text{Änd}})^{n-2i}.$$

Wenn n gerade ist, wird von $i = 0$ bis $i = \frac{n}{2}$ summiert.
Wenn n ungerade ist, wird bis $\frac{n-1}{2}$ summiert. Dies ist in beiden Fällen $\left\lfloor \frac{n}{2} \right\rfloor$. (Im ersten Fall war $n = 3$ und damit liefert die Formel für $i = 0$ und $i = 1$ zwei Summanden.)

Interpretation der Tabellendaten:
Eine aussagekräftige Prognose über mehr als einen halben Tag ist nicht möglich, da bereits bei drei Übergängen die möglichen Zustände nur noch mit einer Wahrscheinlichkeit von etwa 50 % eintreten.

d) Das Auftreten von Trockenheit oder Regen ist abhängig davon, welche „Wetterart" in der vorangegangenen Periode vorherrschte. In der zweiten Verzweigung sind also bedingte Wahrscheinlichkeiten anzusetzen wie $P_T(T)$, $P_R(T)$, $P_R(R)$ und $P_T(R)$, die jeweils mit P(T) und P(R) nicht übereinstimmen (müssen).
Schon die erste Verzweigung kann mit den Pfadwahrscheinlichkeiten 0,35 und 0,65 so nicht beschrieben werden, weil auch diese Wahrscheinlichkeiten natürlich vom Wetter der Vorperiode abhängen.

Je nachdem, welche Modelle zur Beschreibung der Wirklichkeit gewählt werden (vergleiche Teilaufgaben b und d), gibt es solche, die eher passen und solche, die weniger gut die Realität beschreiben (wie das Beispiel in Teilaufgabe d zeigt). Die Güte oder Anwendbarkeit eines gewählten Modells hängt sogar meistens noch von der jeweiligen Fragestellung ab.

e) Da über die Richtung einer Klimaänderung auf den Färöern begründet keine Aussage gemacht werden kann, wird ein zweiseitiger Signifikanztest konzipiert. Es wird die Nullhypothese aufgestellt, dass sich der Anteil der trockenen Perioden nicht ändert: $H_0$: $p = 0{,}35$.
X kennzeichne die Anzahl der trockenen Perioden. X ist binomialverteilt mit den Parametern $n = 585$ und $p = 0{,}35$.
Es ist $\mu = 585 \cdot 0{,}35 = 204{,}75$ und wegen $\sigma^2 = 585 \cdot 0{,}35 \cdot 0{,}65 = 133{,}0875 > 9$ ist die Laplace-Bedingung erfüllt. X kann näherungsweise als normalverteilt angesehen werden.
Als Signifikanzniveau wird 5 % festgelegt. Der Annahmebereich soll symmetrisch um μ liegen, sodass

$$P(\mu - c \le X \le \mu + c) \approx 2 \cdot \Phi\left(\frac{c}{\sigma}\right) - 1 \ge 0{,}95$$

nach c zu lösen ist, wenn man auf die 0,5-Korrektur verzichtet.

$$\Phi\left(\frac{c}{\sigma}\right) \ge 0{,}975 \quad \Rightarrow \quad c \ge 1{,}96 \cdot \sigma = 1{,}96 \cdot \sqrt{133{,}0875} \approx 22{,}61 \quad \text{(aus Tabelle)}$$

$$\Rightarrow \quad \mu - c \le 182{,}14 \text{ und } \mu + c \le 227{,}36$$

Der Annahmebereich ist also [182; 228].

Der Annahmebereich muss in diesem Kontext vergrößert werden, daher wird die untere Grenze abgerundet und die obere Grenze aufgerundet.

Wenn das Testverfahren auf weniger als 182 oder mehr als 228 trockene Perioden führt, dann ist die Nullhypothese auf dem Signifikanzniveau von 5 % zu verwerfen. Ein solches Testergebnis wäre dann als Indiz dafür zu werten, dass bezüglich der trockenen Perioden ein Wandel eingetreten ist.

## Schleswig-Holstein – Mathematik Leistungskurs
## 2009 – Aufgabe 1: Analysis (CAS)

Beim Design einer rotationssymmetrischen Vase sollen die folgenden Bedingungen berücksichtigt werden:

– der Boden soll einen Innendurchmesser von 10 cm haben,
– die engste Stelle soll einen Innendurchmesser von 2 cm haben,
– diese soll 20 cm über dem Boden liegen (Innenmaß),
– die Vase soll eine Innenhöhe von 25 cm haben und oben einen Innendurchmesser von 6 cm haben.

a) • Skizzieren Sie den Innenlängsschnitt einer solchen liegenden Vase in einem Koordinatensystem.

• Ermitteln Sie eine ganzrationale Funktion g, deren Graph die Innenfläche einer solchen liegenden Vase erzeugt, wenn er um die x-Achse rotiert. (Es entsteht ein Rotationskörper, der das Innenvolumen umfasst.) 5 P

b) Ein Designer schlägt die Funktion f mit

$$f(x)=\frac{7}{2\,500}x^3-\frac{51}{500}x^2+\frac{18}{25}x+5, \quad x\in\mathbb{R}$$

vor, deren Graph über dem Intervall [0; 25] bei Rotation um die x-Achse die Innenfläche der Vase erzeugt, wobei der Innenboden der Vase an der Stelle $x=0$ liegt. Eine Längeneinheit entspricht einem Zentimeter, dies gilt auch für die folgenden Teilaufgaben.

• Berechnen Sie den maximalen Innendurchmesser und das Fassungsvermögen der Designervase.

• Bestimmen Sie die Füllhöhe über dem Innenboden, wenn sich genau ein Liter Flüssigkeit in der Vase befindet. 11 P

c) Die Außenform der Designervase wird durch die Rotation des Graphen der Funktion a mit $a(x)=f(x)+0{,}3$ im Intervall [–1; 25] um die x-Achse beschrieben.

• Skizzieren Sie den Längsschnitt der Designervase in einem neuen Koordinatensystem.

• Ermitteln Sie die zur Herstellung der Designervase notwendige Glasmenge in $cm^3$ und geben Sie die Masse in kg an.

(Dichte Glas: $2{,}4\ \frac{g}{cm^3}$) 5 P

d) Zu jedem $x \in [0; 25]$ wird die Wanddicke $d(x)$ der Vase definiert als Abstand des Punktes $(x \mid f(x))$ zum Graphen der Funktion a.

- Begründen Sie, dass $d(x) \leq 0{,}3$ LE für alle $x \in [0; 25]$ gilt.
- Geben Sie zwei Stellen im Intervall $[0; 25]$ an, an denen die Wanddicke $d(x)$ der Vase genau 0,3 LE beträgt und begründen Sie Ihre Auswahl.
- Bestimmen Sie die Wanddicke der Vase an der Stelle $x = 10$. 9 P

---

## Hinweise und Tipps

### Teilaufgabe a

- Legen Sie den Boden der Vase auf die y-Achse.
- Stellen Sie sicher, dass Ihr Innenlängsschnitt die in der Beschreibung genannten Eigenschaften besitzt.
- In der Beschreibung werden vier Bedingungen genannt, daraus kann man eine ganzrationale Funktion dritten Grades eindeutig bestimmen.
- Stellen Sie die vier Bedingungen jeweils in Form einer Gleichung dar, dann erhalten Sie ein lineares Gleichungssystem mit vier Gleichungen und vier Unbekannten, dessen Lösung die gesuchten Parameter der ganzrationalen Funktion dritten Grades sind.

### Teilaufgabe b

- Der maximale Innendurchmesser ist das Doppelte des globalen Maximums von f im Intervall $[0; 25]$.
- Bestimmen Sie zunächst lokale Extremalstellen von f im Intervall $[0; 25]$.
- Prüfen Sie dann, ob das gefundene lokale Maximum im Intervall $[0; 25]$ auch das globale Maximum von f in diesem Intervall ist.
- Bestimmen Sie das gesuchte Volumen durch eine Integration, wobei Sie die Vase als einen Rotationskörper auffassen.
- Achten Sie auf Einheiten: 1 Liter $= 1\,000$ $cm^3$
- Suchen Sie die obere Grenze des Integrals, das den Inhalt eines Rotationskörpers darstellt, sodass dessen Wert 1 Liter beträgt.

### Teilaufgabe c

- Beachten Sie den Zusammenhang der Funktionen f und a.
- Beachten Sie, dass der Graph von a im Intervall $[-1; 25]$ auch den Boden der Vase beschreibt.
- Berechnen Sie die gesuchte Menge durch geeignete Summen bzw. Differenzen von Volumina.

- Berechnen Sie z. B. die Glasmenge der massiven Vase und subtrahieren Sie das in Teilaufgabe b ermittelte Fassungsvermögen.
- Berechnen Sie aus dem Glasvolumen unter Verwendung der angegebenen Dichte die Masse des Glases in kg.

**Teilaufgabe d**

- Benutzen Sie zur Begründung von $d(x) \leq 0{,}3$ die Tatsache, dass es immer einen Punkt auf dem Graphen von a gibt, der zum Punkt $(x \mid f(x))$ den Abstand 0,3 LE hat.
- Überlegen Sie, woran es liegt, dass die definierte Dicke nicht überall 0,3 LE beträgt.
- Betrachten Sie dazu die Skizze aus Teilaufgabe c.
- Welche Besonderheit haben die Tangenten an den Stellen, an denen die Dicke genau 0,3 LE beträgt?
- Berechnen Sie die Entfernung eines beliebigen Punkts $P_x(x \mid a(x))$ auf dem Graphen von a zum Punkt $Z(10 \mid f(10))$.
- Nutzen Sie zur Entwicklung eines entsprechenden Terms den Satz des Pythagoras.
- Bestimmen Sie abschließend das globale Minimum der Entfernung von $P_x$ zu Z.

## Lösung

a) Die Skizze im Koordinatensystem kann folgendermaßen aussehen, hier liegt der Boden der Vase bei $x = 0$:

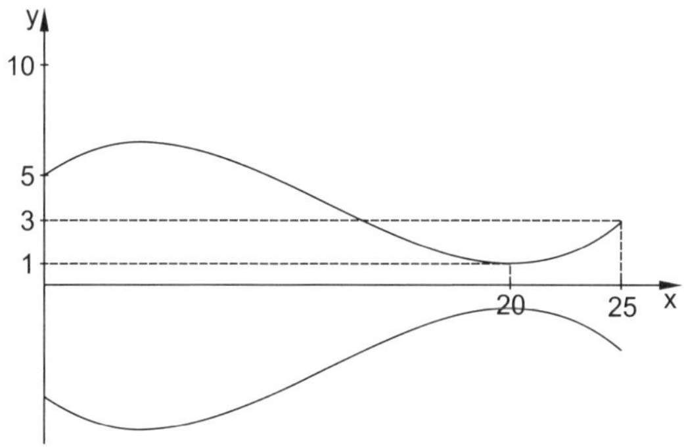


Da vier Bedingungen an die erzeugende Funktion f gestellt werden, erscheint ein Ansatz einer ganzrationalen Funktion dritten Grades für f Erfolg versprechend.

$f(x) = ax^3 + bx^2 + cx + d$

$f'(x) = 3ax^2 + 2bx + c$

Die Bedingungen lauten:

$f(0) = 5$

$f'(20) = 0$

$f(20) = 1$

$f(25) = 3$

Damit erhält man das folgende lineare Gleichungssystem:

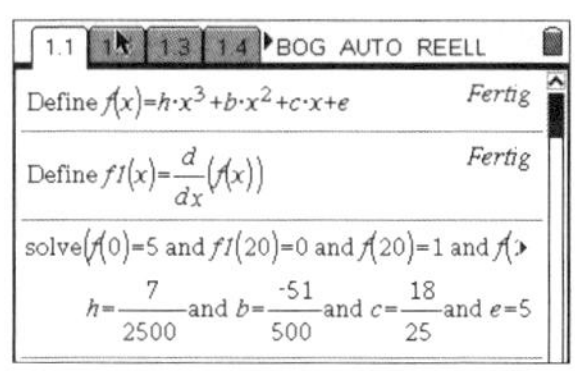


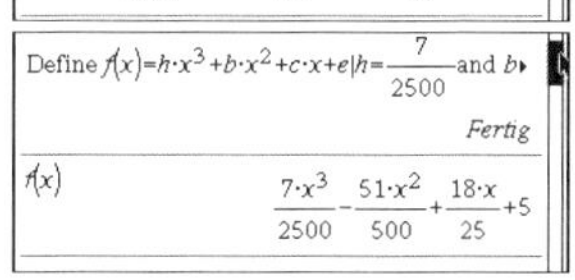


$f(0) = 5 \quad \Leftrightarrow \quad d = 5$

$f'(20) = 0 \quad \Leftrightarrow \quad 3a \cdot 20^2 + 2b \cdot 20 + c = 0$

$f(20) = 1 \quad \Leftrightarrow \quad a \cdot 20^3 + b \cdot 20^2 + c \cdot 20 + d = 1$

$f(25) = 3 \quad \Leftrightarrow \quad a \cdot 25^3 + b \cdot 25^2 + c \cdot 25 + d = 3$

Für die Lösung gilt:

$$a = \frac{7}{2\,500} \wedge b = -\frac{51}{500} \wedge c = \frac{18}{25} \wedge d = 5$$

Die gesuchte Funktion lautet:

$$f(x) = \frac{7}{2\,500}x^3 - \frac{51}{500}x^2 + \frac{18}{25}x + 5$$

b) Der maximale Innendurchmesser entspricht dem doppelten globalen Maximum der Funktion f im Intervall [0; 25].
Zuerst wird das lokale Maximum bestimmt. Die Suche nach lokalen Extremstellen einer differenzierbaren Funktion mit der notwendigen Bedingung liefert:

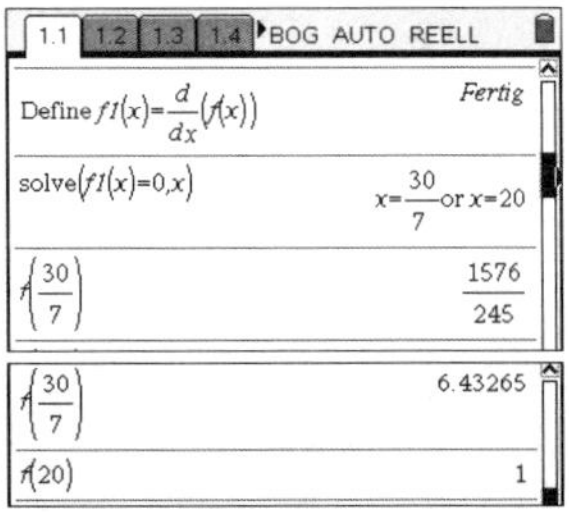


$$f'(x)=0 \quad \Leftrightarrow \quad x=\frac{30}{7} \vee x=20$$

Durch die Betrachtung der Funktionswerte an diesen Stellen kann man erkennen, dass für das gesuchte Maximum der Wert 6,43 infrage kommt.

$$f\left(\frac{30}{7}\right)=\frac{1576}{245}\approx 6{,}43 \quad \text{und} \quad f(20)=1$$

**Alternativ:**
Natürlich kann auch mit der zweiten Ableitung geprüft werden, an welcher Stelle ein lokales Maximum vorliegt:
Wegen $f''\left(\frac{30}{7}\right)<0$ und $f'\left(\frac{30}{7}\right)=0$ liegt an der Stelle $x=\frac{30}{7}$ ein lokales Maximum von f mit dem Wert 6,43 vor.

Das globale Maximum von f im Intervall [0; 25] kann aber auch an den Rändern des Intervalls liegen. Daher betrachtet man noch die Randwerte des Innenradius:
$f(0)=5$
$f(25)=3$
Damit hat das globale Maximum von f im Intervall [0; 25] den Wert $\frac{1576}{245}\approx 6{,}43$ und der maximale Innendurchmesser beträgt etwa $2\cdot 6{,}43\text{ cm}=12{,}86\text{ cm}$.

Das Fassungsvermögen der Vase bei vollständiger Füllung wird errechnet durch das Integral

$$\int_0^{25}\pi\cdot f(x)^2\,dx=\frac{7\,075\cdot\pi}{16}\approx 1\,389{,}17\text{ (VE)}$$

und beträgt daher etwa 1,39 Liter, da in der Rechnung 1 LE für einen cm und eine Volumeneinheit für einen $cm^3$ steht.

Die Füllhöhe h bei einer Füllmenge von einem Liter muss folgende Bedingung erfüllen:

$$\int_0^{h}\pi\cdot f(x)^2\,dx=1\,000$$

$$\Leftrightarrow \frac{h(7h^6-595h^5+18\,045h^4-185\,750h^3-1\,045\,000h^2+22\,500\,000h+156\,250\,000)\pi}{6\,250\,000}=1\,000$$

Diese Gleichung siebten Grades kann bis zu sieben Lösungen besitzen. Wegen der streng monotonen Zunahme der Füllhöhe mit dem Füllvolumen kann aber nur eine Lösung im Intervall [0; 25] liegen. Der Rechner liefert als Lösung $h \approx 8{,}76$.
Bei einer Füllmenge von einem Liter beträgt die Füllhöhe also etwa 8,76 cm.

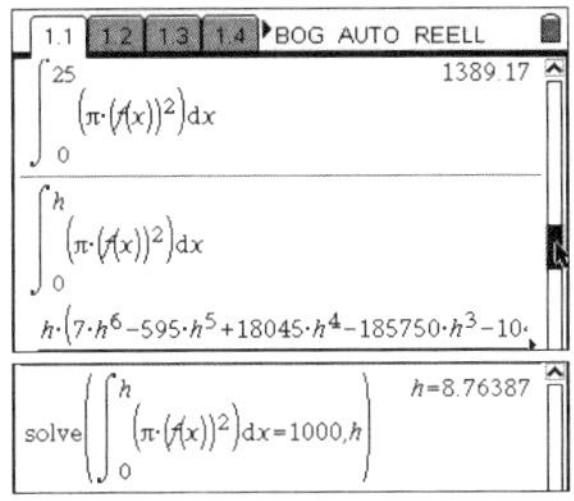


c) Zeichnung:

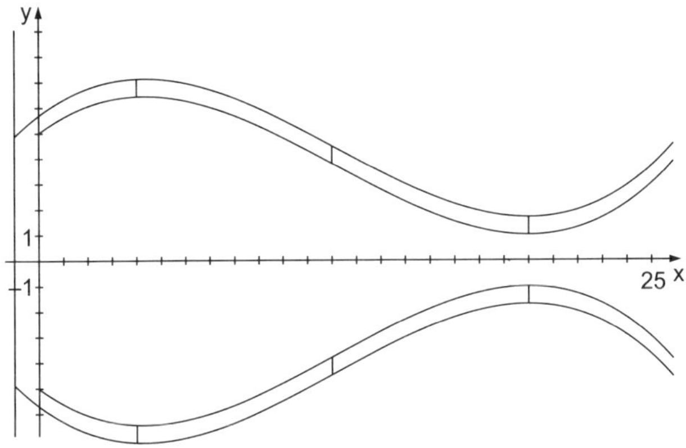


Man erkennt, dass der Graph von a im Intervall [0; 25] um 0,3 LE gegenüber dem Graphen von f in positive y-Richtung verschoben wurde.

Das Volumen der benötigten Glasmenge lässt sich nun wie folgt berechnen:

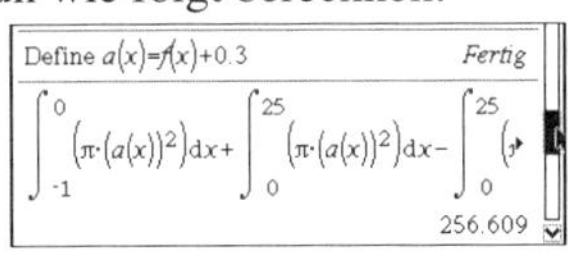


$$V_{Glas} = V_{Boden} + V_{Wand\ über\ Boden}$$
$$= \int_{-1}^{0} \pi \cdot a(x)^2\,dx$$
$$+\left(\int_0^{25} \pi \cdot a(x)^2\,dx - \int_0^{25} \pi \cdot f(x)^2\,dx\right)$$
$$\approx 256{,}61$$

**Alternativ:**

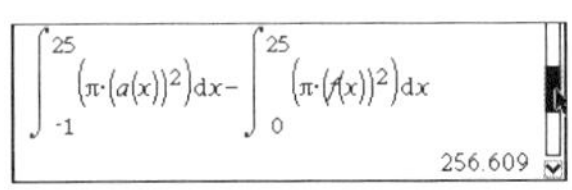


$$V_{Glas} = V_{massive\ Vase}$$
$$-\text{Fassungsvermögen der Vase}$$
$$= \int_{-1}^{25} \pi \cdot a(x)^2\,dx - \int_0^{25} \pi \cdot f(x)^2\,dx$$
$$\approx 256{,}61$$

Damit werden zur Herstellung der Designervase knapp 257 $cm^3$ Glas benötigt.

Für Physiker: Die Angabe bezieht sich auf das Volumen im erkalteten Zustand.

Die Masse m der Vase beträgt dann etwa:

$$m = 257\ cm^3 \cdot 2{,}4 \frac{g}{cm^3} = 616{,}8\ g \approx 0{,}62\ kg$$

d) Begründung, dass $d(x) \leq 0{,}3$ für alle $x \in [0; 25]$ gilt:
Für alle $x \in [0; 25]$ beträgt der Abstand des Punktes $(x \mid f(x))$ zum Punkt $(x \mid a(x))$ genau $|a(x) - f(x)| = 0{,}3$ LE (cm), damit muss die als minimale Entfernung des Punktes $(x \mid f(x))$ zum Graphen von a definierte Dicke an der Stelle x kleiner oder gleich diesem Wert sein.

Die Dicke der Vase beträgt an den Stellen genau 0,3 LE, an denen die Tangente an den Graphen von f (und damit auch an den Graphen von a) horizontal verläuft, also genau an den lokalen Extremstellen, die bereits in Teilaufgabe b ermittelt wurden. Die gesuchten Stellen lauten also $x_1 = \frac{30}{7}$ und $x_2 = 20$.

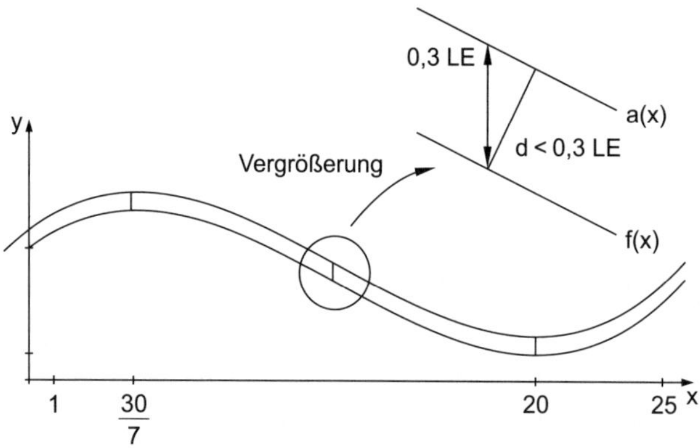


Bestimmung der Dicke der Vase an der Stelle $x = 10$:
Die folgende Funktion z ordnet jedem Punkt $P_x(x \mid a(x))$ dessen Entfernung vom Punkt $Z(10 \mid f(10))$ zu:

$$z(x) = \sqrt{(a(x) - f(10))^2 + (x - 10)^2}$$

Die gesuchte Dicke d(10) ist nun das globale Minimum von z im Intervall [–1; 25].

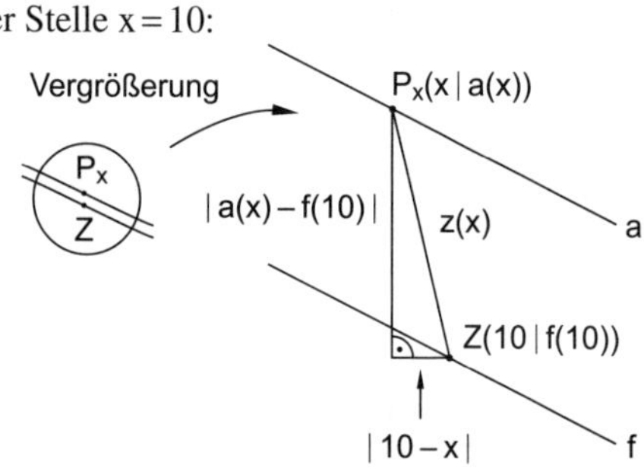

Für die Randwerte gilt z(–1) ≈ 11,0, z(25) ≈ 15,1.

Suche nach lokalen Extrema im Intervall [–1; 25] mit der notwendigen Bedingung z'(x) = 0 liefert die Stelle x ≈ 10,1178 und die Dicke d(10) = z(10,1178) ≈ 0,270 LE (cm).

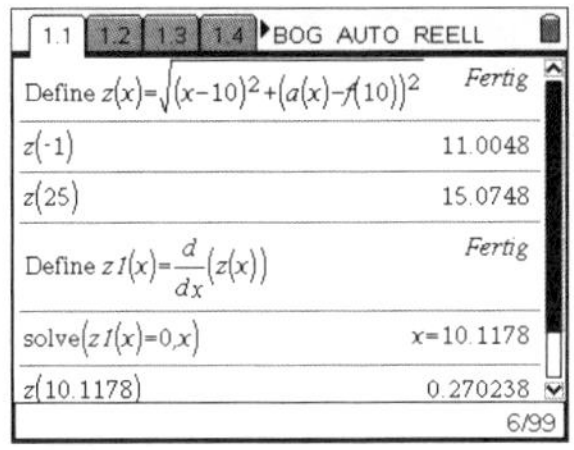


**Alternativ:**
Näherungsweise lässt sich die Dicke auch über das Produkt $0{,}3 \cdot \cos(|\alpha(10)|)$ berechnen, wobei $\alpha(10) = \arctan(f'(10))$ der Steigungswinkel des Graphen von f an der Stelle x = 10 ist.

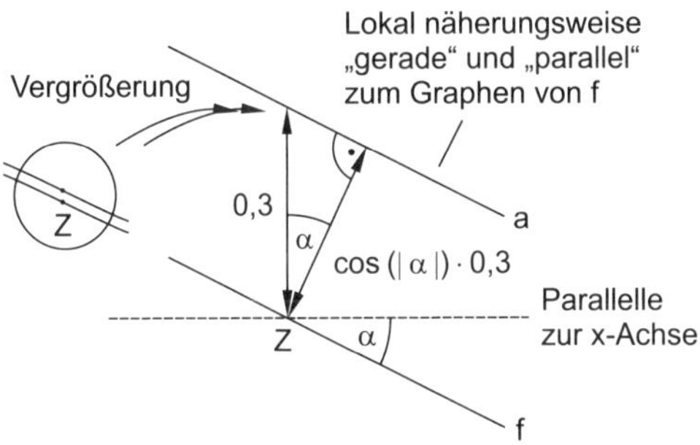


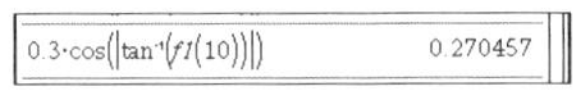


Aus dem rechtwinkligen Dreieck in der Vergrößerung erhält man:

$$\frac{d(10)}{0{,}3} \approx \cos\alpha = \cos(|\arctan(f'(10))|)$$

$$\Rightarrow \quad d(10) \approx 0{,}3 \cdot \cos(|\arctan(f'(10)|) \approx 0{,}270$$

**Alternativ:**
Ebenfalls näherungsweise lässt sich die gesuchte Dicke ermitteln, indem man die Normale zum Graphen von f durch den Punkt (10 | f(10)) mit dem Graphen von a schneidet und den Abstand dieses Schnittpunktes zum Punkt (10 | f(10)) als die gesuchte Dicke d(10) ermittelt.

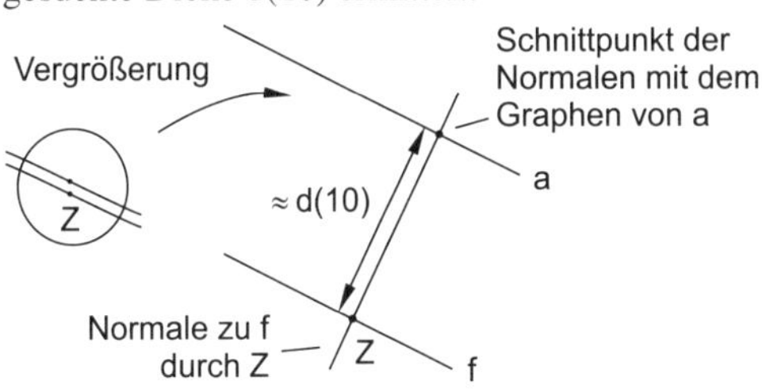


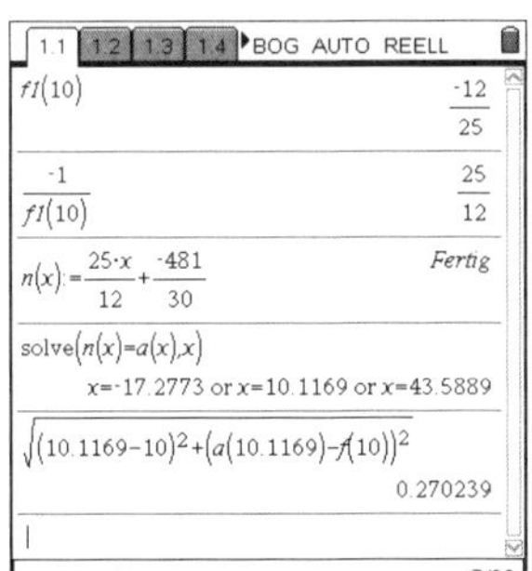

Die Normale n zum Graphen von f durch den Punkt $(10\,|\,f(10))$ hat die Steigung $-\frac{1}{f'(10)}$, da sie orthogonal zur Tangente an den Graphen von f an der Stelle $x = 10$ verläuft. Die lineare Funktion n(x), deren Graph die beschriebene Normale ist, hat also folgende Form:

$$n(x) = -\frac{1}{f'(10)} \cdot x + b = \frac{25}{12} \cdot x + b$$

Aus $n(10) = f(10)$ folgt $b = -\frac{481}{30}$ und somit $n(x) = \frac{25}{12} \cdot x - \frac{481}{30}$.

Die Schnittpunkte der Graphen von n und a werden aus der Gleichung $n(x) = a(x)$ ermittelt und liegen an den Stellen $x_1 = 10{,}1169$, $x_2 = -17{,}2773$ und $x_3 = -43{,}5889$, wobei hier offensichtlich nur der Schnittpunkt bei $x_1$ von Interesse ist.

Der Abstand des Schnittpunktes zum Punkt $(10\,|\,f(10))$ ergibt näherungsweise die gesuchte Dicke d(10):

$$d(10) = \sqrt{(10 - 10{,}1169)^2 + (a(10{,}11669) - f(10))^2} \approx 0{,}270$$

## Schleswig-Holstein – Mathematik Leistungskurs
## 2009 – Aufgabe 2: Analysis (CAS)

Gegeben ist die Funktionenschar $f_a$ mit $f_a(x) = \frac{1}{a} e^{-\frac{x^2}{2a^2}}$ mit $x \in \mathbb{R}$ und $a \in \mathbb{R}^+$, die zugehörigen Graphen werden mit $G_a$ bezeichnet.

a) • Bestimmen Sie die Wendepunkte der Graphen $G_a$.

• Geben Sie die Wendepunkte des Graphen von $f_1$ an und skizzieren Sie diesen Graphen im Intervall $[-4; 4]$.

• Geben Sie drei Eigenschaften an, die die Graphen $G_a$ für alle $a \in \mathbb{R}^+$ haben und beweisen Sie diese. 8 P

b) Es soll der Inhalt der zwischen $G_1$ und der x-Achse liegenden Fläche im Intervall $[-2; 2]$ näherungsweise berechnet werden.
Leiten Sie dazu eine Näherungsformel einer geeigneten Methode (z. B. einer Trapezmethode) mit 20 äquidistanten Teilintervallen her und berechnen Sie mittels dieser Formel einen Näherungswert. 4 P

c) • Ermitteln Sie zur Approximation von $f_1$ im Intervall $[-2; 2]$ eine geeignete ganzrationale Funktion g vierten Grades.

[Falls Sie keine Funktion g ermitteln konnten, verwenden Sie die Funktion $g(x) = 0{,}0371x^4 - 0{,}3647x^2 + 1$.]

• Berechnen Sie den Durchschnittswert der Funktion $|f_1 - g|$ im Intervall $[-2; 2]$ und begründen Sie, warum im Allgemeinen der Durchschnittswert der Differenzfunktion $f_1 - g$ kein gutes Maß für die Güte einer Approximation ist. 9 P

d) Es werden nun Tangenten an $G_1$ untersucht.

• Berechnen Sie die Nullstelle der an der Stelle $x_1 = 0{,}8$ an $G_1$ angelegten Tangente.

• Untersuchen Sie, ob es eine Tangente an $G_1$ mit der Nullstelle $x_2 = 1{,}99$ gibt.

• Untersuchen Sie, welche reellen Zahlen nicht Nullstellen von Tangenten an $G_1$ sind. 9 P

## Hinweise und Tipps

### Teilaufgabe a

- Eine notwendige Bedingung dafür, dass der Graph der Funktion $f_a(x)$ an der Stelle $x_W$ einen Wendepunkt hat, ist $f_a''(x_W)=0$.
- Hinreichend dafür, dass der Graph der Funktion $f_a(x)$ an der Stelle $x_W$ einen Wendepunkt hat, ist $f_a''(x_W)=0$ und $f_a'''(x_W)\neq 0$.
- Skizzieren Sie die Graphen von $f_a$ für verschiedene a und suchen Sie nach Gemeinsamkeiten.

### Teilaufgabe b

- Approximieren Sie die gesuchte Fläche durch 20 Rechtecke oder 20 Trapeze mit gleicher „Breite" $\Delta x=0{,}2$.
- Summieren Sie die Flächeninhalte dieser Objekte. Nutzen Sie dazu die Summenfunktion des Rechners.

### Teilaufgabe c

- Um eine ganzrationale Funktion vierten Grades eindeutig bestimmen zu können, benötigen Sie fünf Bedingungen.
- Wenn Sie fordern, dass die gesuchte ganzrationale Funktion vierten Grades einen zur y-Achse achsensymmetrischen Graphen haben soll, reduziert sich der Ansatz auf $g(x)=rx^4+sx^2+u$.
- In diesem Fall reichen drei unabhängige Bedingungen aus, um die gesuchten Parameter zu bestimmen.
- Man kann fordern, dass an ausgewählten Stellen die Funktionen g und $f_1$ dieselben Funktionswerte oder Funktionswerte der ersten Ableitungen haben sollen.
- Den Durchschnittswert einer Funktion z in einem Intervall [a; b] errechnet man über das Integral $\frac{1}{b-a}\cdot\int_a^b z(x)\,dx$.
- Beachten Sie, dass ein Integral den Wert null haben kann, obwohl die Funktionswerte des Integranden im betrachteten Intervall betragsmäßig sehr groß werden können.

### Teilaufgabe d

- Ermitteln Sie den Funktionsterm einer linearen Funktion $t(x)=mx+b$, indem Sie fordern, dass sich die Graphen von t und $G_1$ an der Stelle $x=0{,}8$ berühren.
- In diesem Falle müssen die Funktionswerte und Werte der ersten Ableitung von t und $f_1$ an dieser Stelle identisch sein.
- Bestimmen Sie die Nullstelle n(b) der Tangenten $t_b$ an $G_1$ an der Stelle b allgemein in Abhängigkeit von b.

- Prüfen Sie dann, ob es eine Stelle b gibt, für die $n(b)=1{,}99$ ist.
- Bestimmen Sie den Wertebereich der Funktion $n(b)$, dieser ist die Menge der Nullstellen aller Tangenten an $G_1$.
- Oder: Prüfen Sie, für welche reellen Zahlen r die Gleichung $n(b)=r$ keine Lösung hat.

## Lösung

a) Die Berechnung der ersten drei Ableitungen mithilfe des Rechners oder per Hand mithilfe der Ketten- und der Produktregel ergibt:

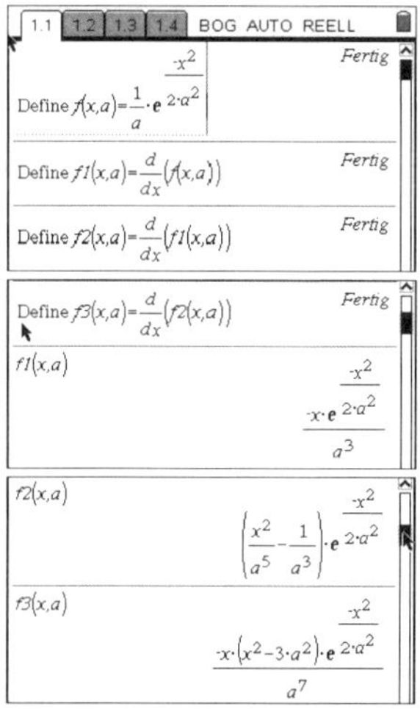


$$f_a(x)=\frac{1}{a}e^{-\frac{x^2}{2a^2}}$$

$$f_a'(x)=\frac{-x}{a^3}e^{-\frac{x^2}{2a^2}}$$

$$f_a''(x)=\frac{x^2-a^2}{a^5}e^{-\frac{x^2}{2a^2}}$$

$$f_a'''(x)=\frac{-x^3+3xa^2}{a^7}e^{-\frac{x^2}{2a^2}}$$

Notwendig für einen Wendepunkt bei $x_W$ ist $f_a''(x_W)=0$.

Durch das Lösen der entsprechenden Gleichung erhält man folgende Lösungen:
$x_W=a \vee x_W=-a$

Hinreichend für einen Wendepunkt bei $x_W$ ist $f_a''(x_W)=0$ und $f_a'''(x_W)\neq 0$.

Es ist:

$$f_a'''(-a)=\frac{-2}{a^4\sqrt{e}}\neq 0,\ f_a'''(a)=\frac{2}{a^4\sqrt{e}}\neq 0$$

für alle $a\in \mathbb{R}^+$

Die Funktionswerte an den Stellen a und –a sind

$$f(-a)=f(a)=\frac{1}{a\sqrt{e}}.$$

Somit gilt für die Wendepunkte

$$W_1\left(-a \,\middle|\, \frac{1}{a\sqrt{e}}\right);\ W_2\left(a \,\middle|\, \frac{1}{a\sqrt{e}}\right).$$

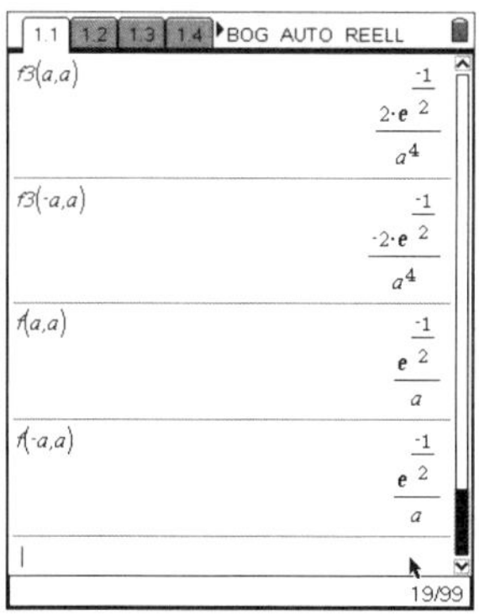

Für die Wendepunkte von $G_1$ gilt:

$$W_1\left(-1 \,\middle|\, \frac{1}{\sqrt{e}}\right);\ W_2\left(1 \,\middle|\, \frac{1}{\sqrt{e}}\right)$$

Der Graph $G_1$ sieht folgendermaßen aus:

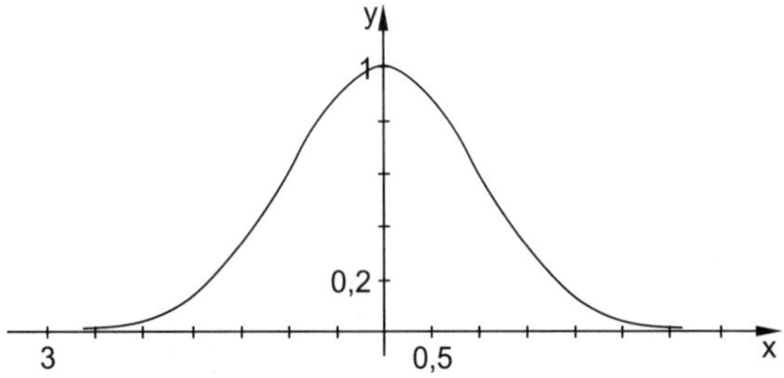


Folgende Eigenschaften haben alle Graphen $G_a$ (unabhängig von a):

- Alle $G_a$ sind achsensymmetrisch zur y-Achse, da

$$f_a(-x) = \frac{1}{a}e^{-\frac{(-x)^2}{2a^2}} = \frac{1}{a}e^{-\frac{x^2}{2a^2}} = f_a(x) \text{ für alle } x \in \mathbb{R}.$$

- Alle $G_a$ haben die x-Achse als Asymptote, da $\lim\limits_{x \to \pm\infty} f_a(x) = 0.$

- Alle $G_a$ haben einen Hochpunkt bei $x = 0$:

$$f_a'(x_E) = 0 \quad \Leftrightarrow \quad -\frac{x}{a^3} = 0 \quad \Leftrightarrow \quad x = 0$$

$$f_a''(0) = -\frac{1}{a^3} < 0, \qquad \text{da } a \in \mathbb{R}^+$$

b) Die Zerlegung des Intervalls [–2; 2] in 20 äquidistante Teilintervalle liefert die Stützstellen $x_i = -2 + i \cdot 0{,}2$, $i = 0, 1, \ldots, 19, (20)$.
Bei Anwendung der Trapezmethode hat das i-te Trapez dann folgenden Flächeninhalt:

$$A_i = \frac{f_1(-2 + i \cdot 0{,}2) + f_1(-2 + (i+1) \cdot 0{,}2)}{2} \cdot 0{,}2;\ i = 0, 1, \ldots, 19$$

Damit ergibt sich für die gesuchte Fläche näherungsweise:

$$A \approx \sum_{i=0}^{19} \frac{f_1(-2 + i \cdot 0{,}2) + f_1(-2 + (i+1) \cdot 0{,}2)}{2} \cdot 0{,}2$$

$$\approx 2{,}3908$$

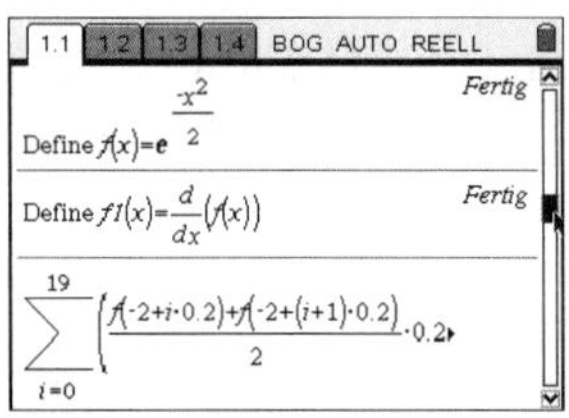

**Alternativ:**

Approximiert man mithilfe von Rechtecken, so erhält man

$$A \approx \sum_{i=0}^{19} f_1(-2+i\cdot 0{,}2)\cdot 0{,}2 \approx 2{,}3908$$

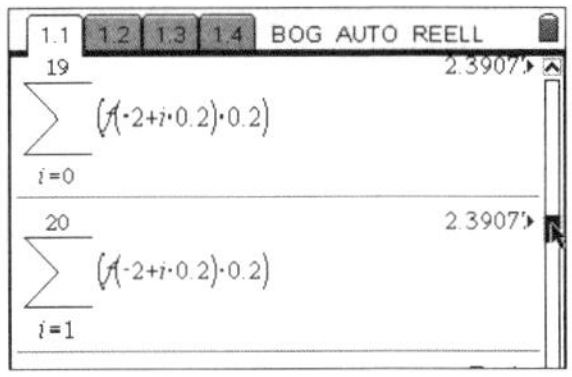


oder

$$A \approx \sum_{i=1}^{20} f_1(-2+i\cdot 0{,}2)\cdot 0{,}2 \approx 2{,}3908,$$

je nachdem, ob der Funktionswert an der jeweils linken oder rechten Intervallgrenze des i-ten Teilintervalls die Höhe des i-ten Rechtecks bestimmt.

Durch die Achsensymmetrie des Graphen und die symmetrische Verteilung der 20 Intervalle liefern alle drei Verfahren hier denselben Näherungswert.

c) Aufgrund der Symmetrie von $f_1(x)$ sollte ein symmetrischer Ansatz $g(x) = rx^4 + sx^2 + u$ gewählt werden.
Die Parameter r, s und u sind z. B. aus folgenden drei Bedingungen zu bestimmen:

$g(0) = f_1(0) = 1$

$g(2) = f_1(2) = e^{-2}$

$g'(2) = f_1'(2) = -2\cdot e^{-2}$

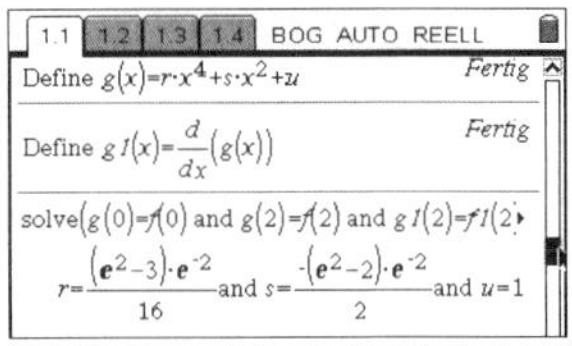


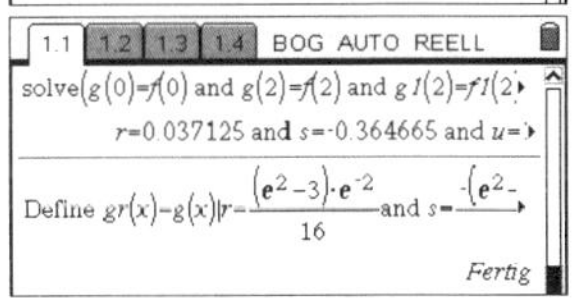


Aus den oben gestellten Bedingungen und Lösen des Gleichungssystems ergibt sich:

$$r = \frac{e^2-3}{16e^2} \qquad s = \frac{-e^2+2}{2e^2} \qquad u = 1$$

$g(x) \approx 0{,}0371\cdot x^4 - 0{,}365\cdot x^2 + 1$

Es sind natürlich auch ersatzweise andere sinnvolle Bedingungen an g möglich, z. B. $g(1) = f_1(1)$ oder $g''(0) = f_1''(0)$. Dann erhält man andere Werte für r und s.

Den Durchschnittswert $\overline{d}$ des Betrages der Differenzfunktion erhält man, indem man den zwischen den Graphen liegenden absoluten Flächeninhalt durch die Intervalllänge teilt.

$$\overline{d} = \frac{\int_{-2}^{2} |f_1(x)-g(x)|\,dx}{4} \approx 0{,}034435$$

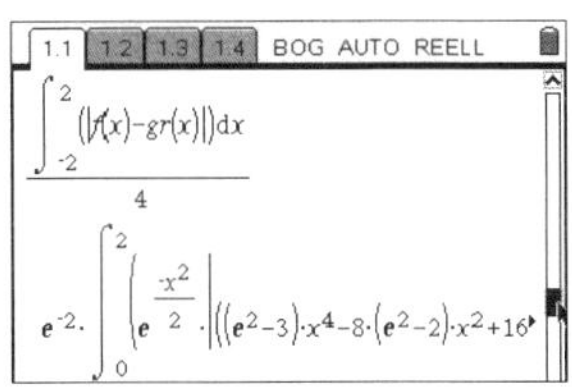


*Bemerkung:* Die Auswertung gelingt dem Rechner nicht auf Anhieb. Erst die numerische Integration liefert den Wert des gesuchten Integrals.

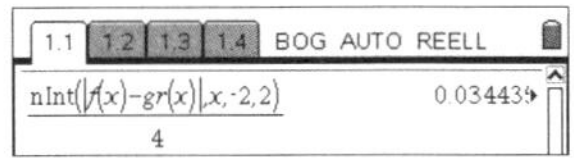

Der Durchschnittswert der Differenzfunktion selbst kann trotz erheblicher Unterschiede von f und g sehr klein oder gar null sein, wenn $f_1$ und g Schnittstellen im Intervall haben. Aus diesem Grund ist das Integral

$$\frac{\int_{-2}^{2}(f_1(x)-g(x))\,dx}{4}$$

im Allgemeinen kein gutes Maß für die Güte einer Approximation.

d) Es wird die Gleichung der Tangenten an $G_1$ an der Stelle $x=0{,}8$ aufgestellt:
$t_{0,8}(x)=f_1'(0{,}8)\cdot(x-0{,}8)+f_1(0{,}8)=(-0{,}8x+1{,}64)\cdot e^{-0{,}32}$

**Alternativ:**
Diesen Funktionsterm kann man auch mit dem Ansatz $t_{0,8}(x)=mx+b$ und den Bedingungen $t_{0,8}(0{,}8)=f_1(0{,}8)$ und $t_{0,8}'(x)=f_1'(0{,}8)$ ermitteln:
$f_1(0{,}8)=f_1'(0{,}8)\cdot x+b$
$\Rightarrow\ b=f_1(0{,}8)-f_1'(0{,}8)\cdot x=e^{-0{,}32}+0{,}8\cdot e^{-0{,}32}\cdot 0{,}8$
$t_{0,8}(x)=-0{,}8\cdot e^{-0{,}32}\cdot x+e^{-0{,}32}+0{,}8^2\cdot e^{-0{,}32}=(-0{,}8x+1{,}64)e^{-0{,}32}$

Die Bestimmung der Nullstelle der Tangenten liefert:
$0=(-0{,}8x_0+1{,}64)\cdot e^{-0{,}32}\ \Leftrightarrow\ x_0=2{,}05$

Der Funktionsterm der Tangenten $t_b$ an $G_1$ an der Stelle $b\in\mathbb{R}$ lautet:
$t_b(x)=f_1'(b)\cdot(x-b)+f_1(b)=(-xb+b^2+1)\cdot e^{-\frac{b^2}{2}}$

Man erhält ihn genau wie in der Rechnung oben, indem man nicht eine bestimmte Stelle wählt, sondern mit einer beliebigen Stelle b rechnet.

Für die Nullstellen $x_0$ von $t_b$ gilt:

$t_b(x_0)=0\ \Leftrightarrow\ x_0=\frac{b^2+1}{b}:=n(b),\ b\neq 0$

Um zu entscheiden, ob 1,99 Nullstelle einer Tangenten an $G_1$ ist, muss nun untersucht werden, ob es ein b gibt, sodass $n(b)=1{,}99$ ist. Man untersucht also, ob die Gleichung

$1{,}99=\frac{b^2+1}{b}=n(b)$ eine reelle Lösung besitzt.

| | |
|---|---|
| Define $t(x,b)=f1(b)\cdot(x-b)+f(b)$ | Fertig |
| solve$(t(x,b)=0,x)$ | $x=\frac{b^2+1}{b}$ |
| Define $n(b)=\frac{b^2+1}{b}$ | Fertig |
| $n(0.8)$ | 2.05 |
| solve$(n(b)=1.99,b)$ | false |

Das ist nicht der Fall, also gibt es keine Tangente an $G_1$ mit der Nullstelle 1,99.

**Alternativ:**
Dass die oben genannte Gleichung keine Lösung hat, lässt sich leicht ohne Rechner einsehen, wenn man diese mithilfe der quadratischen Ergänzung folgendermaßen umformt:

$$1{,}99 = \frac{b^2+1}{b}$$

$$\Leftrightarrow \quad b^2 - 1{,}99b + 1 = 0$$

$$\Leftrightarrow \quad \left(b - \frac{1{,}99}{2}\right)^2 - \left(\frac{1{,}99}{2}\right)^2 + 1 = 0$$

$$\Leftrightarrow \quad \underbrace{\left(b - \frac{1{,}99}{2}\right)^2}_{\text{stets} \geq 0} = \frac{1{,}99^2}{4} - 1 < 0$$

Dieses Verfahren liefert auch eine Lösungsidee für den letzten Lösungsteil. Um zu untersuchen, welche reellen Zahlen r Nullstelle einer Tangenten an $G_1$ sein können, muss man die Wertemenge der Funktion $n(b) := \frac{b^2+1}{b}$ mit $b \neq 0$ bestimmen.

Die grafische Darstellung der Funktion ergibt die Vermutung, dass diese Wertemenge die Menge $W = \{b \in \mathbb{R} \mid |b| \geq 2\}$ ist.

Um dies nachzuweisen, zeigt man, dass die lokalen Extrema der Funktion den Wert –2 bzw. 2 haben.

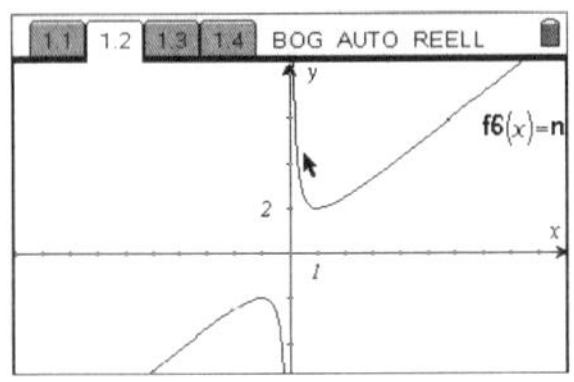


$$n'(b) = 0 \quad \Leftrightarrow \quad b = 1 \vee b = -1$$
$$n(1) = 2$$
$$n(-1) = -2$$

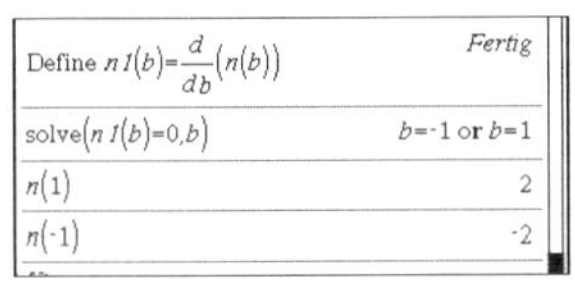


Zusammen mit der Feststellung, dass $\lim\limits_{b \to 0^+} n(b) = \infty$, $\lim\limits_{b \to 0^-} n(b) = -\infty$, $\lim\limits_{b \to \infty} n(b) = \infty$ und $\lim\limits_{b \to -\infty} n(b) = -\infty$ gelten, folgt, dass genau die reellen Zahlen aus dem Intervall ]–2; 2[ nicht als Werte der Funktion n auftreten, alle reellen Zahlen r mit $|r| < 2$ also nicht Nullstellen von Tangenten an $G_1$ sind.

**Alternativ:**

Die reellen Zahlen r, die nicht Nullstellen von Tangenten an $G_1$ sind, sind genau die Zahlen r, für die die Gleichung $r = \frac{b^2+1}{b} = n(b)$ keine reelle Lösung besitzt.

Mithilfe quadratischer Ergänzung formt man die Gleichung folgendermaßen um bzw. lässt den Rechner die obige Gleichung lösen und interpretiert das Ergebnis:

solve(n(b)=r,b)

$b=\frac{-(\sqrt{r^2-4}-r)}{2}$ or $b=\frac{\sqrt{r^2-4}+r}{2}$

Man erkennt, dass für

$r^2-4<0$

$\Leftrightarrow\ |r|<2$

keine reelle Lösung existiert.

Rechnung per Hand:

$$r=\frac{b^2+1}{b}$$

$$\Leftrightarrow \qquad b^2-rb+1=0$$

$$\Leftrightarrow \quad \left(b-\frac{r}{2}\right)^2-\left(\frac{r}{2}\right)^2+1=0$$

$$\Leftrightarrow \qquad \left(b-\frac{r}{2}\right)^2=\frac{r^2}{4}-1$$

Diese Gleichung hat für

$\frac{r^2}{4}-1<0 \quad \Leftrightarrow \quad r^2<4 \quad \Leftrightarrow \quad |r|<2$

keine reelle Lösung für b.

Damit sind alle reellen Zahlen r mit $|r|<2$ keine Nullstellen von Tangenten an $G_1$.

**Schleswig-Holstein – Mathematik Leistungskurs**
**2010 – Aufgabe 1: Analysis**

Gegeben ist die Funktionenschar $f_k$ (mit $k > 0$) durch die Funktionsgleichung:

$$f_k(t) = 20 \cdot e^{kt} - \frac{1}{10} \cdot e^{3kt} = 20 \cdot e^{kt} - \frac{1}{10} \cdot (e^{kt})^3; \quad t \in \mathbb{R}.$$

a) Untersuchen Sie für jedes k den Graphen zu $f_k$ auf Wendepunkte.
Skizzieren Sie für $k = 0{,}1$ den zugehörigen Graphen im I. Quadranten.
Legen Sie dazu eine geeignete Einteilung für jede Achse fest.
(Zur Kontrolle: Wendepunkte $W_k\left(\frac{\ln\left(\frac{10\cdot\sqrt{2}}{3}\right)}{k} \middle| 83{,}81\right)$) 12 P

b) Im Wendepunkt werde die Tangente an den Graphen von $f_{0,1}$ gelegt.
Berechnen Sie den Schnittwinkel zwischen der Wendetangente und der t-Achse.
Berechnen Sie den Inhalt des Flächenstücks, das von der Wendetangente, dem Funktionsgraphen und der positiven t-Achse zwischen der Nullstelle der Tangente und der Nullstelle des Funktionsgraphen begrenzt wird.
Erläutern Sie Ihr Vorgehen. 12 P

c) Der Graph zu $f_{0,1}$ stellt die Entwicklung einer Kultur von Hefepilzen im Verlauf der Zeit t dar, wobei t die Zeit in Tagen und $f_{0,1}(t)$ die Masse der Hefekultur in Gramm angibt. Die Hefekultur wurde zum Zeitpunkt $t_0 = 0$ angesetzt.
Beschreiben Sie den Verlauf der Entwicklung dieser Hefekultur.
Bestimmen Sie außerdem
- den Zeitpunkt $t_1$, an dem sich die Hefepilze am stärksten vermehren;
- den Zeitpunkt $t_2$, ab dem keine lebenden Hefepilze mehr vorhanden sind. 3 P

d) Jedes Gramm der in Teilaufgabe c eingeführten Hefekultur erzeugt pro Tag 2 Gramm Alkohol.
Berechnen Sie die im gesamten Zeitraum vom Ansetzen der Hefekultur bis zum völligen Aussterben der Hefepilze erzeugte Alkoholmasse. 3 P

## Hinweise und Tipps

### Teilaufgabe a

- Bestimmen Sie zunächst die Ableitungen der Funktionen.
- Benutzen Sie dabei die Summen-, Produkt- und Kettenregel.
- Die notwendige und hinreichende Bedingung für die Existenz eines Wendepunktes ist $f''(x) = 0$ und $f'''(x) \neq 0$.
- Bedenken Sie bei der Analyse der Lösungen stets, dass $k > 0$ gilt.
- Es gilt: $e^x = a \Leftrightarrow \ln(a) = x$
- Beachten Sie für die Skizze, dass der Graph nur im I. Quadranten gezeichnet werden soll.

### Teilaufgabe b

- Zeichnen Sie die Lage der Wendetangente in die Skizze ein.
- Bedenken Sie, dass der Schnittwinkel der Wendetangente mit der t-Achse durch die Steigung der Wendetangente im Wendepunkt gegeben ist.
- Berechnen Sie die gesuchte Steigung durch $f_{0,1}'(t_W)$.
- Berechnen Sie $\alpha = \arctan(f_{0,1}'(t_W))$.
- Bestimmen Sie die lineare Gleichung der Wendetangente, indem Sie die Koordinaten des Wendepunktes in die lineare Gleichung $g(x) = f_{0,1}'(t_W)\,x + b$ einsetzen.
- Berechnen Sie nun die Nullstelle von g.
- Berechnen Sie die Nullstelle von $f_{0,1}$. Bedenken Sie dabei, dass die Funktionswerte der e-Funktion stets positiv sind.
- Teilen Sie zur Flächeninhaltsbestimmung das durch die beiden Nullstellen gegebene Intervall auf zwei Teilintervalle auf. Als Teilungspunkt bietet sich der Wendepunkt an.
- Im ersten Teilintervall ergibt sich ein rechtwinkliges Dreieck, im zweiten muss die Fläche unterhalb der Funktion $f_{0,1}$ berechnet werden.
- Bedenken Sie bei der Bestimmung der Stammfunktion von $f_{0,1}$, dass $\int ae^x = a\int e^x$ gilt.

### Teilaufgabe c

- Denken Sie an die inhaltliche Beschreibung des Wendepunktes und der Funktion.

### Teilaufgabe d

- Die gesuchte Alkoholmasse wird durch die Fläche bestimmt, die sich unterhalb der positiven Funktion zwischen den beiden Nullstellen befindet.
- Beachten Sie, dass die Hefekultur pro Tag 2 Gramm Alkohol erzeugt.

## Lösung

a) Um die Funktionenschar auf mögliche Wendepunkte zu untersuchen, werden zunächst die Ableitungen der Funktionenschar bestimmt:
Als Ausgangsfunktion wird $f_k(t) = 20e^{kt} - \frac{1}{10}e^{3kt}$ benutzt. Dann gilt für die erste Ableitung:

$$f_k'(t) = 20ke^{kt} - \frac{3}{10}ke^{3kt}$$

Hierbei wird neben der Summen- und Faktorregel benutzt, dass die Ableitung von $e^x$ wieder $e^x$ ist und dass mit der Kettenregel Folgendes gilt: $(e^{ax})' = ae^{ax}$.

Entsprechend den obigen Regeln gelten für die zweite und dritte Ableitung:

$$f_k''(t) = 20k^2e^{kt} - \frac{9}{10}k^2e^{3kt}$$

$$f_k'''(t) = 20k^3e^{kt} - \frac{27}{10}k^3e^{3kt}$$

Eine notwendige Bedingung für die Existenz eines Wendepunktes bei $t_W$ ist $f_k''(t_W) = 0$. Mit obiger zweiter Ableitung erhält man folgende Äquivalenzen:

$$f_k''(t_W) = 0 \Leftrightarrow 20k^2 \cdot e^{kt_W} - \frac{9}{10}k^2 \cdot e^{3kt_W} = 0$$

$$\Leftrightarrow k^2 \cdot e^{kt_W} \cdot \left(20 - \frac{9}{10} \cdot e^{2kt_W}\right) = 0$$

$$\Leftrightarrow k^2 \cdot e^{kt_W} \cdot \left(20 - \frac{9}{10} \cdot (e^{kt_W})^2\right) = 0$$

$$\Leftrightarrow k^2 \cdot e^{kt_W} = 0 \text{ oder } 20 - \frac{9}{10} \cdot (e^{kt_W})^2 = 0$$

Hier wird der Satz benutzt, dass ein Produkt genau dann null ist, wenn mindestens einer der Faktoren null ist, also aus $a \cdot b = 0$ stets $a = 0$ oder $b = 0$ folgt (und umgekehrt).

Nach Voraussetzung ist $k > 0$. Ebenso besitzt die e-Funktion nur positive Funktionswerte, daher kann der Ausdruck $k^2 \cdot e^{kt_W}$ nicht null werden. Es bleibt also, die Lösungen der folgenden Gleichung zu bestimmen:

$$20 - \frac{9}{10}(e^{kt_W})^2 = 0 \Leftrightarrow \frac{9}{10}(e^{kt_W})^2 = 20$$

$$\Leftrightarrow (e^{kt_W})^2 = \frac{200}{9}$$

$$\Leftrightarrow |e^{kt_W}| = \sqrt{\frac{200}{9}} = \frac{10}{3}\sqrt{2}$$

$$\Leftrightarrow e^{kt_W} = \frac{10}{3}\sqrt{2} \text{ oder } e^{kt_W} = -\frac{10}{3}\sqrt{2}$$

Da die e-Funktion nur positive Funktionswerte besitzt, gibt es nur eine Lösung:

$$e^{kt_W} = \frac{10}{3}\sqrt{2}$$

Um $t_W$ zu bestimmen, wird folgendermaßen umgeformt:

$$e^{kt_W} = \frac{10}{3}\sqrt{2} \iff kt_W = \ln\left(\frac{10}{3}\sqrt{2}\right)$$

$$\iff t_W = \frac{1}{k}\cdot\ln\left(\frac{10}{3}\sqrt{2}\right)$$

Dieses $t_W$ ist nun der „Kandidat" für eine Wendestelle. Damit tatsächlich an dieser Stelle ein Wendepunkt vorliegt, muss zusätzlich $f_k'''(t_W) \neq 0$ sein (hinreichende Bedingung). Es gilt mit der bekannten Gleichung $e^{\ln a} = a$ und den Potenzgesetzen für Exponenten (vgl. zweite Anfangsgleichung im Aufgabentext):

$$f_k'''\left(\frac{1}{k}\cdot\ln\left(\frac{10}{3}\sqrt{2}\right)\right) = 20k^3e^{k\frac{1}{k}\cdot\ln\left(\frac{10}{3}\sqrt{2}\right)} - \frac{27}{10}k^3e^{3k\frac{1}{k}\cdot\ln\left(\frac{10}{3}\sqrt{2}\right)}$$

$$= 20k^3\cdot\frac{10}{3}\sqrt{2} - \frac{27}{10}k^3\left(\frac{10}{3}\sqrt{2}\right)^3$$

$$= \left(20\cdot\frac{10}{3}\sqrt{2} - \frac{27}{10}\left(\frac{10}{3}\sqrt{2}\right)^3\right)k^3$$

Offenbar gilt:

$$20\cdot\frac{10}{3}\sqrt{2} - \frac{27}{10}\left(\frac{10}{3}\sqrt{2}\right)^3 < 0$$

Da $k > 0$ ist, ist somit $f_k'''(t_W) \neq 0$.

Zusätzliche Bemerkung zur Art des Wendepunktes: Es liegt eine Wendestelle mit einem Wechsel von Links- zu Rechtskrümmung vor.

Um den zu $t_W$ zugehörigen Punkt zu ermitteln, wird $f_k(t_W)$ bestimmt. Es gilt hierfür:

$$f_k\left(\frac{1}{k}\cdot\ln\left(\frac{10}{3}\sqrt{2}\right)\right) = 20\cdot e^{k\frac{1}{k}\cdot\ln\left(\frac{10}{3}\sqrt{2}\right)} - \frac{1}{10}\cdot e^{3k\frac{1}{k}\cdot\ln\left(\frac{10}{3}\sqrt{2}\right)}$$

$$= 20\cdot\frac{10}{3}\sqrt{2} - \frac{1}{10}\cdot\left(\frac{10}{3}\sqrt{2}\right)^3$$

$$= \frac{9\cdot 200}{27}\sqrt{2} - \frac{200}{27}\sqrt{2} = \frac{1600}{27}\sqrt{2}$$

$$\approx 83{,}81$$

Also sind die von k abhängigen Wendepunkte:

$$W_k\left(\frac{1}{k}\cdot\ln\left(\frac{10\cdot\sqrt{2}}{3}\right)\middle|\, 83{,}81\right) \text{ für } k > 0$$

Für $k = 0{,}1$ ergeben sich folgende Koordinaten des Wendepunktes:
$W_{0,1}(15{,}51 \mid 83{,}81)$

Wertetabelle:

| t | 0 | 5 | 10 | 15 | 20 | 25 | 26,5 |
|---|---|---|---|---|---|---|---|
| $f_{0,1}(t)$ | 19,9 | 32,5 | 52,4 | 80,6 | 107,4 | 62,8 | −0,48 |

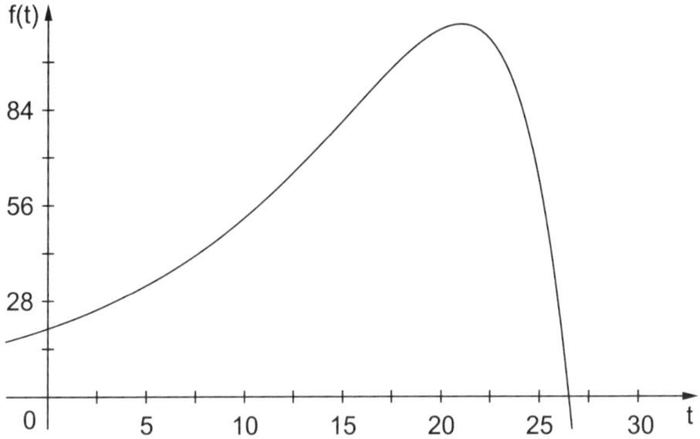


b) Es ergibt sich die folgende Skizze:

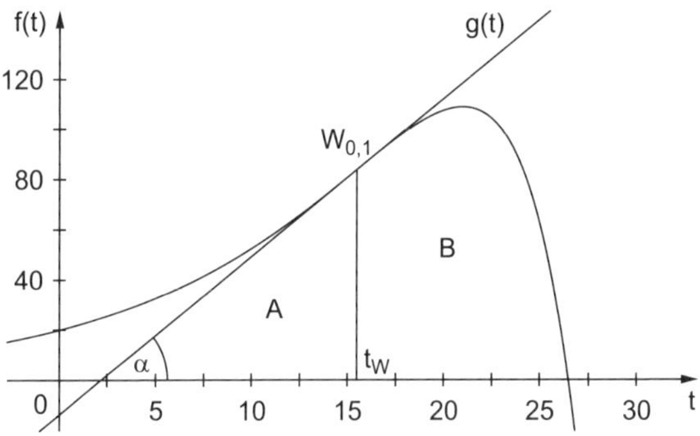


Um die Winkelgröße $\alpha$ zwischen der Wendetangente g und der t-Achse zu bestimmen, wird die Steigung der Funktion $f_{0,1}(t)$ im Wendepunkt benötigt. Diese ist gleichzeitig die Steigung der (linearen) Wendetangentenfunktion.

Es gilt:

$$f'_{0,1}\left(\frac{1}{0{,}1}\ln\left(\frac{10\sqrt{2}}{3}\right)\right) = 20 \cdot 0{,}1 \cdot \frac{10\sqrt{2}}{3} - \frac{3}{10} \cdot 0{,}1 \cdot \left(\frac{10\sqrt{2}}{3}\right)^3 \approx 6{,}29$$

Die Größe des Schnittwinkels beträgt damit:
$\alpha \approx \arctan(6{,}29) \approx 80{,}97°$

Für die Berechnung der Flächengröße wird zunächst die Funktionsgleichung der Wendetangente ermittelt. Damit wird die linke Nullstelle bestimmt. Da die Steigung der Tangente schon berechnet wurde, wird noch ein weiterer Punkt der Tangente, der sich durch den Wendepunkt ergibt, benötigt. Es ergibt sich also:

$g(t_W) = f_{0,1}(t_W)$

Also gilt:

$$g\left(\frac{1}{0,1}\ln\frac{10}{3}\sqrt{2}\right) \approx 83,81 \quad \Leftrightarrow \quad g(15,51) \approx 83,81$$

Demnach gilt:

$$g(15,51) \approx 6,29 \cdot 15,51 + b \approx 83,81 \quad \Leftrightarrow \quad b \approx -13,75$$

Damit lautet die Gleichung der Wendetangente:

$$g(t) \approx 6,29 \cdot t - 13,75$$

Um die gesuchte Nullstelle zu bestimmen, wird $g(t) = 0$ gesetzt:

$$6,29t - 13,75 = 0 \quad \Leftrightarrow \quad t = \frac{13,75}{6,29} \approx 2,19$$

Dies ist die linke gesuchte Nullstelle.

Die rechte Nullstelle ist die Nullstelle von $f_{0,1}(t)$:

$$f_{0,1}(t) = 0 \quad \Leftrightarrow \quad 20e^{0,1 \cdot t_N} - \frac{1}{10}(e^{0,1 \cdot t_N})^3 = 0$$

$$\Leftrightarrow \quad e^{0,1 \cdot t_N} \cdot \left(20 - \frac{1}{10}(e^{0,1 \cdot t_N})^2\right) = 0$$

Da die Funktionswerte der e-Funktion stets positiv sind, findet man wie in Teilaufgabe a nur eine Lösung:

$$20 - \frac{1}{10}(e^{0,1 \cdot t_N})^2 = 0 \quad \Leftrightarrow \quad e^{0,1 \cdot t_N} = \sqrt{200}$$

$$\Leftrightarrow \quad 0,1 \cdot t_N = \ln(10\sqrt{2})$$

$$\Leftrightarrow \quad t_N = \frac{\ln(10\sqrt{2})}{0,1} \approx 26,49$$

Für alle $t \in [2,19; t_W]$ ist $g(t) \le f_{0,1}(t)$ und für alle $t \in [t_W, t_N]$ ist $g(t) \ge f_{0,1}(t)$. Das bedeutet, dass g bis zur Wendestelle unterhalb von $f_{0,1}$ liegt und g bis zur Nullstelle von $f_{0,1}$ oberhalb von $f_{0,1}$.

Das gesuchte Flächenstück kann daher im Intervall $[2,19; t_W]$ in zwei Teilflächen A und B zerlegt werden, wobei die linke Teilfläche ein Dreieck darstellt.

Für den Flächeninhalt eines Dreiecks gilt:

$$A = \frac{1}{2}gh$$

In diesem Fall erhält man also:

$$A \approx \frac{1}{2} \cdot (t_W - 2,19) \cdot f_{0,1}(t_W) \approx \frac{1}{2} \cdot (15,51 - 2,19) \cdot 83,81 \approx 558,17$$

Die Maßzahl B des Flächeninhalts der rechten Teilfläche ergibt sich nun durch das bestimmte Integral:

$$B = \int_{t_W}^{t_N} f_{0,1}(t)\,dt \approx \int_{15,51}^{26,49} f_{0,1}(t)\,dt$$

Für die Stammfunktion einer e-Funktion gilt:

$$\int e^{ax}\,dx = \frac{1}{a}e^{ax}$$

Damit gilt:

$$\int f_{0,1}(t)\,dt = \int \left(20e^{0,1\cdot t} - \frac{1}{10}e^{0,3\cdot t}\right)dt = \frac{20}{0,1}e^{0,1\cdot t} - \frac{1}{10\cdot 0,3}e^{0,3\cdot t}$$

$$= 200e^{0,1\cdot t} - \frac{1}{3}e^{0,3\cdot t}$$

Dann ist:

$$B = \int_{15,51}^{26,49} f_{0,1}(t)\,dt = \left[200e^{0,1\cdot t} - \frac{1}{3}e^{0,3\cdot t}\right]_{15,51}^{26,49}$$

$$= \left(200e^{0,1\cdot 26,49} - \frac{1}{3}e^{0,3\cdot 26,49}\right) - \left(200e^{0,1\cdot 15,51} - \frac{1}{3}e^{0,3\cdot 15,51}\right) \approx 977,35$$

Wegen $A + B \approx 1\,535,52$ beträgt der gesuchte Flächeninhalt ca. 1 536 FE.

c) Die Hefepilze haben einen Anfangsbestand, also zum Zeitpunkt $t_0 = 0$, von $f_{0,1}(0) = 20\cdot 1 - \frac{1}{10}\cdot 1 = \frac{199}{10} = 19,9$ Gramm.
Dann wachsen sie kontinuierlich an und haben ihr stärkstes Wachstum am Wendepunkt, also zum Zeitpunkt $t_W$, d. h. nach ca. 15 Tagen. Die Kultur vermehrt sich noch weiter bis zum Hochpunkt (Maximum) der Funktion (ca. nach 21 Tagen). An der Nullstelle $t_N = 26,49$ (Tage) der Funktion existieren keine Hefepilze mehr, was im Laufe des 26. Tages erreicht ist.

d) Die gesuchte Alkoholmasse m der Hefekultur entsteht vom Zeitpunkt $t_0 = 0$ bis zum Zeitpunkt des Aussterbens, also dem Zeitpunkt $t_N = 26,49$ oder gerundet nach 26 Tagen. Die Gesamtmasse M der Hefekultur über die 26 Tage wird durch folgendes Integral bestimmt:

$$M = \int_0^{26} f_{0,1}(t)\,dt = \left[200e^{0,1\cdot t} - \frac{1}{3}e^{0,3\cdot t}\right]_0^{26}$$

$$= \left(200e^{0,1\cdot 26} - \frac{1}{3}e^{0,3\cdot 26}\right) - \left(200e^0 - \frac{1}{3}e^0\right) \approx 1\,680$$

Da jedes Gramm Hefekultur 2 Gramm Alkohol am Tag produziert, gilt für die produzierte Alkoholmasse m:
$m = 2M \approx 3\,360$ g Alkohol

## Schleswig-Holstein – Mathematik Leistungskurs
## 2010 – Aufgabe 2: Analysis

Eine Firma produziert verschiedene Energiesparlampen, die aus einem Glaskörper und einem Metallsockel bestehen. Die Formen der Glaskörper können durch Rotation von Funktionsgraphen um die x-Achse beschrieben werden. Dazu betrachtet man die Funktionenschar mit den Gleichungen

$f_k(x) = 5 \cdot (k \cdot x - 1) \cdot e^{-\frac{1}{2}x}$ für $k > 0{,}7$

zwischen der jeweiligen Nullstelle $x_k$ der Graphen und $x = 8$.

Verwenden Sie im Folgenden ohne Nachweis

$f_k'(x) = 5 \cdot \left(-\frac{k \cdot x}{2} + k + \frac{1}{2}\right) \cdot e^{-\frac{1}{2}x}.$

a) Zeichnen Sie den Graphen zu $f_1$ im Intervall [1; 8]. 3 P

b) Berechnen Sie für jedes k die Höhe des zum Graphen von $f_k$ gehörenden Glaskörpers.
Jeder Graph der Schar hat einen Punkt, bei dem der Radius des Glaskörpers maximal wird.
Bestimmen Sie diesen Radius für jedes k.
Verbindet man die zugehörigen Punkte der Graphen, so entsteht eine neue Kurve. Bestimmen Sie deren Funktionsgleichung. 11 P

c) Das Modell „Birne“ wird durch die Rotation des Graphen zu $f_1$ um die x-Achse beschrieben.
Der Glaskörper dieses Modells soll mit einem besonderen Gas gefüllt werden. Berechnen Sie das Gasvolumen (ohne Maßeinheiten, die Glasdicke ist zu vernachlässigen).
(Zur Kontrolle: $\int (f_1(x))^2 dx = (-25) \cdot (x^2 + 1) \cdot e^{-x} + C$) 10 P

d) Die Lichtabstrahlfläche des Modells „Birne“ wird durch die Rotation des Graphen zu $f_1$ von seiner Nullstelle bis zum Hochpunkt beschrieben. Sie soll mit einer Beschichtung versehen werden. Für die Berechnung der benötigten Mengen für diese Beschichtung ist es einfacher, den Graphen von $f_1$ in diesem Intervall durch den Graphen einer ganzrationalen Funktion anzunähern.
Stellen Sie den konkreten Ansatz (inklusive der Zahlenwerte) zur Bestimmung einer Parabelgleichung zweiter Ordnung für eine solche Näherung auf, ohne die Lösung zu errechnen.
Eine Näherung des Graphen zu $f_1$ durch eine Gerade ist gröber, aber noch einfacher zu berechnen. Beschreiben Sie ein solches Verfahren, durch das näherungsweise die Größe der Abstrahlfläche des Modells „Birne“ berechnet werden kann, und führen Sie die Rechnung durch. 6 P

## Hinweise und Tipps

**Teilaufgabe a**

- Erstellen Sie für $k = 1$ eine Wertetabelle und skizzieren Sie $f_1$.

**Teilaufgabe b**

- Der Glaskörper entsteht durch Rotation der Funktion um die x-Achse.
- Die Höhe des Glaskörpers ist der Abstand der Nullstelle von $f_k$ und der Stelle $x = 8$.
- Bestimmen Sie das Maximum der Funktion. Die notwendige Bedingung dafür lautet $f_k'(x_E) = 0$, wobei Sie die gegebene erste Ableitung nutzen sollten.
- Für die hinreichende Existenz der gefundenen Stelle benötigen Sie die zweite Ableitung. Wenden Sie dabei die Summen-, Produkt- und Kettenregel an.
- Bedenken Sie, dass für alle reellen Zahlen x stets $e^x > 0$ gilt.
- Den Radius erhalten Sie durch den Funktionswert an der ermittelten Extremstelle.
- Die gesuchte Kurve h ist die Ortskurve aller von k abhängigen Extremstellen.
- Man erhält die Ortskurve der Extrempunkte h, indem man die von k abhängige Extremstelle nach k auflöst und diesen Term in $f_k$ für k einsetzt.

**Teilaufgabe c**

- Für das Volumen eines Rotationskörpers gilt die Gleichung $V = \pi \cdot \int_a^b (f(x))^2 \, dx$.
- Es bietet sich die partielle Integration an.
- Die Kurzform davon lautet bei geeigneter Wahl von u, v: $\int uv' = uv - \int u'v$
- Wählen Sie $u(x) = (x-1)^2$.
- Da nach der partiellen Integration wieder ein Produkt aus zwei Funktionen als Integrationsterm entsteht, sollten Sie die partielle Integration ein zweites Mal anwenden, diesmal mit $u(x) = (x-1)$.

**Teilaufgabe d**

- Eine quadratische Annäherung von $f_1$ erhält man durch $q(x) = ax^2 + bx + c$.
- Ermitteln Sie drei unabhängige Bedingungen, mit denen die Koeffizienten a, b und c bestimmt werden können.
- Als Bedingungen kommen die Nullstelle, der Hochpunkt und die Steigung im Hochpunkt infrage.
- Stellen Sie die drei Gleichungen auf. Nach Aufgabenstellung brauchen die Koeffizienten nicht explizit angegeben werden.
- Skizzieren Sie die Situation.
- Durch Rotation der Geraden entsteht ein Kegel.
- Wenden Sie den Satz des Pythagoras an, um die Mantelseite zu berechnen.
- Für die Mantelfläche eines Kegels gilt $M = \pi rs$.

## Lösung

a) Sei $k = 1$. Man erhält folgende Wertetabelle:

| x | 1 | 2 | 3 | 4 | 5 | 6 | 7 | 8 |
|---|---|---|---|---|---|---|---|---|
| $f_1(x)$ | 0 | 1,84 | 2,23 | 2,03 | 1,64 | 1,24 | 0,91 | 0,64 |

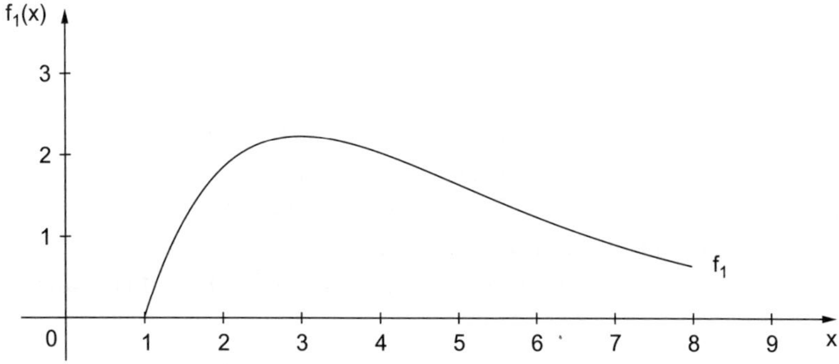


b) Der Glaskörper entsteht durch die Rotation der Funktion $f_k$ um die x-Achse. Deshalb wird die (maximale) Höhe $h_k$ des Körpers durch den Abstand der Nullstelle $x_k$ der Funktion $f_k$ und $x = 8$ bestimmt. Die Höhe beträgt also $h_k = |8 - x_k|$. Die Nullstelle wird durch die Gleichung $f_k(x_k) = 0$ ermittelt. Es gilt:

$$f_k(x_k) = 0 \;\Leftrightarrow\; 5 \cdot (kx_k - 1) \cdot e^{-\frac{1}{2}x_k} = 0$$

$$\Leftrightarrow\; 5 \cdot e^{-\frac{1}{2}x_k} = 0 \text{ oder } kx_k - 1 = 0$$

Da $5 \cdot e^{-\frac{1}{2}x_k} \neq 0$ ist, folgt:

$$kx_k - 1 = 0 \;\Leftrightarrow\; x_k = \frac{1}{k}$$

Die Höhe beträgt also:

$$h_k = |8 - x_k| = 8 - \frac{1}{k}$$

Die Betragsstriche können weggelassen werden, da $k > 0{,}7$ gilt.

Um den gesuchten maximalen Glaskörper-Radius $r_k$ für jedes k der Schar zu bestimmen, muss das Maximum der Funktion $f_k$ bestimmt werden.
Die notwendige Bedingung für die Existenz eines Extrempunktes bei $x_E$ ist $f_k'(x_E) = 0$. Mithilfe der gegebenen ersten Ableitung (vgl. Aufgabenstellung) erhält man folgende Äquivalenzen:

$$f_k'(x_E) = 0 \;\Leftrightarrow\; 5 \cdot \left(-\frac{k \cdot x_E}{2} + k + \frac{1}{2}\right) \cdot e^{-\frac{x_E}{2}} = 0$$

$$\Leftrightarrow\; 5 \cdot e^{-\frac{x_E}{2}} = 0 \text{ oder } -\frac{k \cdot x_E}{2} + k + \frac{1}{2} = 0$$

Wegen $5e^{-\frac{x_E}{2}} \neq 0$ folgt:

$$-\frac{k \cdot x_E}{2} + k + \frac{1}{2} = 0 \iff -k \cdot x_E + 2k + 1 = 0$$

$$\iff 2k + 1 = k \cdot x_E$$

$$\iff x_E = 2 + \frac{1}{k}$$

Nun muss die hinreichende Bedingung für die Existenz eines Extrempunktes, nämlich $f_k''(x_E) \neq 0$, nachgewiesen werden. Dazu wird die zweite Ableitung unter Verwendung der Produktregel gebildet:

$$f_k''(x) = (f_k'(x))' = \left[5 \cdot \left(\frac{-kx}{2} + k + \frac{1}{2}\right) \cdot e^{-\frac{x}{2}}\right]'$$

$$= 5 \cdot \left[-\frac{k}{2} \cdot e^{-\frac{x}{2}} + \left(\frac{-kx}{2} + k + \frac{1}{2}\right) \cdot \left(-\frac{1}{2}\right) \cdot e^{-\frac{x}{2}}\right]$$

$$= 5 \cdot e^{-\frac{x}{2}} \left(\frac{-k}{2} + \frac{kx}{4} - \frac{k}{2} - \frac{1}{4}\right)$$

$$= 5 \cdot e^{-\frac{x}{2}} \left(\frac{k}{4}x - k - \frac{1}{4}\right)$$

Für die Stelle $x_E$ gilt:

$$f_k''\left(2 + \frac{1}{k}\right) = 5 \cdot e^{-\frac{1}{2}(2 + \frac{1}{k})} \left(\frac{k}{4} \cdot \left(2 + \frac{1}{k}\right) - k - \frac{1}{4}\right)$$

$$= 5 \cdot e^{-1 - \frac{1}{2k}} \left(\frac{k}{2} + \frac{1}{4} - k - \frac{1}{4}\right)$$

$$= -5 \cdot \frac{k}{2} \cdot e^{-1 - \frac{1}{2k}}$$

Da $k > 0$ und $e^{-1 - \frac{1}{2k}} > 0$ gilt, folgt: $f_k''(x_E) < 0$

Damit liegt an der Stelle $x_E$ eine Extremstelle, in diesem Fall ein Maximum, vor. Der Radius $r_k$ des Glaskörpers ergibt sich durch den Funktionswert $f_k$ an der Stelle $x_E$:

$$r_k = f_k\left(2 + \frac{1}{k}\right) = 5 \cdot \left(k\left(2 + \frac{1}{k}\right) - 1\right) \cdot e^{-\frac{1}{2} \cdot \left(2 + \frac{1}{k}\right)} = 10k \cdot e^{-1 - \frac{1}{2k}}$$

Also beträgt der maximale Radius $r_k = 10k \cdot e^{-1 - \frac{1}{2k}}$.

Man betrachtet nun die sogenannte Ortskurve der Maxima der Funktionenschar $f_k$, also eine Funktion h, die als Funktionswerte gerade die Maxima in Abhängigkeit von k beschreibt. Wie eben festgestellt, liegen alle Maxima an den Stellen $x_E = 2 + \frac{1}{k}$. Für den Parameter k erhält man daraus:

$$k = \frac{1}{x_E - 2}$$

Um die Ortskurve h zu bestimmen, brauchen diese „Maxima"-k-Werte nur in $f_k$ eingesetzt werden, denn dadurch ergibt sich die Menge aller Maxima:
Es gilt also für h:

$$h(x) = 5 \cdot \left(\left(\frac{1}{x-2}\right) \cdot x - 1\right) \cdot e^{-\frac{1}{2}x}$$

$$= 5 \cdot \left(\left(\frac{x}{x-2}\right) - 1\right) \cdot e^{-\frac{1}{2}x}$$

$$= 5 \cdot \left(\left(\frac{x}{x-2}\right) - \frac{x-2}{x-2}\right) \cdot e^{-\frac{1}{2}x}$$

$$= 5 \cdot \left(\frac{2}{x-2}\right) \cdot e^{-\frac{1}{2}x}$$

c) Das Volumen berechnet sich mithilfe der Volumen-Formel für Rotationskörper um die x-Achse:

$$V = \pi \cdot \int_a^b (f(x))^2 \, dx, \; a < b$$

Es gilt:

$$V = \pi \cdot \int_1^8 (f_1(x))^2 \, dx = \pi \cdot \int_1^8 (5 \cdot (x-1) \cdot e^{-\frac{x}{2}})^2 \, dx = \pi \cdot \int_1^8 (25 \cdot (x-1)^2 \cdot e^{-x}) dx$$

Es wird zunächst folgendes Integral bestimmt:

$$\int (x-1)^2 \cdot e^{-x} dx$$

Da der Integrationsterm ein Produkt darstellt, bietet sich die partielle Integration an. Es gilt dafür in Kurzform mit geeigneten u, v: $\int uv' = uv - \int u'v$.

Man wählt (um den quadratischen Term zu vereinfachen) $u(x) = (x-1)^2$ und $v'(x) = e^{-x}$. Damit erhält man:

$u'(x) = 2 \cdot (x-1)$ und $v(x) = (-1) \cdot e^{-x}$

Oben eingesetzt folgt:

$$\int (x-1)^2 \cdot e^{-x} \, dx = [(x-1)^2 \cdot (-1) \cdot e^{-x}] - 2 \int (x-1) \cdot (-1) \cdot e^{-x} dx$$

$$= [(x-1)^2 \cdot (-1) \cdot e^{-x}] + 2 \int (x-1) \cdot e^{-x} dx$$

Nun muss die partielle Integration auf den zweiten Summanden erneut angewendet werden. Ähnlich wie oben werden $u(x) = x - 1$ und $v'(x) = e^{-x}$ gewählt. Damit erhält man:

$u'(x) = 1$ und $v(x) = (-1) \cdot e^{-x}$

Für den zweiten Summanden folgt:

$$2\int (x-1)\cdot e^{-x}\,dx = 2\cdot[(x-1)\cdot(-1)\cdot e^{-x}] - 2\int(-1)\cdot e^{-x}\,dx$$
$$= (-2)\cdot[(x-1)\cdot e^{-x}] + 2\int e^{-x}\,dx$$
$$= (-2)\cdot[(x-1)\cdot e^{-x}] + 2[(-1)\cdot e^{-x}] + C$$
$$= (-2)\cdot x\cdot e^{-x} + C$$

Mit oben gilt dann für das gesamte Integral:

$$\int 25\cdot(x-1)^2\cdot e^{-x}\,dx = 25\cdot\int(x-1)^2\cdot e^{-x}\,dx$$
$$= 25[[(x-1)^2\cdot(-1)\cdot e^{-x}] - 2\cdot x\cdot e^{-x} + C]$$
$$= 25[(-x^2+2x-1-2x)\cdot e^{-x} + C]$$
$$= 25[(-x^2-1)\cdot e^{-x} + C]$$
$$= 25[(-1)\cdot(x^2+1)\cdot e^{-x} + C]$$
$$= (-25)[(x^2+1)\cdot e^{-x} + C]$$

Für das gesuchte Volumen ergibt sich damit:

$$V = \pi\int_1^8 25\cdot(x-1)^2\cdot e^{-x}\,dx = \pi\cdot(-25)\cdot\left[(x^2+1)\cdot e^{-x}\right]_1^8$$
$$= \pi\cdot(-25)\cdot[(8^2+1)\cdot e^{-8} - ((1^2+1)\cdot e^{-1})]$$
$$\approx 17{,}85\cdot\pi$$

Die Größe für das Rotationsvolumen beträgt $17{,}85\cdot\pi \approx 56{,}08$.

d) Die Funktion $f_1$ wird zwischen ihrer Nullstelle und dem Maximum durch eine quadratische Funktion $q(x) = ax^2 + bx + c$ mit $a, b, c \in \mathbb{R}$ angenähert. Ihre Ableitung ist $q'(x) = 2ax + b$. Es werden nun drei unabhängige Bedingungen gesucht, mit denen die Koeffizienten a, b und c ermittelt werden können.

Für $f_1$ ergibt sich die Nullstelle $N(1\,|\,0)$.

Die Extremstelle ist für $f_1$ an der Stelle $x_E = 2 + \frac{1}{1} = 3$. Der zugehörige y-Wert beträgt:

$f_1(3) = 5\cdot(3-1)\cdot e^{-\frac{3}{2}} = 10e^{-\frac{3}{2}}$

Im Hochpunkt soll q(x) dieselbe Steigung haben wie $f_1$.

Es ergeben sich damit folgende Bedingungen:

$q(1) = 0$

$q(3) = 10e^{-\frac{3}{2}}$

$q'(3) = 0$

Wenn man diese Bedingungen in die allgemeine Funktionsgleichung von q einsetzt, erhält man folgende Gleichungen:

$a + b + c = 0$

$9a + 3b + c = 10e^{-\frac{3}{2}}$

$2a\cdot 3 + b = 6a + b = 0$

Aus diesen drei Gleichungen könnte man nun die Koeffizienten berechnen.

Es wird nun die Annäherung des Glaskörpers im gegebenen Intervall [1; 3] durch eine lineare Funktion, also eine Gerade, betrachtet.

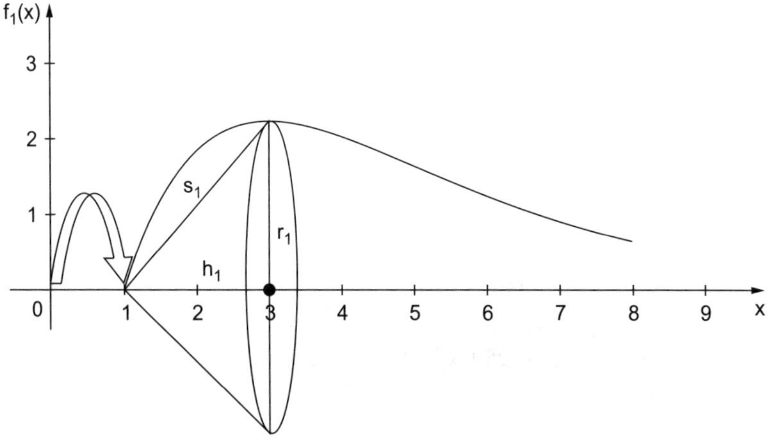


Durch die Rotation der Geraden um die x-Achse entsteht ein Kegel, dessen Radius $r_1$ dem Funktionswert an der Stelle $x = 3$ entspricht. Es gilt also $r_1 = 10 \cdot e^{-\frac{3}{2}}$. Die Höhe $h_1$ des Kegels wird durch die Länge des Intervalls gegeben, also $h_1 = 2$. Die Länge der Mantelseite $s_1$, also die Länge der Strecke von der Nullstelle 1 bis zum Funktionswert an der Stelle $x = 3$, ergibt sich nach dem Satz von Pythagoras durch:

$$s_1^2 = h_1^2 + r_1^2$$

$$|s_1| = \sqrt{h_1^2 + r_1^2}$$

Konkret gilt für die Länge $s_1$:

$$|s_1| = \sqrt{2^2 + \left(10 \cdot e^{-\frac{3}{2}}\right)^2} = \sqrt{4 + 100 \cdot e^{-3}}$$

Die Mantelfläche M des Kegels wird durch die Formel $M = \pi \cdot r_1 \cdot s_1$ berechnet.

Also ergibt sich für den Inhalt der Abstrahlfläche:

$$M = \pi \cdot 10 \cdot e^{-\frac{3}{2}} \cdot \sqrt{4 + 100 \cdot e^{-3}} \approx 21\,(\text{FE})$$

## Schleswig-Holstein – Mathematik Leistungskurs
## 2010 – Aufgabe 3: Analytische Geometrie

a) Zeigen Sie, dass durch die Punkte $A(0|2|4)$, $B(2|-2|6)$ und $C(2|2|4)$ eine Ebene E definiert wird, und bestimmen Sie die Ebenengleichung in der Normalenform.
Bestimmen Sie den Punkt D, durch den ein ebenes Parallelogramm ABCD entsteht, und berechnen Sie den Flächeninhalt der Figur.
[Zur Kontrolle: E: $\begin{pmatrix}0\\1\\2\end{pmatrix} \circ \left(\vec{x} - \begin{pmatrix}0\\2\\4\end{pmatrix}\right) = 0$] 6 P

b) Ermitteln Sie den Punkt $M_1'$, der durch Spiegelung von $M_1(1|2|0)$ an der Ebene E hervorgeht. 5 P

c) Betrachten Sie nun die Kugel $K_1$ um $M_1(1|2|0)$ mit dem Radius $r_1 = 3 \cdot \sqrt{5}$ und die Kugel $K_2$ um den Ursprung mit dem Radius $r_2 = 2 \cdot \sqrt{5}$.
- Zeigen Sie, dass $K_2$ im Innern von $K_1$ liegt und $K_1$ berührt. Berechnen Sie den Berührpunkt Q und fertigen Sie dazu eine Skizze an.
- Bestimmen Sie alle Punkte auf der Strecke $\overline{AB}$, die auch auf der Kugel $K_1$ liegen. 10 P

d) Untersuchen Sie die Lagebeziehung der Ebene E': $\begin{pmatrix}1\\2\\0\end{pmatrix} \cdot \vec{x} - 5 = 0$ zur Kugel $K_2$ und bestimmen Sie ggf. den Berührpunkt bzw. den Schnittkreis mit dem Mittelpunkt $M_s$ und dem Schnittkreisradius $r_s$. 6 P

e) E' sei die Polarebene der Kugel $K_2$. Bestimmen Sie den zugehörigen Pol P. 3 P

---

### Hinweise und Tipps

**Teilaufgabe a**

- Zeigen Sie, dass die drei Punkte A, B und C nicht auf einer gemeinsamen Geraden liegen, bzw. prüfen Sie, ob die Vektoren $\overrightarrow{AB}$ und $\overrightarrow{AC}$ kollinear sind.
- Bestimmen Sie einen Normalenvektor der Ebene E. Dieser muss orthogonal zu den Vektoren $\overrightarrow{AB}$ und $\overrightarrow{AC}$ sein.
- Fertigen Sie eine Skizze des Parallelogramms ABCD mit der richtigen Orientierung an.
- Bestimmen Sie den Ortsvektor des gesuchten Punktes D über die Beziehung $\overrightarrow{OD} = \overrightarrow{OA} + \vec{u}$ mit einem geeigneten, bekannten Vektor $\vec{u}$.

- Alternativ: Ermitteln Sie den Punkt D als Schnittpunkt zweier Geraden durch A bzw. C, die parallel zu den Seiten $\overline{BC}$ bzw. $\overline{AB}$ sind.
- Beachten Sie die geometrische Bedeutung des Betrages des Kreuzproduktes (Vektorproduktes) der Vektoren $\overrightarrow{AB}$ und $\overrightarrow{AD}$.
- Alternativ: Ermitteln Sie den Flächeninhalt des Parallelogramms aus den Längen der Strecken $\overrightarrow{AB}$ und $\overrightarrow{AD}$ und dem von diesen eingeschlossenen Innenwinkel, den Sie mit der Beziehung $\cos(\sphericalangle(\overrightarrow{AB}, \overrightarrow{AD})) = \frac{\overrightarrow{AB} \circ \overrightarrow{AD}}{|\overrightarrow{AB}| \cdot |\overrightarrow{AD}|}$ ermitteln können.

**Teilaufgabe b**

- Fertigen Sie zunächst eine Zeichnung an, die den Sachverhalt darstellt.
- Bestimmen Sie den Lotfußpunkt L von $M_1$ auf E.
- Ermitteln Sie aus den nun bekannten Punkten den Spiegelpunkt $M_1'$.

**Teilaufgabe c**

- Fertigen Sie zunächst eine Skizze an.
- Überlegen Sie, wie groß der Radius $r_1$ sein muss, damit $K_2$ innerhalb von $K_1$ liegt, und in welchem Fall ein Berührpunkt auftritt.
- Bestimmen Sie den Punkt Q, indem Sie die Strecke $\overline{M_1M_2}$ geeignet verlängern.
- Alternativ: Beachten Sie, dass der Punkt Q auf einer Geraden durch $M_1$ und $M_2$ liegen muss.
- Beschreiben Sie die Strecke $\overline{AB}$ als Teil einer Geraden durch die Punkte A und B.
- Bestimmen Sie die Schnittpunkte der Geraden AB mit der Kugel $K_1$.
- Prüfen Sie, welche Schnittpunkte auch auf der Strecke $\overline{AB}$ liegen.

**Teilaufgabe d**

- Bestimmen Sie den Abstand von E' zum Mittelpunkt $M_2$ der Kugel $K_2$.
- Bestimmen Sie den Lotfußpunkt des Mittelpunktes von $K_2$ auf E'.
- Nutzen Sie den Satz des Pythagoras, um den Radius des Schnittkreises zu bestimmen.

**Teilaufgabe e**

- Der gesuchte Pol P liegt auf einer Geraden g, die orthogonal zu E' ist und den Mittelpunkt $M_2$ von $K_2$ enthält.
- Nutzen Sie die allgemeine Form einer Polarebene.
- Untersuchen Sie, für welchen Punkt auf g als Pol die allgemeine Form der Polarebene äquivalent zur Normalen- bzw. Koordinatenform von E' ist.
- Alternativ: Ermitteln Sie z. B. über den Kathetensatz die Entfernung des Pols vom Mittelpunkt von $K_2$ und bestimmen Sie den Pol P über eine geeignete Verlängerung der Strecke $\overline{M_2M_s}$.

## Lösung

a) Man kann nachweisen, dass die drei Punkte A, B und C nicht auf einer gemeinsamen Geraden liegen, indem man zeigt, dass C nicht auf der Geraden $g_{AB}$ durch A und B liegt:

$$g_{AB}\colon\ \vec{x} = \overrightarrow{OA} + t \cdot \overrightarrow{AB} = \begin{pmatrix} 0 \\ 2 \\ 4 \end{pmatrix} + t \cdot \begin{pmatrix} 2 \\ -4 \\ 2 \end{pmatrix}$$

Einsetzen der Koordinaten von C in $g_{AB}$ ergibt:

$$\begin{pmatrix} 2 \\ 2 \\ 4 \end{pmatrix} = \begin{pmatrix} 0 \\ 2 \\ 4 \end{pmatrix} + t \begin{pmatrix} 2 \\ -4 \\ 2 \end{pmatrix} \quad \Leftrightarrow \quad \left| \begin{array}{l} 2 = 2t \\ 0 = -4t \\ 0 = 2t \end{array} \right|$$

Die erste Gleichung hat die Lösung $t = 1$, die beiden anderen die Lösung $t = 0$. Das Gleichungssystem hat also keine Lösung. Der Punkt C liegt nicht auf $g_{AB}$. Damit definieren A, B und C eindeutig eine Ebene.

**Alternativ:**
Man bildet zwei Richtungsvektoren, z. B.:

$$\overrightarrow{AB} = \begin{pmatrix} 2 \\ -4 \\ 2 \end{pmatrix} \quad \text{und} \quad \overrightarrow{AC} = \begin{pmatrix} 2 \\ 0 \\ 0 \end{pmatrix}$$

Die beiden Vektoren sind offensichtlich nicht kollinear (linear unabhängig) und somit als Spannvektoren einer Ebene geeignet, die durch A, B und C definiert wird.

Für die Normalenform wird ein Normalenvektor $\vec{n}$ benötigt.
Dazu wird das Vektorprodukt von $\overrightarrow{AB}$ und $\overrightarrow{AC}$ ermittelt:

$$\overrightarrow{AB} \times \overrightarrow{AC} = \begin{pmatrix} 2 \\ -4 \\ 2 \end{pmatrix} \times \begin{pmatrix} 2 \\ 0 \\ 0 \end{pmatrix} = \begin{pmatrix} 0 \\ 4 \\ 8 \end{pmatrix}$$

$$\Rightarrow \quad \vec{n} = \begin{pmatrix} 0 \\ 1 \\ 2 \end{pmatrix}$$

Damit gilt:

$$E\colon \begin{pmatrix} 0 \\ 1 \\ 2 \end{pmatrix} \circ \left( \vec{x} - \begin{pmatrix} 0 \\ 2 \\ 4 \end{pmatrix} \right) = 0 \quad \Leftrightarrow \quad E\colon \begin{pmatrix} 0 \\ 1 \\ 2 \end{pmatrix} \circ \vec{x} = 10$$

Der Punkt D wird bestimmt über:

$$\overrightarrow{OD} = \overrightarrow{OA} + \overrightarrow{BC} = \begin{pmatrix} 0 \\ 2 \\ 4 \end{pmatrix} + \begin{pmatrix} 0 \\ 4 \\ -2 \end{pmatrix} = \begin{pmatrix} 0 \\ 6 \\ 2 \end{pmatrix}$$

Der gesuchte Punkt ist D(0 | 6 | 2).

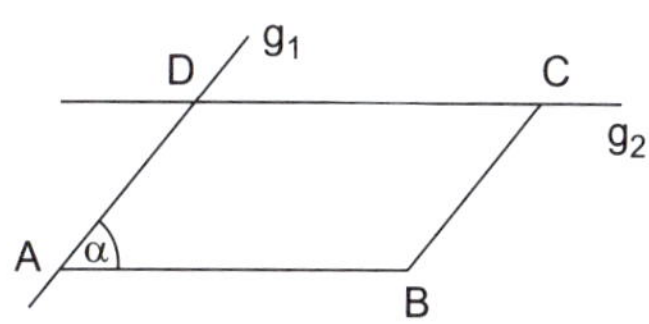

**Alternativ** (aufwendiger):
D ist der Schnittpunkt der Geraden $g_1$ und $g_2$ mit:

$g_1 \parallel \overline{BC}, A \in g_1$:

$$g_1:\ \vec{x} = \overrightarrow{OA} + \lambda \cdot \overrightarrow{BC} = \begin{pmatrix} 0 \\ 2 \\ 4 \end{pmatrix} + \lambda \begin{pmatrix} 0 \\ 4 \\ -2 \end{pmatrix}$$

$g_2 \parallel \overline{AB}, C \in g_2$:

$$g_2:\ \vec{x} = \overrightarrow{OC} + \mu \cdot \overrightarrow{AB} = \begin{pmatrix} 2 \\ 2 \\ 4 \end{pmatrix} + \mu \begin{pmatrix} 2 \\ -4 \\ 2 \end{pmatrix}$$

$$g_1 \cap g_2:\ \begin{pmatrix} 0 \\ 2 \\ 4 \end{pmatrix} + \lambda \begin{pmatrix} 0 \\ 4 \\ -2 \end{pmatrix} = \begin{pmatrix} 2 \\ 2 \\ 4 \end{pmatrix} + \mu \begin{pmatrix} 2 \\ -4 \\ 2 \end{pmatrix} \quad \Leftrightarrow \quad \begin{aligned} 0 &= 2 + 2\mu \quad \Rightarrow \quad \mu = -1 \\ 4\lambda &= -4\mu \quad \Rightarrow \quad \lambda = -\mu = 1 \\ -2\lambda &= 2\mu \quad \checkmark \end{aligned}$$

Die Koordinaten von D erhält man, indem $\lambda$ in $g_1$ bzw. $\mu$ in $g_2$ eingesetzt wird:

$$\overrightarrow{OD} = \begin{pmatrix} 0 \\ 2 \\ 4 \end{pmatrix} + 1 \cdot \begin{pmatrix} 0 \\ 4 \\ -2 \end{pmatrix} = \begin{pmatrix} 0 \\ 6 \\ 2 \end{pmatrix}$$

Da das Parallelogramm durch die Vektoren $\overrightarrow{AB}$ und $\overrightarrow{AD}$ aufgespannt wird, ist die Maßzahl des gesuchten Flächeninhalts der Betrag des Vektorprodukts.

$$|\overrightarrow{AB} \times \overrightarrow{AD}| = \left| \begin{pmatrix} 2 \\ -4 \\ 2 \end{pmatrix} \times \begin{pmatrix} 0 \\ 4 \\ -2 \end{pmatrix} \right| = \left| \begin{pmatrix} 0 \\ 4 \\ 8 \end{pmatrix} \right| = \sqrt{80} \approx 8{,}94$$

**Alternativ** (aufwendiger):
Für den Flächeninhalt des Parallelogramms ABCD gilt:

$$A_{PG} = |\overrightarrow{AB}| \cdot |\overrightarrow{AD}| \cdot \sin\alpha$$

$$|\overrightarrow{AB}| = \left| \begin{pmatrix} 2 \\ -4 \\ 2 \end{pmatrix} \right| = \sqrt{24} = 2 \cdot \sqrt{6}$$

$$|\overrightarrow{AD}| = \left| \begin{pmatrix} 0 \\ 4 \\ -2 \end{pmatrix} \right| = \sqrt{20} = 2 \cdot \sqrt{5}$$

Für den Winkel $\alpha$ zwischen den Vektoren $\overrightarrow{AB}$ und $\overrightarrow{AD}$ gilt:

$$\cos\alpha = \frac{\overrightarrow{AB} \circ \overrightarrow{AD}}{|\overrightarrow{AB}| \cdot |\overrightarrow{AD}|} = \frac{\begin{pmatrix} 2 \\ -4 \\ 2 \end{pmatrix} \circ \begin{pmatrix} 0 \\ 4 \\ -2 \end{pmatrix}}{4\sqrt{30}} = \frac{-20}{4\sqrt{30}} \quad \Rightarrow \quad \alpha \approx 155{,}905^\circ$$

Es folgt:

$$A_{PG} \approx 2 \cdot \sqrt{6} \cdot 2 \cdot \sqrt{5} \cdot \sin 155{,}905^\circ \approx 8{,}944$$

b) Es gilt offensichtlich:

$\overrightarrow{OM_1'} = \overrightarrow{OL} + \overrightarrow{M_1L},$

wobei L der Lotfußpunkt von $M_1$ auf der Ebene E ist. Dieser wird nun bestimmt als Schnittpunkt einer zu E orthogonalen Geraden g durch $M_1$ mit der Ebene E:

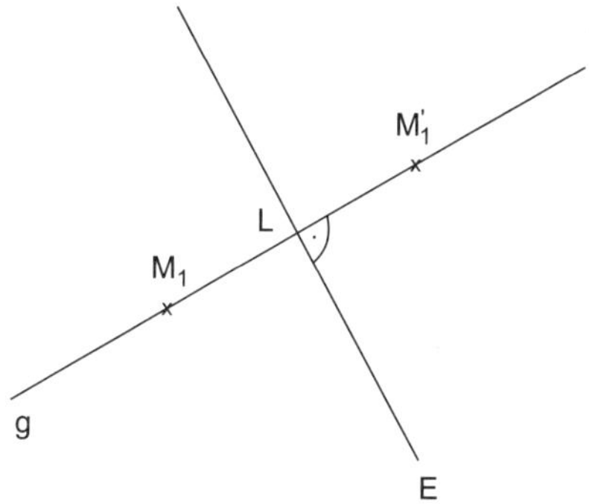


$$g:\ \vec{x} = \overrightarrow{OM_1} + t \cdot \vec{n} = \begin{pmatrix}1\\2\\0\end{pmatrix} + t \cdot \begin{pmatrix}0\\1\\2\end{pmatrix}$$

$L = g \cap E$:

$$\begin{pmatrix}0\\1\\2\end{pmatrix} \circ \left[\begin{pmatrix}1\\2\\0\end{pmatrix} + t \cdot \begin{pmatrix}0\\1\\2\end{pmatrix}\right] = 10 \quad \Leftrightarrow \quad 2 + t + 4t = 10 \quad \Leftrightarrow \quad t = \frac{8}{5}$$

$$\overrightarrow{OL} = \begin{pmatrix}1\\2\\0\end{pmatrix} + \frac{8}{5} \cdot \begin{pmatrix}0\\1\\2\end{pmatrix} = \begin{pmatrix}1\\2\\0\end{pmatrix} + \underbrace{\begin{pmatrix}0\\1{,}6\\3{,}2\end{pmatrix}}_{=\overrightarrow{M_1L}} = \begin{pmatrix}1\\3{,}6\\3{,}2\end{pmatrix}$$

Der Lotfußpunkt L hat also die Koordinaten $(1\,|\,3{,}6\,|\,3{,}2)$.
Man erhält nun $M_1'$ über:

$$\overrightarrow{OM_1'} = \begin{pmatrix}1\\2\\0\end{pmatrix} + 2 \cdot \frac{8}{5} \cdot \begin{pmatrix}0\\1\\2\end{pmatrix} = \begin{pmatrix}1\\5{,}2\\6{,}4\end{pmatrix}$$

Oder auch über:

$$\overrightarrow{OM_1'} = \overrightarrow{OL} + \overrightarrow{M_1L} = \begin{pmatrix}1\\3{,}6\\3{,}2\end{pmatrix} + \begin{pmatrix}0\\1{,}6\\3{,}2\end{pmatrix} = \begin{pmatrix}1\\5{,}2\\6{,}4\end{pmatrix}$$

Also ist $M_1'(1\,|\,5{,}2\,|\,6{,}4)$.

c) $K_2$ liegt vollständig im Innern von $K_1$, wenn $r_1 > |\overrightarrow{M_1M_2}| + r_2$ gilt.
Für $r_1 = |\overrightarrow{M_1M_2}| + r_2$ liegt $K_2$ im Innern von $K_1$ und berührt $K_1$ in einem Punkt Q.
Eine Rechnung zeigt:

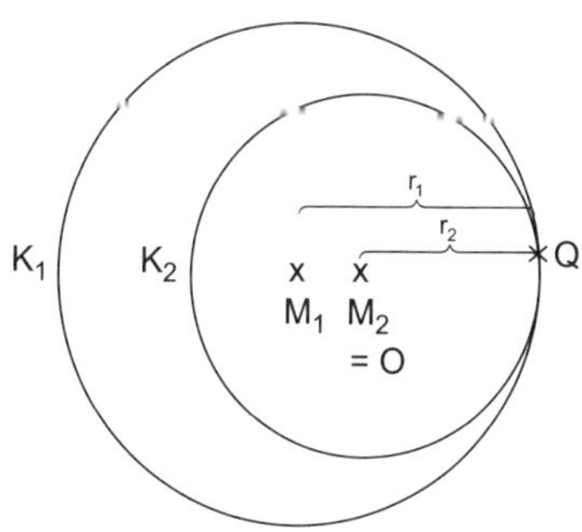


$$|\overrightarrow{M_1M_2}| + r_2 = |\overrightarrow{OM_1}| + r_2 = \left|\begin{pmatrix}1\\2\\0\end{pmatrix}\right| + 2\sqrt{5}$$

$$= \sqrt{5} + 2\sqrt{5} = 3\sqrt{5} = r_1$$

Also liegt $K_2$ im Innern von $K_1$ und berührt $K_1$ in einem Punkt Q.

Da $M_2(0|0|0)$ die Strecke $\overline{M_1Q}$ im Verhältnis 1:2 teilt, gilt:

$$\overrightarrow{OQ} = \overrightarrow{OM_1} + 3 \cdot \overrightarrow{M_1M_2} = \begin{pmatrix} 1 \\ 2 \\ 0 \end{pmatrix} + 3 \cdot \left( \begin{pmatrix} 0 \\ 0 \\ 0 \end{pmatrix} - \begin{pmatrix} 1 \\ 2 \\ 0 \end{pmatrix} \right)$$

$$= \begin{pmatrix} 1 \\ 2 \\ 0 \end{pmatrix} + 3 \begin{pmatrix} -1 \\ -2 \\ 0 \end{pmatrix} = \begin{pmatrix} -2 \\ -4 \\ 0 \end{pmatrix}$$

Damit ist der Berührpunkt $Q(-2|-4|0)$.

**Alternative 1:**
Für den Berührpunkt Q gilt:

$$\overrightarrow{OQ} = -\overrightarrow{OM_1} \cdot \frac{1}{|\overrightarrow{OM_1}|} \cdot r_2$$

$$= -\begin{pmatrix} 1 \\ 2 \\ 0 \end{pmatrix} \frac{1}{\sqrt{5}} \cdot 2\sqrt{5} = \begin{pmatrix} -2 \\ -4 \\ 0 \end{pmatrix}$$

**Alternative 2:**
Q liegt auf der Geraden h durch $M_1$ und $M_2$. Man berechnet die Schnittpunkte von h und $K_2$. Der Schnittpunkt, der auch auf $K_1$ liegt, ist der gesuchte Punkt Q. Um die Rechnungen zu vereinfachen, wird im Folgenden $M_2$ als Aufpunkt der Geraden h gewählt.

$$h: \vec{x} = \overrightarrow{OM_2} + t \cdot \overrightarrow{M_2M_1} = \begin{pmatrix} 0 \\ 0 \\ 0 \end{pmatrix} + t \begin{pmatrix} 1 \\ 2 \\ 0 \end{pmatrix}$$

Für $k_2$ gilt:

$$k_2: \left[ \vec{x} - \begin{pmatrix} 0 \\ 0 \\ 0 \end{pmatrix} \right]^2 = (2 \cdot \sqrt{5})^2$$

$h \cap k_2$:

$$\left[ \begin{pmatrix} 0 \\ 0 \\ 0 \end{pmatrix} + t \cdot \begin{pmatrix} 1 \\ 2 \\ 0 \end{pmatrix} - \begin{pmatrix} 0 \\ 0 \\ 0 \end{pmatrix} \right]^2 = (2 \cdot \sqrt{5})^2$$

$$\Leftrightarrow \quad \left[ t \cdot \begin{pmatrix} 1 \\ 2 \\ 0 \end{pmatrix} \right]^2 = (2 \cdot \sqrt{5})^2$$

$$\Leftrightarrow \quad t^2 \cdot 5 = 4 \cdot 5$$

$$\Leftrightarrow \quad t^2 = 4$$

$$\Leftrightarrow \quad t = 2 \vee t = -2$$

Damit lauten die Schnittpunkte $S_1$ und $S_2$ von h und $K_2$:

$$\overrightarrow{OS_1} = 2 \cdot \begin{pmatrix} 1 \\ 2 \\ 0 \end{pmatrix} = \begin{pmatrix} 2 \\ 4 \\ 0 \end{pmatrix} \Rightarrow S_1(2|4|0)$$

$$\overrightarrow{OS_2} = -2 \cdot \begin{pmatrix} 1 \\ 2 \\ 0 \end{pmatrix} = \begin{pmatrix} -2 \\ -4 \\ 0 \end{pmatrix} \Rightarrow S_2(-2|-4|0)$$

Es gilt:

$$|\overrightarrow{S_2M_1}| = \left|\begin{pmatrix} 3 \\ 6 \\ 0 \end{pmatrix}\right| = \sqrt{45} = 3 \cdot \sqrt{5} = r_1$$

Daher liegt $S_2$ auch auf $K_1$ und ist somit der gesuchte Punkt Q.

Die Punkte auf der Strecke $\overline{AB}$ werden durch folgende Gleichung beschrieben:

$$\overline{AB}\colon \vec{x} = \overrightarrow{OA} + s \cdot \overrightarrow{AB} = \begin{pmatrix} 0 \\ 2 \\ 4 \end{pmatrix} + s \cdot \begin{pmatrix} 2 \\ -4 \\ 2 \end{pmatrix} \quad \text{mit} \quad s \in [0; 1]$$

Für $k_1$ gilt:

$$k_1\colon \left[\vec{x} - \begin{pmatrix} 1 \\ 2 \\ 0 \end{pmatrix}\right]^2 = (3 \cdot \sqrt{5})^2$$

Für einen gemeinsamen Punkt mit $K_1$ gilt:

$$\left[\begin{pmatrix} 2s \\ 2-4s \\ 4+2s \end{pmatrix} - \begin{pmatrix} 1 \\ 2 \\ 0 \end{pmatrix}\right]^2 = (3\sqrt{5})^2 = 45 \Rightarrow \begin{pmatrix} 2s-1 \\ -4s \\ 4+2s \end{pmatrix}^2 = 45$$

Daraus folgt:

$$4s^2 - 4s + 1 + 16s^2 + 16 + 16s + 4s^2 = 45$$

$$24s^2 + 12s - 28 = 0$$

$$s^2 + \frac{1}{2}s - \frac{7}{6} = 0$$

Die Lösungen dazu sind:

$$s_1 = -\frac{1}{4} + \sqrt{\frac{1}{16} + \frac{7}{6}} = -\frac{1}{4} + \sqrt{\frac{59}{48}} \approx 0{,}86$$

$$s_2 = -\frac{1}{4} - \sqrt{\frac{1}{16} + \frac{7}{6}} = -\frac{1}{4} - \sqrt{\frac{59}{48}} \approx -1{,}36$$

Da nur $s_1$ im Intervall [0; 1] liegt, gibt es nur einen Punkt F der Strecke $\overline{AB}$, der auch auf $K_1$ liegt. Es ist:

$$\overrightarrow{OF} \approx \begin{pmatrix} 0 \\ 2 \\ 4 \end{pmatrix} + 0{,}86 \cdot \begin{pmatrix} 2 \\ -4 \\ 2 \end{pmatrix} = \begin{pmatrix} 1{,}72 \\ -1{,}44 \\ 5{,}72 \end{pmatrix}$$

Daher gilt (gerundet) $F(1{,}72|-1{,}44|5{,}72)$.

d) Man bestimmt den Lotfußpunkt L' von $M_2$ auf der Ebene E'. Wenn der Abstand dieses Punktes von $M_2$ (dieser Abstand ist gleichzeitig der Abstand der Ebene E' von $M_2$) kleiner als $r_2 = 2\sqrt{5}$ ist, dann schneidet die Ebene E' die Kugel $K_2$ in einem Schnittkreis mit Mittelpunkt L'. Dies ist dann der gesuchte Punkt $M_s$.

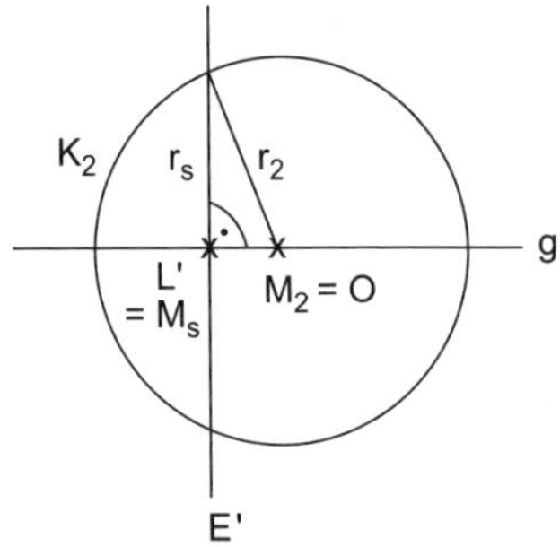


Zur Bestimmung von L' wird nun eine zur Ebene E' orthogonale Gerade g durch $M_2$ mit der Ebene E' geschnitten.

$$g:\ \vec{x} = \overrightarrow{OM_2} + t \cdot \vec{n}_{E'} = \begin{pmatrix} 0 \\ 0 \\ 0 \end{pmatrix} + t \cdot \begin{pmatrix} 1 \\ 2 \\ 0 \end{pmatrix} = t \cdot \begin{pmatrix} 1 \\ 2 \\ 0 \end{pmatrix}$$

$g \cap E'$:

$$\begin{pmatrix} 1 \\ 2 \\ 0 \end{pmatrix} \circ \left[ t \cdot \begin{pmatrix} 1 \\ 2 \\ 0 \end{pmatrix} \right] - 5 = 0 \quad \Leftrightarrow \quad 5t - 5 = 0 \quad \Leftrightarrow \quad t = 1$$

$$\overrightarrow{OL'} = 1 \cdot \begin{pmatrix} 1 \\ 2 \\ 0 \end{pmatrix} = \begin{pmatrix} 1 \\ 2 \\ 0 \end{pmatrix}$$

Wegen $|\overrightarrow{LM_2}| = |\overrightarrow{L'}| = \sqrt{5} < 2 \cdot \sqrt{5}$ schneidet die Ebene E' die Kugel $K_2$ in einem Schnittkreis mit Mittelpunkt $M_s = L'(1\,|\,2\,|\,0)$.

Der Schnittkreisradius ergibt sich mit dem Satz des Pythagoras:

$$r_s = \sqrt{r_2^2 - |\overrightarrow{OM_s}|^2} = \sqrt{15}$$

Der Radius beträgt $r_s = \sqrt{15}$.

e) Eine Koordinatenform von E' ist:
E': $x_1 + 2x_2 = 5$
Der Pol P ist ein Punkt auf der Geraden g durch $M_2$, die orthogonal zu E' ist.

$$g:\ \vec{x} = s \cdot \begin{pmatrix} 1 \\ 2 \\ 0 \end{pmatrix}$$

Für alle Punkte X auf einer Polarebene an die Kugel $K_2$ mit Mittelpunkt $M_2$ und Radius $r_2$ zum Pol P gilt:
$(\vec{x} - \vec{m}_2) \circ (\vec{p} - \vec{m}_2) = r_2^2$

Mit $\vec{m}_2 = \begin{pmatrix} 0 \\ 0 \\ 0 \end{pmatrix}$ gilt:

$$\left( \vec{x} - \begin{pmatrix} 0 \\ 0 \\ 0 \end{pmatrix} \right) \circ \left( \begin{pmatrix} s \\ 2s \\ 0 \end{pmatrix} - \begin{pmatrix} 0 \\ 0 \\ 0 \end{pmatrix} \right) = (2\sqrt{5})^2 = 20$$

Daraus folgt:

$$\begin{pmatrix} x_1 \\ x_2 \\ x_3 \end{pmatrix} \circ \begin{pmatrix} s \\ 2s \\ 0 \end{pmatrix} = 20 \quad \Leftrightarrow \quad sx_1 + 2sx_2 = 20$$

Mit $s = 4$ ergibt sich eine Koordinatenform von E'.
Somit ist:

$$\overrightarrow{OP} = 4 \cdot \begin{pmatrix} 1 \\ 2 \\ 0 \end{pmatrix} = \begin{pmatrix} 4 \\ 8 \\ 0 \end{pmatrix} \quad \Rightarrow \quad P(4|8|0)$$

**Alternativ:**

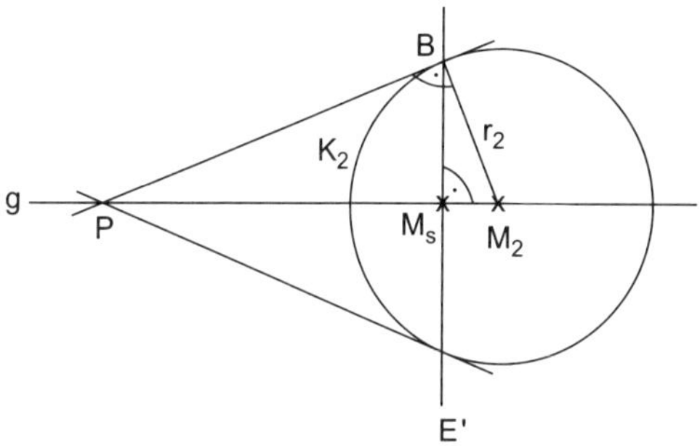


Man bestimmt die Entfernung von $M_2$ und P über den Kathetensatz (im rechtwinkligen Dreieck $PM_2B$).

$$|\overrightarrow{M_2P}| \cdot |\overrightarrow{M_2M_s}| = r_2^2$$

$$|\overrightarrow{M_2P}| \cdot \sqrt{5} = (2 \cdot \sqrt{5})^2$$

$$|\overrightarrow{M_2P}| = \frac{4 \cdot \sqrt{5}^2}{\sqrt{5}} = 4 \cdot \sqrt{5}$$

Dann folgt für den Punkt P:

$$OP = OM_2 + |\overrightarrow{M_2P}| \cdot \frac{\overrightarrow{M_2M_S}}{|\overrightarrow{M_2M_S}|} = \begin{pmatrix} 0 \\ 0 \\ 0 \end{pmatrix} + 4 \cdot \sqrt{5} \cdot \frac{\begin{pmatrix} 1 \\ 2 \\ 0 \end{pmatrix}}{\left|\begin{pmatrix} 1 \\ 2 \\ 0 \end{pmatrix}\right|} = 4 \cdot \sqrt{5} \cdot \frac{1}{\sqrt{5}} \cdot \begin{pmatrix} 1 \\ 2 \\ 0 \end{pmatrix} = \begin{pmatrix} 4 \\ 8 \\ 0 \end{pmatrix}$$

Die Koordinaten des Pols P lauten also P(4|8|0).

**Schleswig-Holstein – Mathematik Leistungskurs**
**2010 – Aufgabe 4: Analytische Geometrie**

Ein Hüpfball (siehe Bild) besteht – vereinfacht gesehen – aus zwei Bällen und einem kreisförmigen Hüpfbrett, in das die Bälle eingelassen sind.
Das mathematische Modell besteht idealisiert aus einer oberen Kugel K, einer Ebene E, in der das Hüpfbrett liegt, und einer unteren Kugel $K^*$. Zunächst wird vereinfachend angenommen, dass $K^*$ durch Spiegelung der Kugel K an der Ebene E entsteht.

In einem kartesischen Koordinatensystem hat die obere Kugel K die Gleichung

$$K:\ x_1^2 + x_2^2 + x_3^2 - 20x_1 - 20x_2 - 48x_3 + 632 = 0$$

und die Hüpfbrettebene E die Gleichung

$$E:\ \vec{x} = \begin{pmatrix} 2 \\ 4 \\ 20 \end{pmatrix} + a \cdot \begin{pmatrix} 0 \\ 1 \\ -1 \end{pmatrix} + b \cdot \begin{pmatrix} 4 \\ 1 \\ -5 \end{pmatrix};\quad a, b \in \mathbb{R}.$$

Wie in der Zeichnung dargestellt liegt der Hüpfball schräg auf dem Fußboden ($x_1x_2$-Ebene).
Das Ventil, über das der obere Ball des Hüpfballs aufgepumpt werden kann, liegt im oberen Schnittpunkt der Achse durch die Ballmittelpunkte (Symmetrieachse) mit der Kugel K.

a) Bestimmen Sie den Mittelpunkt M und den Radius R der Kugel K, die Koordinaten des Ventilpunktes V sowie den Winkel $\varphi$, den die oben genannte Symmetrieachse des Hüpfballs mit der $x_1x_2$-Ebene einschließt.
[Zur Kontrolle: Kugelmittelpunkt $M(10|10|24)$] 9 P

b) Zeigen Sie, dass die Ebene E die Kugel K schneidet, und bestimmen Sie den Mittelpunkt $M_{kr}$ und den Flächeninhalt des Schnittkreises kr (Aussparung im Hüpfbrett) sowie die Koordinaten des Mittelpunktes $M^*$ der Kugel $K^*$.
[Zur Kontrolle: $r_{kr} = 6$ und $M^*(-2|-2|12)$] 11 P

c) Berechnen Sie die Koordinaten der beiden Punkte, in denen der Hüpfball den Boden berührt. 5 P

d) Die Hülle der beiden Bälle ist sehr elastisch. Der obere Ball wird weiter aufgepumpt. Die Aussparung im Hüpfbrett ändert sich dadurch nicht.
Der untere Ball behält seine Größe.
Bestimmen Sie die Gleichungen der Schar $K_t$ aller Kugeln, die E im Schnittkreis kr schneiden. 5 P

## Hinweise und Tipps

### Teilaufgabe a

- Formen Sie die in Koordinatenform gegebene Kugelgleichung in die Vektorgleichung um, damit Sie darin den Mittelpunkt und Radius direkt ablesen können.
- Bedenken Sie, dass das Ventil als Schnittpunkt einer geeignet gewählten Geraden mit der Kugel zu ermitteln ist.
- Wählen Sie die Verbindungsgerade der Mittelpunkte der beiden Kugeln oder – was dasselbe ist – eine zu der Ebene senkrecht verlaufende Gerade durch den Mittelpunkt der „oberen" Kugel.
- Einen Richtungsvektor der Geraden erhalten Sie durch einen Normalenvektor zur Ebene.
- Den betreffenden Schnittpunktparameter erhalten Sie, indem Sie den Geradenterm in die oben ermittelte Vektorgleichung einsetzen.
- Sie erhalten zwei mögliche Lösungen, wobei eine durch Lagebetrachtungen ausgeschlossen werden kann.
- Bestimmen Sie den gesuchten Schnittwinkel zwischen der (Symmetrie-)Geraden g und der $x_1x_2$-Ebene, indem Sie die bekannte Formel $\sin\alpha = \frac{|\vec{u} \circ \vec{n}|}{|\vec{u}| \cdot |\vec{n}|}$ benutzen, wobei $\vec{u}$ ein Richtungsvektor der Geraden und $\vec{n}$ ein Normalenvektor der Ebene ist.

### Teilaufgabe b

- Wie groß darf der Abstand vom Mittelpunkt der Kugel zur Ebene höchstens sein, damit sich die Ebene und die Kugel schneiden?
- Zur Ermittlung des Abstandes Mittelpunkt – Ebene bietet sich die Hesse'sche Normalenform an.
- Die Hesse'sche Normalenform (gegeben durch einen Normalenvektor und einen Punkt) lautet $\vec{n}_0 \circ (\vec{x} - \vec{p}) = 0$.
- Für den Abstand eines Punktes R zur Ebene gilt $d = |(\vec{r} - \vec{p}) \circ \vec{n}_0|$.
- Der Mittelpunkt des Schnittkreises ergibt sich als Schnittpunkt der Symmetrieachse mit der Ebene.
- Machen Sie sich für die Berechnung des Flächeninhalts eine Skizze.
- Der Satz des Pythagoras ermöglicht Ihnen die Berechnung des Schnittkreisradius.
- Zur Ermittlung von M* nutzen Sie die Tatsache, dass M* durch Spiegelung von M an der Ebene hervorgeht. Was bedeutet dies für die Länge des Vektors $\overrightarrow{MM_{kr}}$?
- Es gilt: $\overrightarrow{OM^*} = \overrightarrow{OM} + 2 \cdot \overrightarrow{MM_{kr}}$

**Teilaufgabe c**

- Skizzieren Sie die Situation durch einen senkrechten Schnitt zur $x_1x_2$-Ebene durch die Mittelpunkte der Kugeln.
- Der Berührpunkt des „unteren" Balles mit dem Boden liegt senkrecht unter dem Mittelpunkt M*. Was heißt dies für die $x_3$-Koordinate?
- Berechnen Sie den zweiten Berührpunkt, indem Sie den Schnittpunkt der Projektion der Geraden g in die $x_1x_2$-Ebene mit E berechnen.

**Teilaufgabe d**

- Benutzen Sie wieder Ihre Skizze aus Teilaufgabe c.
- Alle Mittelpunkte $M_t$ der Kugelschar $K_t$ liegen auf der Geraden g.
- Was gilt dann für die Ortsvektoren der Mittelpunkte?
- Wenden Sie den Satz von Pythagoras auf die allgemeine Parametersituation an.

## Lösung

a) Die Bestimmungsgrößen einer Kugel (Mittelpunkt und Radius) erhält man, indem die Koordinatengleichung in die Vektorgleichung umgeformt wird. In der Vektorgleichung können die Bestimmungsgrößen dann leicht abgelesen werden.

Nach Aufgabenstellung gilt:

$K:\ x_1^2 + x_2^2 + x_3^2 - 20x_1 - 20x_2 - 48x_3 + 632 = 0$

Damit gelten folgende Umformungen:

$$\begin{aligned}
&x_1^2 - 20x_1 + x_2^2 - 20x_2 + x_3^2 - 48x_3 + 632\\
&= x_1^2 - 20x_1 + 100 - 100 + x_2^2 - 20x_2 + 100 - 100 + x_3^2 - 48x_3 + 576 - 576 + 632\\
&= (x_1 - 10)^2 - 100 + (x_2 - 10)^2 - 100 + (x_3 - 24)^2 - 576 + 632\\
&= (x_1 - 10)^2 + (x_2 - 10)^2 + (x_3 - 24)^2 - 144
\end{aligned}$$

Damit erhält man folgende Gleichung:

$K:\ (x_1 - 10)^2 + (x_2 - 10)^2 + (x_3 - 24)^2 - 144 = 0$

Diese wird nun folgendermaßen geschrieben:

$$K:\ \left[\vec{x} - \begin{pmatrix} 10 \\ 10 \\ 24 \end{pmatrix}\right]^2 = 144$$

Nun folgt für den Mittelpunkt der Kugel $M(10\,|\,10\,|\,24)$. Für den Radius gilt:

$R^2 = 144 \quad \Leftrightarrow \quad |R| = \sqrt{144} = 12 \quad \Rightarrow \quad R = 12$

Für die Berechnung der Koordinaten des Ventilpunktes der oberen Kugel geht man folgendermaßen vor: Man sucht eine Gerade, die durch die Mittelpunkte der Kugeln geht und die senkrecht zur Ebene E ist. Dann berechnet man die Schnittpunkte dieser Geraden mit der oberen Kugel. Die Begründung dieses Vorgehens liegt in der geforderten Eigenschaft, dass die Kugeln durch Spiegelung an der Ebene E hervorgehen, d. h., dass diese Gerade senkrecht zur Ebene E ist.

Um die gesuchte Gerade zu ermitteln, benötigt man z. B. einen Richtungsvektor und einen Punkt auf der Geraden. Hierfür bieten sich ein Normalenvektor der Ebene E und der oben bestimmte Mittelpunkt der Kugel an.

Einen Normalenvektor der Ebene E erhält man durch das Kreuzprodukt der Richtungsvektoren der Ebene E.

Es gilt:

$$\vec{n}_1 = \begin{pmatrix} 0 \\ 1 \\ -1 \end{pmatrix} \times \begin{pmatrix} 4 \\ 1 \\ -5 \end{pmatrix} = \begin{pmatrix} -4 \\ -4 \\ -4 \end{pmatrix}$$

Der erhaltene Normalenvektor kann vereinfacht werden:

$$\vec{n} = \begin{pmatrix} 1 \\ 1 \\ 1 \end{pmatrix}$$

Damit gilt zusammen mit dem Mittelpunkt $\begin{pmatrix}10\\10\\24\end{pmatrix}$ für die gesuchte Gerade:

$$g:\ \vec{x} = \begin{pmatrix}10\\10\\24\end{pmatrix} + t\begin{pmatrix}1\\1\\1\end{pmatrix},\ \text{mit } t \in \mathbb{R}$$

Um die Schnittpunkte (Ventilkoordinaten) der Geraden g mit der Kugel K zu bestimmen, wird g in die Vektorgleichung von K eingesetzt:

$$\left[\begin{pmatrix}10\\10\\24\end{pmatrix} + t\cdot\begin{pmatrix}1\\1\\1\end{pmatrix} - \begin{pmatrix}10\\10\\24\end{pmatrix}\right]^2 = 144$$

Nach Vereinfachung ergibt sich:

$$3t^2 = 144 \quad \Leftrightarrow \quad |t| = \sqrt{\frac{144}{3}} = \frac{12}{3}\sqrt{3}$$

$$\Leftrightarrow \quad t = 4\cdot\sqrt{3} \approx 6{,}93 \text{ oder } t = -4\cdot\sqrt{3}$$

Es ergeben sich die zwei möglichen Parameter, die zu den beiden Schnittpunkten der Geraden mit der Kugel führen, wobei die negative Parameterlösung nicht zu einem Punkt auf dem oberen Teil der Symmetrieachse führt.
Wenn man den positiven Parameterwert in die Geradengleichung einsetzt, erhält man für den Ventilpunkt V:

$$\overrightarrow{OV} = \begin{pmatrix}10\\10\\24\end{pmatrix} + 4\cdot\sqrt{3}\begin{pmatrix}1\\1\\1\end{pmatrix}$$

Gerundet ergibt sich $V(16{,}93\,|\,16{,}93\,|\,30{,}93)$.

Zur Bestimmung des gesuchten Winkels zwischen der Geraden g und der $x_1x_2$-Ebene wird die bekannte Formel $\sin\alpha = \frac{|\vec{u}\circ\vec{n}|}{|\vec{u}|\cdot|\vec{n}|}$ benutzt, wobei $\vec{u}$ ein Richtungsvektor der Geraden und $\vec{n}$ ein Normalenvektor der Ebene ist.

In diesem Fall ist $\begin{pmatrix}0\\0\\1\end{pmatrix}$ ein Normalenvektor der $x_1x_2$-Ebene und $\begin{pmatrix}1\\1\\1\end{pmatrix}$ ein Richtungsvektor der Symmetriegeraden.
Dann ergibt sich für den Winkel:

$$\sin\varphi = \frac{\left|\begin{pmatrix}0\\0\\1\end{pmatrix}\circ\begin{pmatrix}1\\1\\1\end{pmatrix}\right|}{\left|\begin{pmatrix}0\\0\\1\end{pmatrix}\right|\cdot\left|\begin{pmatrix}1\\1\\1\end{pmatrix}\right|} = \frac{1}{3}\sqrt{3} \quad \Rightarrow \quad \varphi \approx 35{,}26°$$

b) Um zu zeigen, dass sich die obere Kugel K und die Ebene E schneiden, kann man den Abstand des Mittelpunktes der Kugel zur Ebene berechnen. Ist dieser Abstand kleiner als der Kugelradius, schneiden sich die beiden Objekte.

Zur Abstandsbestimmung bietet sich die Hesse'sche Normalenform der Ebene E an. Sie lautet allgemein mit Einheitsnormalenvektor und einem Punkt P der Ebene:

$$\vec{n}_0 \circ (\vec{x} - \vec{p}) = 0, \; \vec{n}_0 = \frac{\vec{n}}{|\vec{n}|}$$

Mit $\vec{n}$ aus Teilaufgabe a und dem Punkt P(2 | 4 | 20) aus E gilt:

$$\frac{1}{\sqrt{3}} \cdot \begin{pmatrix} 1 \\ 1 \\ 1 \end{pmatrix} \circ \left[ \vec{x} - \begin{pmatrix} 2 \\ 4 \\ 20 \end{pmatrix} \right] = 0$$

Der Abstand eines Punktes X von einer Ebene E wird durch $d = |(\vec{x} - \vec{p}) \circ \vec{n}_0|$ errechnet.

Mit oben folgt damit für den gesuchten Abstand zum Mittelpunkt M:

$$d = \left| \frac{1}{\sqrt{3}} \begin{pmatrix} 1 \\ 1 \\ 1 \end{pmatrix} \circ \left[ \begin{pmatrix} 10 \\ 10 \\ 24 \end{pmatrix} - \begin{pmatrix} 2 \\ 4 \\ 20 \end{pmatrix} \right] \right| = \frac{1}{\sqrt{3}} \left| \begin{pmatrix} 1 \\ 1 \\ 1 \end{pmatrix} \circ \begin{pmatrix} 8 \\ 6 \\ 4 \end{pmatrix} \right| = \frac{1}{\sqrt{3}} \cdot 18 = 6\sqrt{3} \approx 10{,}39$$

Da $10{,}39 < 12 = R$ ist, schneidet die Ebene E die Kugel K.

Um den Mittelpunkt $M_{kr}$ des Schnittkreises der Kugel mit der Ebene zu bestimmen, wird der Schnittpunkt mit der Geraden g und der Ebene E berechnet.
Für die Ebene E gilt nach Aufgabenstellung:

$$E: \; \vec{x} = \begin{pmatrix} 2 \\ 4 \\ 20 \end{pmatrix} + a \cdot \begin{pmatrix} 0 \\ 1 \\ -1 \end{pmatrix} + b \cdot \begin{pmatrix} 4 \\ 1 \\ -5 \end{pmatrix}; \; a, b \in \mathbb{R}$$

Die Gleichung für E in Koordinatenform erhält man durch Elimination der Variablen a und b:

$$\begin{pmatrix} x_1 \\ x_2 \\ x_3 \end{pmatrix} = \begin{pmatrix} 2 \\ 4 \\ 20 \end{pmatrix} + a \begin{pmatrix} 0 \\ 1 \\ -1 \end{pmatrix} + b \begin{pmatrix} 4 \\ 1 \\ -5 \end{pmatrix}$$

Es gilt:

I $\quad x_1 = 2 + 4b$

II $\quad x_2 = 4 + a + b$

III $\quad x_3 = 20 - a - 5b$

Durch Addition von Gleichung II mit III erhält man:

$x_2 + x_3 = 24 - 4b$

Durch Addition mit Gleichung I folgt:

E: $x_1 + x_2 + x_3 = 26$

Nun werden die Koordinaten $x_1$, $x_2$ und $x_3$ von g in E eingesetzt und man erhält:
$(10 + t) + (10 + t) + (24 + t) = 26 \quad \Leftrightarrow \quad t = -6$

Wenn man nun dieses t in g einsetzt, erhält man den Mittelpunkt des Schnittkreises, nämlich $M_{kr}(4 | 4 | 18)$.

Für die Berechnung des Schnittkreisradius kann nebenstehende Skizze dienen:

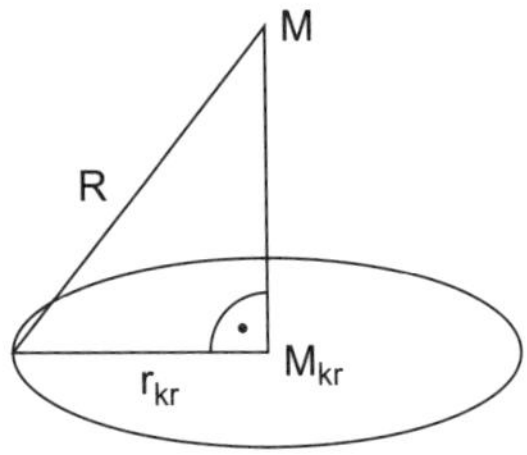


Da ein rechtwinkliges Dreieck vorliegt, gilt nach dem Satz des Pythagoras:

$$|\overrightarrow{MM_{kr}}|^2 + r_{kr}^2 = R^2$$

$$r_{kr}^2 = R^2 - |\overrightarrow{MM_{kr}}|^2 = R^2 - \left|\begin{pmatrix}-6\\-6\\-6\end{pmatrix}\right|^2$$

$$= 144 - 36 \cdot 3 = 36$$

Damit gilt:

$$A = \pi \cdot r_{kr}^2 \approx 113{,}10$$

Der Inhalt der Kreisfläche beträgt somit ca. 113,10 FE.

Um M* zu erhalten, spiegelt man den Mittelpunkt $M(10\,|\,10\,|\,24)$ an der Ebene E. Man erhält M*, indem man das Doppelte des Vektors $\overrightarrow{MM_{kr}}$ zum Vektor $\overrightarrow{OM}$ addiert.

Es gilt:

$$\overrightarrow{OM^*} = \overrightarrow{OM} + 2 \cdot \overrightarrow{MM_{kr}} = \begin{pmatrix}10\\10\\24\end{pmatrix} + 2 \cdot \begin{pmatrix}-6\\-6\\-6\end{pmatrix} = \begin{pmatrix}-2\\-2\\12\end{pmatrix}$$

Also ist $M^*(-2\,|\,-2\,|\,12)$.

c) Folgende Skizze veranschaulicht grob die Situation:

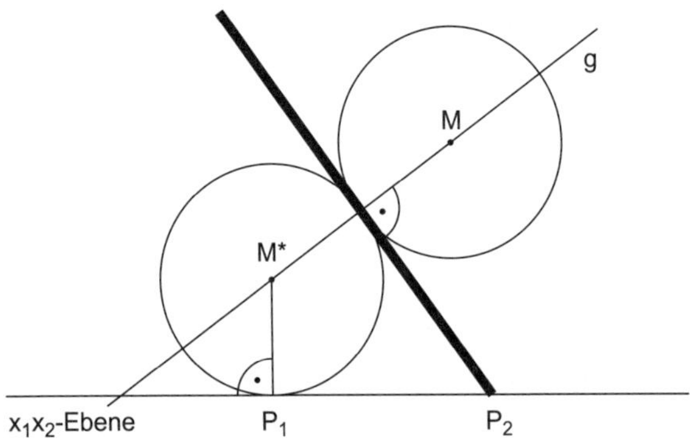


Den ersten Auflagepunkt $P_1$ erhält man dadurch, dass die senkrechte Projektion des Punktes M* auf die $x_1x_2$-Ebene vorgenommen wird. Dadurch ist sein $x_3$-Wert 0, also hat er die Koordinaten $P_1(-2\,|\,-2\,|\,0)$.

Den zweiten Auflagepunkt $P_2$ des Hüpfbrettes in der $x_1x_2$-Ebene erhält man, indem die senkrechte Projektion von der Geraden g aus zur $x_1x_2$-Ebene bestimmt und dann der Schnittpunkt mit der Ebene E berechnet wird.

Es ergibt sich also für die Gerade g*:

$$g^*:\ \vec{x} = \begin{pmatrix} 10 \\ 10 \\ 0 \end{pmatrix} + t\begin{pmatrix} 1 \\ 1 \\ 0 \end{pmatrix}$$

Nun ergibt sich für den Schnittpunkt $P_2$ (Einsetzen von g* in E):

$(10+t)+(10+t)+0=26 \quad \Leftrightarrow \quad t=3$

Dies ergibt, eingesetzt in g*, $P_2(13\,|\,13\,|\,0)$.

d) Alle Mittelpunkte $M_t$ der Kugelschar $K_t$ liegen auf der Geraden g. Für die Ortsvektoren dieser Mittelpunkte gilt also:

$$\vec{m}_t = \begin{pmatrix} 10+t \\ 10+t \\ 24+t \end{pmatrix},\ t \in \mathbb{R}$$

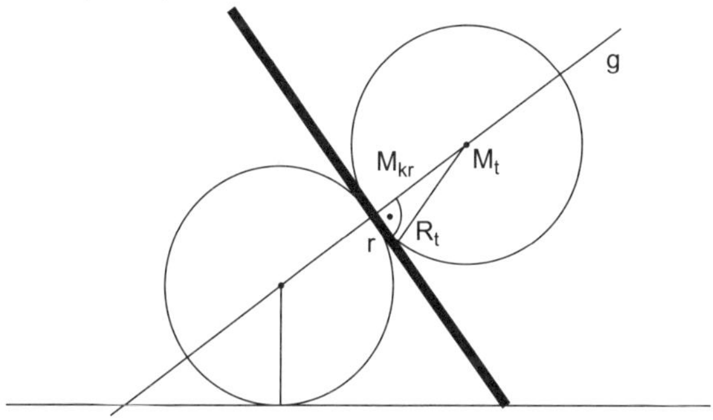


Somit gilt für die Radien $R_t$ nach dem Satz von Pythagoras:

$R_t^2 = |\overrightarrow{M_{kr}M_t}|^2 + 36$

Es gilt:

$$\overrightarrow{M_{kr}M_t} = \begin{pmatrix} 10+t-4 \\ 10+t-4 \\ 24+t-18 \end{pmatrix} = \begin{pmatrix} 6+t \\ 6+t \\ 6+t \end{pmatrix}$$

Damit folgt:

$$R_t^2 = (6+t)^2 + (6+t)^2 + (6+t)^2 + 36 = 3\cdot 6^2 + 3\cdot 2\cdot 6t + 3\cdot t^2 + 36$$
$$= 36t + 3t^2 + 144$$

Damit ergeben sich die Gleichungen der Schar $K_t$ aller Kugeln, die E im Schnittkreis kr schneiden, durch:

$$K_t:\ \left[\vec{x} - \begin{pmatrix} 10+t \\ 10+t \\ 24+t \end{pmatrix}\right]^2 = 3t^2 + 36t + 144$$

## Schleswig-Holstein – Mathematik Leistungskurs
## 2010 – Aufgabe 5: Stochastik

**Vorbemerkung:** Führen Sie stets geeignete Zufallsvariablen und Namen für Ereignisse ein. Machen Sie auch Angaben über die Verteilung der jeweiligen Zufallsvariablen.

Beim diesjährigen internationalen Radrennen „Rund um den Flintstone" nehmen 10 Profimannschaften mit je 6 Fahrern teil. Es ist auch ein deutsches Team – das Team Geröllheimer – gemeldet. Die Nationalität der Fahrer kann in den einzelnen Mannschaften beliebig sein. Insgesamt werden 12 deutsche Fahrer mitfahren.
Um Fahrer, die verbotene Substanzen einnehmen, zu überführen und damit „eine saubere Flintstone-Tour" zu gewährleisten, muss jeder Fahrer eine Urinprobe abliefern. Die Urinmenge wird auf eine A-Flasche und eine B-Flasche aufgeteilt.
Es wird zunächst die A-Probe untersucht. Die Untersuchungsmethode zeigt mit einer Wahrscheinlichkeit von 95 % verbotene Substanzen bei einem Sportler, der sich gedopt hat, an. Hat sich ein Sportler korrekt verhalten, zeigt sie dies mit einer Wahrscheinlichkeit von 90 % an.
Die B-Probe wird nur untersucht, wenn die A-Probe positiv war, d. h., wenn der Test verbotene Substanzen angezeigt hat. Die hierbei verwendete Untersuchungsmethode soll die gleichen Fehlerwahrscheinlichkeiten wie die Methode bei der A-Probe aufweisen. Es kann jedoch davon ausgegangen werden, dass beide Verfahren unabhängig voneinander sind.
Der Sportler gilt als des Dopings überführt, wenn die A- und die B-Probe positive Ergebnisse anzeigen.

a) Es werde angenommen, dass 10 % der Fahrer unerlaubte Mittel vor der Tour eingenommen haben. Aus dem Fahrerfeld soll ein Fahrer zufällig ausgewählt werden.
   - Berechnen Sie die Wahrscheinlichkeit, dass über diesen Fahrer mit oben beschriebenen Verfahren ein falsches Urteil gefällt wird.
   - Es wird nun angenommen, dass der Test bei der A-Probe und bei der B-Probe positiv ausgefallen ist. Bestimmen Sie die Wahrscheinlichkeit, dass dieser Fahrer trotz dieses Ergebnisses keine Dopingmittel eingenommen hat. 8 P

b) Die Rennleitung denkt über einen Schnelltest nach. Die Urinprobe soll auf 3 Flaschen A, B und C aufgeteilt werden. Dann sollen die C-Proben von 10 Sportlern zusammengeschüttet und die Urinmischung untersucht werden. Ist das Ergebnis positiv, dann soll jeder der 10 Sportler nach dem klassischen Verfahren mit A- und B-Probe getestet werden.
Bei dem beschriebenen klassischen Verfahren ist die Anzahl der zu untersuchenden A-Proben gleich der Anzahl der Fahrer. Es sei p die Wahrscheinlichkeit, dass ein Fahrer gedopt ist.
Untersuchen Sie, für welche Werte von p der Schnelltest weniger Analysen der A-Proben als beim klassischen Verfahren erwarten lässt. 8 P

c) Der berüchtigte Dopingarzt Dr. Feuerstein hat ein Mittel entwickelt, das bei geringer Dosierung mit herkömmlichen Mitteln nicht nachgewiesen werden kann. Keiner der 60 Fahrer kann der Versuchung widerstehen. Alle bestellen bei Dr. Feuerstein das Mittel. Der Arzt verschickt 60 Ampullen, von denen 6 aber eine zu hohe Konzentration des Dopingmittels enthalten.

- Bestimmen Sie die Wahrscheinlichkeit, dass mindestens ein deutscher Fahrer eine zu hoch dosierte Ampulle erhalten wird.
- Berechnen Sie ferner die Wahrscheinlichkeit, dass höchstens ein Fahrer des Teams Geröllheimer fehlerhaft dosierte Ampullen zugeschickt bekommen wird.

Die bisherigen Aufgaben gingen davon aus, dass 6 Ampullen fehlerhaft dosiert worden sind.

- Bestimmen Sie die größtmögliche Anzahl von fehlerhaften Ampullen in einer solchen Lieferung von 60 Ampullen, bei der die Wahrscheinlichkeit, dass kein deutscher Fahrer eine solche zugeschickt bekommt, noch über 50 % liegt. 10 P

d) Erstaunlicherweise ist ein Test mit nachgeschalteter B-Probe für einen gedopten Sportler vorteilhafter als ein Test, der ausschließlich eine A-Probe vorsieht. Dennoch ist die B-Probe für ein möglichst einwandfreies Urteil enorm wichtig.
Erklären Sie den erstgenannten Sachverhalt und diskutieren Sie die zweite Aussage. 4 P

## Gauß'sche Summenfunktion Φ

| z | Φ(−z) | Φ(z) |
|---|---|---|
| | 0, | 0, |
| 0,01 | 4960 | 5040 |
| 0,02 | 4920 | 5080 |
| 0,03 | 4880 | 5120 |
| 0,04 | 4840 | 5160 |
| 0,05 | 4801 | 5199 |
| 0,06 | 4761 | 5239 |
| 0,07 | 4721 | 5279 |
| 0,08 | 4681 | 5319 |
| 0,09 | 4641 | 5359 |
| 0,10 | 4602 | 5398 |
| 0,11 | 4562 | 5438 |
| 0,12 | 4522 | 5478 |
| 0,13 | 4483 | 5517 |
| 0,14 | 4443 | 5557 |
| 0,15 | 4404 | 5596 |
| 0,16 | 4364 | 5636 |
| 0,17 | 4325 | 5675 |
| 0,18 | 4286 | 5714 |
| 0,19 | 4247 | 5753 |
| 0,20 | 4207 | 5793 |
| 0,21 | 4168 | 5832 |
| 0,22 | 4129 | 5871 |
| 0,23 | 4090 | 5910 |
| 0,24 | 4052 | 5948 |
| 0,25 | 4013 | 5987 |
| 0,26 | 3974 | 6026 |
| 0,27 | 3936 | 6064 |
| 0,28 | 3897 | 6103 |
| 0,29 | 3859 | 6141 |
| 0,30 | 3821 | 6179 |
| 0,31 | 3783 | 6217 |
| 0,32 | 3745 | 6255 |
| 0,33 | 3707 | 6293 |
| 0,34 | 3669 | 6331 |
| 0,35 | 3632 | 6368 |
| 0,36 | 3594 | 6406 |
| 0,37 | 3557 | 6443 |
| 0,38 | 3520 | 6480 |
| 0,39 | 3483 | 6517 |
| 0,40 | 3446 | 6554 |

| z | Φ(−z) | Φ(z) |
|---|---|---|
| | 0, | 0, |
| 0,41 | 3409 | 6591 |
| 0,42 | 3372 | 6628 |
| 0,43 | 3336 | 6664 |
| 0,44 | 3300 | 6700 |
| 0,45 | 3264 | 6736 |
| 0,46 | 3228 | 6772 |
| 0,47 | 3192 | 6808 |
| 0,48 | 3156 | 6844 |
| 0,49 | 3121 | 6879 |
| **0,50** | 3085 | 6915 |
| 0,51 | 3050 | 6950 |
| 0,52 | 3015 | 6985 |
| 0,53 | 2981 | 7019 |
| 0,54 | 2946 | 7054 |
| 0,55 | 2912 | 7088 |
| 0,56 | 2877 | 7123 |
| 0,57 | 2843 | 7157 |
| 0,58 | 2810 | 7190 |
| 0,59 | 2776 | 7224 |
| 0,60 | 2743 | 7257 |
| 0,61 | 2709 | 7291 |
| 0,62 | 2676 | 7324 |
| 0,63 | 2643 | 7357 |
| 0,64 | 2611 | 7389 |
| 0,65 | 2578 | 7422 |
| 0,66 | 2546 | 7454 |
| 0,67 | 2514 | 7486 |
| 0,68 | 2483 | 7517 |
| 0,69 | 2451 | 7549 |
| 0,70 | 2420 | 7580 |
| 0,71 | 2389 | 7611 |
| 0,72 | 2358 | 7642 |
| 0,73 | 2327 | 7673 |
| 0,74 | 2296 | 7704 |
| 0,75 | 2266 | 7734 |
| 0,76 | 2236 | 7764 |
| 0,77 | 2206 | 7794 |
| 0,78 | 2177 | 7823 |
| 0,79 | 2148 | 7852 |
| 0,80 | 2119 | 7881 |

| z | Φ(−z) | Φ(z) |
|---|---|---|
| | 0, | 0, |
| 0,81 | 2090 | 7910 |
| 0,82 | 2061 | 7939 |
| 0,83 | 2033 | 7967 |
| 0,84 | 2005 | 7995 |
| 0,85 | 1977 | 8023 |
| 0,86 | 1949 | 8051 |
| 0,87 | 1922 | 8078 |
| 0,88 | 1894 | 8106 |
| 0,89 | 1867 | 8133 |
| 0,90 | 1841 | 8159 |
| 0,91 | 1814 | 8186 |
| 0,92 | 1788 | 8212 |
| 0,93 | 1762 | 8238 |
| 0,94 | 1736 | 8264 |
| 0,95 | 1711 | 8289 |
| 0,96 | 1685 | 8315 |
| 0,97 | 1660 | 8340 |
| 0,98 | 1635 | 8365 |
| 0,99 | 1611 | 8389 |
| **1,00** | 1587 | 8413 |
| 1,01 | 1562 | 8438 |
| 1,02 | 1539 | 8461 |
| 1,03 | 1515 | 8485 |
| 1,04 | 1492 | 8508 |
| 1,05 | 1469 | 8531 |
| 1,06 | 1446 | 8554 |
| 1,07 | 1423 | 8577 |
| 1,08 | 1401 | 8599 |
| 1,09 | 1379 | 8621 |
| 1,10 | 1357 | 8643 |
| 1,11 | 1335 | 8665 |
| 1,12 | 1314 | 8686 |
| 1,13 | 1292 | 8708 |
| 1,14 | 1271 | 8729 |
| 1,15 | 1251 | 8749 |
| 1,16 | 1230 | 8770 |
| 1,17 | 1210 | 8790 |
| 1,18 | 1190 | 8810 |
| 1,19 | 1170 | 8830 |
| 1,20 | 1151 | 8849 |

| z | Φ(−z) | Φ(z) |
|---|---|---|
| | 0, | 0, |
| 1,21 | 1131 | 8869 |
| 1,22 | 1112 | 8888 |
| 1,23 | 1093 | 8907 |
| 1,24 | 1075 | 8925 |
| 1,25 | 1056 | 8944 |
| 1,26 | 1038 | 8962 |
| 1,27 | 1020 | 8980 |
| 1,28 | 1003 | 8997 |
| 1,29 | 0985 | 9015 |
| 1,30 | 0968 | 9032 |
| 1,31 | 0951 | 9049 |
| 1,32 | 0934 | 9066 |
| 1,33 | 0918 | 9082 |
| 1,34 | 0901 | 9099 |
| 1,35 | 0885 | 9115 |
| 1,36 | 0869 | 9131 |
| 1,37 | 0853 | 9147 |
| 1,38 | 0838 | 9162 |
| 1,39 | 0823 | 9177 |
| 1,40 | 0808 | 9192 |
| 1,41 | 0793 | 9207 |
| 1,42 | 0778 | 9222 |
| 1,43 | 0764 | 9236 |
| 1,44 | 0749 | 9251 |
| 1,45 | 0735 | 9265 |
| 1,46 | 0721 | 9279 |
| 1,47 | 0708 | 9292 |
| 1,48 | 0694 | 9306 |
| 1,49 | 0681 | 9319 |
| **1,50** | 0668 | 9332 |
| 1,51 | 0655 | 9345 |
| 1,52 | 0643 | 9357 |
| 1,53 | 0630 | 9370 |
| 1,54 | 0618 | 9382 |
| 1,55 | 0606 | 9394 |
| 1,56 | 0594 | 9406 |
| 1,57 | 0582 | 9418 |
| 1,58 | 0571 | 9429 |
| 1,59 | 0559 | 9441 |
| 1,60 | 0548 | 9452 |

| z | Φ(−z) | Φ(z) |
|---|---|---|
| | 0, | 0, |
| 1,61 | 0537 | 9463 |
| 1,62 | 0526 | 9474 |
| 1,63 | 0516 | 9484 |
| 1,64 | 0505 | 9495 |
| 1,65 | 0495 | 9505 |
| 1,66 | 0485 | 9515 |
| 1,67 | 0475 | 9525 |
| 1,68 | 0465 | 9535 |
| 1,69 | 0455 | 9545 |
| 1,70 | 0446 | 9554 |
| 1,71 | 0436 | 9564 |
| 1,72 | 0427 | 9573 |
| 1,73 | 0418 | 9582 |
| 1,74 | 0409 | 9591 |
| 1,75 | 0401 | 9599 |
| 1,76 | 0392 | 9608 |
| 1,77 | 0384 | 9616 |
| 1,78 | 0375 | 9625 |
| 1,79 | 0367 | 9633 |
| 1,80 | 0359 | 9641 |
| 1,81 | 0351 | 9649 |
| 1,82 | 0344 | 9656 |
| 1,83 | 0336 | 9664 |
| 1,84 | 0329 | 9671 |
| 1,85 | 0322 | 9678 |
| 1,86 | 0314 | 9686 |
| 1,87 | 0307 | 9693 |
| 1,88 | 0301 | 9699 |
| 1,89 | 0294 | 9706 |
| 1,90 | 0287 | 9713 |
| 1,91 | 0281 | 9719 |
| 1,92 | 0274 | 9726 |
| 1,93 | 0268 | 9732 |
| 1,94 | 0262 | 9738 |
| 1,95 | 0256 | 9744 |
| 1,96 | 0250 | 9750 |
| 1,97 | 0244 | 9756 |
| 1,98 | 0239 | 9761 |
| 1,99 | 0233 | 9767 |
| **2,00** | 0228 | 9772 |

| z | Φ(−z) | Φ(z) |
|---|---|---|
| | 0, | 0, |
| 2,01 | 0222 | 9778 |
| 2,02 | 0217 | 9783 |
| 2,03 | 0212 | 9788 |
| 2,04 | 0207 | 9793 |
| 2,05 | 0202 | 9798 |
| 2,06 | 0197 | 9803 |
| 2,07 | 0192 | 9808 |
| 2,08 | 0188 | 9812 |
| 2,09 | 0183 | 9817 |
| 2,10 | 0179 | 9821 |
| 2,11 | 0174 | 9826 |
| 2,12 | 0170 | 9830 |
| 2,13 | 0166 | 9834 |
| 2,14 | 0162 | 9838 |
| 2,15 | 0158 | 9842 |
| 2,16 | 0154 | 9846 |
| 2,17 | 0150 | 9850 |
| 2,18 | 0146 | 9854 |
| 2,19 | 0143 | 9857 |
| 2,20 | 0139 | 9861 |
| 2,21 | 0136 | 9864 |
| 2,22 | 0132 | 9868 |
| 2,23 | 0129 | 9871 |
| 2,24 | 0125 | 9875 |
| 2,25 | 0122 | 9878 |
| 2,26 | 0119 | 9881 |
| 2,27 | 0116 | 9884 |
| 2,28 | 0113 | 9887 |
| 2,29 | 0110 | 9890 |
| 2,30 | 0107 | 9893 |
| 2,31 | 0104 | 9896 |
| 2,32 | 0102 | 9898 |
| 2,33 | 0099 | 9901 |
| 2,34 | 0096 | 9904 |
| 2,35 | 0094 | 9906 |
| 2,36 | 0091 | 9909 |
| 2,37 | 0089 | 9911 |
| 2,38 | 0087 | 9913 |
| 2,39 | 0084 | 9916 |
| 2,40 | 0082 | 9918 |

| z | Φ(−z) | Φ(z) |
|---|---|---|
| | 0, | 0, |
| 2,41 | 0080 | 9920 |
| 2,42 | 0078 | 9922 |
| 2,43 | 0075 | 9925 |
| 2,44 | 0073 | 9927 |
| 2,45 | 0071 | 9929 |
| 2,46 | 0069 | 9931 |
| 2,47 | 0068 | 9932 |
| 2,48 | 0066 | 9934 |
| 2,49 | 0064 | 9936 |
| **2,50** | 0062 | 9938 |
| 2,51 | 0060 | 9940 |
| 2,52 | 0059 | 9941 |
| 2,53 | 0057 | 9943 |
| 2,54 | 0055 | 9945 |
| 2,55 | 0054 | 9946 |
| 2,56 | 0052 | 9948 |
| 2,57 | 0051 | 9949 |
| 2,58 | 0049 | 9951 |
| 2,59 | 0048 | 9952 |
| 2,60 | 0047 | 9953 |
| 2,61 | 0045 | 9955 |
| 2,62 | 0044 | 9956 |
| 2,63 | 0043 | 9957 |
| 2,64 | 0041 | 9959 |
| 2,65 | 0040 | 9960 |
| 2,66 | 0039 | 9961 |
| 2,67 | 0038 | 9962 |
| 2,68 | 0037 | 9963 |
| 2,69 | 0036 | 9964 |
| 2,70 | 0035 | 9965 |
| 2,71 | 0034 | 9966 |
| 2,72 | 0033 | 9967 |
| 2,73 | 0032 | 9968 |
| 2,74 | 0031 | 9969 |
| 2,75 | 0030 | 9970 |
| 2,76 | 0029 | 9971 |
| 2,77 | 0028 | 9972 |
| 2,78 | 0027 | 9973 |
| 2,79 | 0026 | 9974 |
| 2,80 | 0026 | 9974 |

| z | Φ(−z) | Φ(z) |
|---|---|---|
| | 0, | 0, |
| 2,81 | 0025 | 9975 |
| 2,82 | 0024 | 9976 |
| 2,83 | 0023 | 9977 |
| 2,84 | 0023 | 9977 |
| 2,85 | 0022 | 9978 |
| 2,86 | 0021 | 9979 |
| 2,87 | 0021 | 9979 |
| 2,88 | 0020 | 9980 |
| 2,89 | 0019 | 9981 |
| 2,90 | 0019 | 9981 |
| 2,91 | 0018 | 9982 |
| 2,92 | 0018 | 9982 |
| 2,93 | 0017 | 9983 |
| 2,94 | 0016 | 9984 |
| 2,95 | 0016 | 9984 |
| 2,96 | 0015 | 9985 |
| 2,97 | 0015 | 9985 |
| 2,98 | 0014 | 9986 |
| 2,99 | 0014 | 9986 |
| **3,00** | 0013 | 9987 |

## Hinweise und Tipps

### Teilaufgabe a

- Überlegen Sie, in welchen Fällen das gefällte Urteil falsch ist.
- Zeichnen Sie ein Baumdiagramm mit zwei bis drei Stufen, und markieren Sie in diesem Diagramm die Pfade, die zu einem falschen Urteil führen.
- Berechnen Sie dann die gesuchte Wahrscheinlichkeit mithilfe der Pfadregeln.
- Gesucht ist die bedingte Wahrscheinlichkeit $P_{\text{A und B positiv}}(\text{Fahrer nicht gedopt})$.
- Die benötigten Wahrscheinlichkeiten können Sie aus den Pfadwahrscheinlichkeiten des oben erstellen Baumdiagramms ermitteln.

### Teilaufgabe b

- Überlegen Sie, mit welcher Wahrscheinlichkeit beim Schnelltest wie viele A-Proben analysiert werden müssen.
- Bedenken Sie, dass beim Schnelltest auf jeden Fall eine „gemeinsame" C-Probe analysiert werden muss.
- Entwickeln Sie eine Formel für den Erwartungswert der Anzahl der Analysen der A- und C-Proben in Abhängigkeit von p.
- Stellen Sie eine Ungleichung auf, die nach p aufgelöst werden muss.

### Teilaufgabe c

- Betrachten Sie die Zufallsgröße X: Anzahl der deutschen Fahrer, die eine fehlerhafte Ampulle erhalten.
- Begründen Sie, dass X hypergeometrisch verteilt ist, da man den Sachverhalt durch ein Ziehen ohne Zurücklegen modellieren kann.
- Nutzen Sie die Beziehung $P(X \geq 1) = 1 - P(X = 0)$.
- Betrachten Sie für die zweite Teilaufgabe die hypergeometrisch verteilte Zufallsgröße Y: Anzahl der Geröllheimer-Fahrer, die eine fehlerhafte Ampulle erhalten.
- Für die dritte Teilaufgabe betrachten Sie wiederum die Zufallsgröße X.
- Berechnen Sie $P(X = 0)$ in Abhängigkeit von n.
- Untersuchen Sie durch systematisches Probieren, für welche n $P(X = 0) > 0{,}5$ gilt.

### Teilaufgabe d

- Rechnen Sie nach, dass die Wahrscheinlichkeit einer Verdächtigung für einen gedopten Sportler mit der Durchführung der B-Probe sinkt.
- Überlegen Sie, mit welcher Wahrscheinlichkeit ein ungedopter Sportler zu Unrecht verdächtigt wird, wenn man nur mit der A-Probe bzw. mit A- und B-Probe arbeitet.

## Lösung

a) Es kennzeichnen D das Ereignis, dass ein Fahrer gedopt ist, $T_A$ das Ereignis, dass das Ergebnis der A-Probe positiv ist, und $T_B$, dass das Ergebnis der B-Probe positiv ist. Es gelten:

$P(D) = 0{,}1$

$P_D(T_A) = 0{,}95$

$P_{\overline{D}}(\overline{T}_A) = 0{,}9$

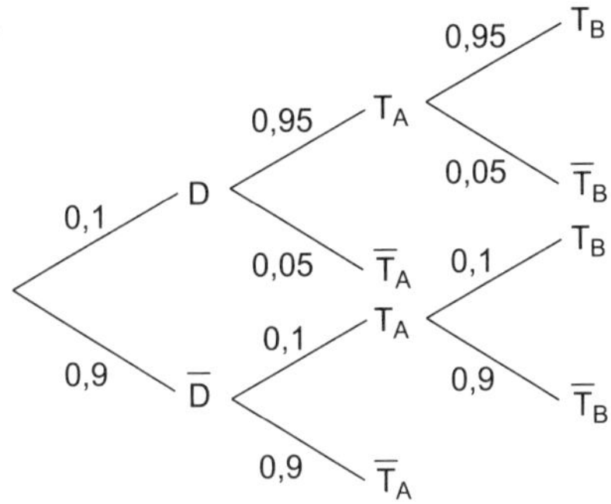


Man erhält nebenstehendes Baumdiagramm.

Also ist:

P(falsches Urteil)

$= P(D \cap \overline{T}_A) + P(D \cap T_A \cap \overline{T}_B) + P(\overline{D} \cap T_A \cap T_B)$

$= P(D) \cdot P_D(\overline{T}_A) + P(D) \cdot P_D(T_A) \cdot P_D(\overline{T}_B) + P(\overline{D}) \cdot P_{\overline{D}}(T_A) \cdot P_{\overline{D}}(T_B)$

$= 0{,}1 \cdot 0{,}05 + 0{,}1 \cdot 0{,}95 \cdot 0{,}05 + 0{,}9 \cdot 0{,}1 \cdot 0{,}1 = 0{,}01875$

Es kennzeichne T das Ereignis, dass sowohl die A-Probe als auch die B-Probe positiv ausgefallen sind.

$$P_T(\overline{D}) = \frac{P(\overline{D} \cap T)}{P(T)}$$

$$= \frac{P(\overline{D}) \cdot P_{\overline{D}}(T_A) \cdot P_{\overline{D}}(T_B)}{P(D) \cdot P_D(T_A) \cdot P_D(T_B) + P(\overline{D}) \cdot P_{\overline{D}}(T_A) \cdot P_{\overline{D}}(T_B)}$$

$$= \frac{0{,}9 \cdot 0{,}1 \cdot 0{,}1}{0{,}1 \cdot 0{,}95 \cdot 0{,}95 + 0{,}9 \cdot 0{,}1 \cdot 0{,}1}$$

$$= \frac{0{,}009}{0{,}09025 + 0{,}009} \approx 9{,}07\ \%$$

b) X beschreibe die Anzahl der benötigten Analysen der A-Proben. (X kann die Werte 0 oder 10 annehmen.)
Bei 10 Fahrern wird zunächst die C-Probenmischung analysiert und dann werden mit der Wahrscheinlichkeit $1-(1-p)^{10}$ zehn Einzelproben untersucht. Die zu erwartende Anzahl der Proben ist durch den Erwartungswert von X gegeben:

$E(X) = 0 \cdot (1-p)^{10} + 10 \cdot (1-(1-p)^{10})$

Der Erwartungswert für die Gesamtzahl der durchzuführenden Analysen ist also $E(X)+1$.

Zu untersuchen ist daher, für welche p der Wert E(X) + 1 kleiner als 10 ist.

$$10 \cdot (1-(1-p)^{10}) + 1 < 10$$

$$1-(1-p)^{10} < \frac{9}{10}$$

$$(1-p)^{10} > 0{,}1$$

$$1-p > \sqrt[10]{0{,}1}$$

$$p < 1-\sqrt[10]{0{,}1} \approx 1-0{,}7943 = 20{,}57\ \%$$

Bei einem p kleiner als 0,2057 werden weniger Analysen als beim klassischen Test erwartet.

c) Die Zufallsgröße X beschreibe die mögliche Anzahl der deutschen Fahrer, die eine fehlerhafte Ampulle erhalten.
X ist hypergeometrisch verteilt mit den Parametern N = 60, M = 12 und n = 6.
Ein passendes Urnenmodell wäre das 6-malige Ziehen ohne Zurücklegen aus einer Urne mit 60 Kugeln (≙ 48 nicht-deutschen und 12 deutschen Fahrern).

$$P(X \geq 1) = 1 - P(X=0) = 1 - \frac{\binom{12}{0}\binom{48}{6}}{\binom{60}{6}} \approx 1 - 0{,}2451 = 75{,}49\ \%$$

Im Folgenden beschreibt Y die möglichen Anzahlen der Geröllheimer-Fahrer, die eine falsche Ampulle zugeschickt bekommen.
Y ist hypergeometrisch verteilt mit den Parametern N = 60, M = 6 und n = 6.

$$P(Y \leq 1) = P(Y=0) + P(Y=1) = \frac{\binom{6}{0}\binom{54}{6}}{\binom{60}{6}} + \frac{\binom{6}{1}\binom{54}{5}}{\binom{60}{6}} \approx 89{,}49\ \%$$

X ist nunmehr wie oben hypergeometrisch verteilt mit dem unbekannten Parameter n.
Es gilt:

$$P(X=0) = \frac{\binom{48}{n}}{\binom{60}{n}}$$

Für n = 6 war $P(X=0) \approx 24{,}51\ \%$
Die Wahrscheinlichkeit $P(X=0)$ wird umso größer, je kleiner n gewählt wird.
Systematisches Probieren:

| n | 5 | 4 | 3 |
|---|---|---|---|
| P(X=0) | 0,3135 | 0,3990 | 0,505 |

Es dürften also höchstens 3 fehlerhafte Ampullen in der Lieferung der 60 Dosen sein.

d) Die Wahrscheinlichkeit, dass ein gedopter Sportler mit der A-Probe als solcher verdächtigt wird, ist 95 %.
Die anschließende B-Probe bewirkt eine Wahrscheinlichkeit für den Verdacht von $0{,}95 \cdot 0{,}95 = 90{,}25\ \%$.
Damit sinkt die Wahrscheinlichkeit für eine Verdächtigung.

Der Fall, dass ein gedopter Sportler nicht des Dopings überführt wird, ist ärgerlich, aber nicht so schlimm wie die ungerechtfertigte Beschuldigung eines „sauberen" Sportlers. Für ihn wäre dies katastrophal, da sein Ruf zu Unrecht geschädigt wird. Der B-Test ist wichtig, da die Wahrscheinlichkeit mit 10 %, dass ein unschuldiger Sportler des Dopings bezichtigt wird, sehr hoch ist. Mit der B-Probe sinkt die Wahrscheinlichkeit auf $0{,}1 \cdot 0{,}1 = 1\ \%$. Damit wird die Sicherheit für „ehrliche" Sportler durch den B-Test erhöht.

## Schleswig-Holstein – Mathematik Leistungskurs
## 2010 – Aufgabe 6: Stochastik

**Vorbemerkung:** Führen Sie stets geeignete Zufallsvariablen und Namen für Ereignisse ein. Machen Sie auch Angaben über die Verteilung der jeweiligen Zufallsvariablen.

Einen Monat vor einer Landtagswahl ermittelte ein Meinungsforschungsinstitut aufgrund einer großen Umfrage folgende Stimmenanteile für die Parteien A, B, C, D, E und „Sonstige":

A: 35 %, B: 30 %, C: 17 %, D: 11 %, E: 5 %, Sonstige: 2 %.

Gehen Sie im Folgenden vereinfachend davon aus, dass jede zu befragende oder befragte Person zur Wahl gehen will.

a) Da bei der Umfrage vergessen worden war, das Merkmal „Geschlecht" abzufragen, wurde ein Call-Center beauftragt, noch einmal eine Telefonumfrage zu starten. Jeder Mitarbeiter des Call-Centers soll 80 verschiedene, zufällig und unabhängig zu ermittelnde Personen telefonisch befragen. Gehen Sie davon aus, dass die obigen Stimmenanteile der Parteien korrekt sind und dass die befragten Personen wahrheitsgemäß die Partei angeben, die sie zu wählen gedenken.

- Bestimmen Sie die Wahrscheinlichkeiten für die beiden folgenden Ereignisse möglichst exakt:
  $E_1$: „Genau 35 % der 80 zu befragenden Personen geben Partei A an."
  $E_2$: „Mindestens zwei Wähler sonstiger Parteien wurden befragt."
- Berechnen Sie die Wahrscheinlichkeiten obiger Ereignisse mit jeweils einem geeigneten Näherungsverfahren und vergleichen Sie Ihre Ergebnisse mit den eben ermittelten. 10 P

b) Da die 5 %-Klausel bei Wahlen eine politische Hürde für die parlamentarische Vertretung einer Partei darstellt, hat die Partei E eine Werbekampagne gestartet. Vor dem Einsatz weiterer Geldmittel möchte die Partei E wissen, ob die bisherige Kampagne erfolgreich war. Dazu beauftragt die Partei ein Institut mit der Durchführung eines Signifikanztestes. Entwickeln Sie für das Institut ein Testverfahren für die Befragung von 1 500 Personen bei einem Signifikanzniveau von 7 %. Geben Sie dazu insbesondere die Entscheidungsregeln an. 9 P

c) Bei einer Telefonumfrage sind erfahrungsgemäß nur 75 % der „zufällig" angerufenen Personen auch bereit zu einer Meinungsäußerung.
Bestimmen Sie die erforderliche Anzahl von Personen, die das Institut mindestens ansprechen muss, um mit einer Wahrscheinlichkeit von mehr als 95 % mindestens 1 500 von ihnen zu einer Meinungsäußerung zu bewegen. 8 P

d) Es werden n Personen zum Wahlverhalten befragt. Die Wahrscheinlichkeit, dass sich dabei mindestens eine Person als Wähler der Partei B zu erkennen gibt, betrage mindestens w.
Beweisen Sie, dass für den Stimmenanteil p dieser Partei die Ungleichung $p \geq 1 - \sqrt[n]{1-w}$ gilt. 3 P

# Gauß'sche Summenfunktion Φ

| z | Φ(−z) | Φ(z) |
|---|---|---|
| | 0, | 0, |
| 0,01 | 4960 | 5040 |
| 0,02 | 4920 | 5080 |
| 0,03 | 4880 | 5120 |
| 0,04 | 4840 | 5160 |
| 0,05 | 4801 | 5199 |
| 0,06 | 4761 | 5239 |
| 0,07 | 4721 | 5279 |
| 0,08 | 4681 | 5319 |
| 0,09 | 4641 | 5359 |
| 0,10 | 4602 | 5398 |
| 0,11 | 4562 | 5438 |
| 0,12 | 4522 | 5478 |
| 0,13 | 4483 | 5517 |
| 0,14 | 4443 | 5557 |
| 0,15 | 4404 | 5596 |
| 0,16 | 4364 | 5636 |
| 0,17 | 4325 | 5675 |
| 0,18 | 4286 | 5714 |
| 0,19 | 4247 | 5753 |
| 0,20 | 4207 | 5793 |
| 0,21 | 4168 | 5832 |
| 0,22 | 4129 | 5871 |
| 0,23 | 4090 | 5910 |
| 0,24 | 4052 | 5948 |
| 0,25 | 4013 | 5987 |
| 0,26 | 3974 | 6026 |
| 0,27 | 3936 | 6064 |
| 0,28 | 3897 | 6103 |
| 0,29 | 3859 | 6141 |
| 0,30 | 3821 | 6179 |
| 0,31 | 3783 | 6217 |
| 0,32 | 3745 | 6255 |
| 0,33 | 3707 | 6293 |
| 0,34 | 3669 | 6331 |
| 0,35 | 3632 | 6368 |
| 0,36 | 3594 | 6406 |
| 0,37 | 3557 | 6443 |
| 0,38 | 3520 | 6480 |
| 0,39 | 3483 | 6517 |
| 0,40 | 3446 | 6554 |

| z | Φ(−z) | Φ(z) |
|---|---|---|
| | 0, | 0, |
| 0,41 | 3409 | 6591 |
| 0,42 | 3372 | 6628 |
| 0,43 | 3336 | 6664 |
| 0,44 | 3300 | 6700 |
| 0,45 | 3264 | 6736 |
| 0,46 | 3228 | 6772 |
| 0,47 | 3192 | 6808 |
| 0,48 | 3156 | 6844 |
| 0,49 | 3121 | 6879 |
| **0,50** | 3085 | 6915 |
| 0,51 | 3050 | 6950 |
| 0,52 | 3015 | 6985 |
| 0,53 | 2981 | 7019 |
| 0,54 | 2946 | 7054 |
| 0,55 | 2912 | 7088 |
| 0,56 | 2877 | 7123 |
| 0,57 | 2843 | 7157 |
| 0,58 | 2810 | 7190 |
| 0,59 | 2776 | 7224 |
| 0,60 | 2743 | 7257 |
| 0,61 | 2709 | 7291 |
| 0,62 | 2676 | 7324 |
| 0,63 | 2643 | 7357 |
| 0,64 | 2611 | 7389 |
| 0,65 | 2578 | 7422 |
| 0,66 | 2546 | 7454 |
| 0,67 | 2514 | 7486 |
| 0,68 | 2483 | 7517 |
| 0,69 | 2451 | 7549 |
| 0,70 | 2420 | 7580 |
| 0,71 | 2389 | 7611 |
| 0,72 | 2358 | 7642 |
| 0,73 | 2327 | 7673 |
| 0,74 | 2296 | 7704 |
| 0,75 | 2266 | 7734 |
| 0,76 | 2236 | 7764 |
| 0,77 | 2206 | 7794 |
| 0,78 | 2177 | 7823 |
| 0,79 | 2148 | 7852 |
| 0,80 | 2119 | 7881 |

| z | Φ(−z) | Φ(z) |
|---|---|---|
| | 0, | 0, |
| 0,81 | 2090 | 7910 |
| 0,82 | 2061 | 7939 |
| 0,83 | 2033 | 7967 |
| 0,84 | 2005 | 7995 |
| 0,85 | 1977 | 8023 |
| 0,86 | 1949 | 8051 |
| 0,87 | 1922 | 8078 |
| 0,88 | 1894 | 8106 |
| 0,89 | 1867 | 8133 |
| 0,90 | 1841 | 8159 |
| 0,91 | 1814 | 8186 |
| 0,92 | 1788 | 8212 |
| 0,93 | 1762 | 8238 |
| 0,94 | 1736 | 8264 |
| 0,95 | 1711 | 8289 |
| 0,96 | 1685 | 8315 |
| 0,97 | 1660 | 8340 |
| 0,98 | 1635 | 8365 |
| 0,99 | 1611 | 8389 |
| **1,00** | 1587 | 8413 |
| 1,01 | 1562 | 8438 |
| 1,02 | 1539 | 8461 |
| 1,03 | 1515 | 8485 |
| 1,04 | 1492 | 8508 |
| 1,05 | 1469 | 8531 |
| 1,06 | 1446 | 8554 |
| 1,07 | 1423 | 8577 |
| 1,08 | 1401 | 8599 |
| 1,09 | 1379 | 8621 |
| 1,10 | 1357 | 8643 |
| 1,11 | 1335 | 8665 |
| 1,12 | 1314 | 8686 |
| 1,13 | 1292 | 8708 |
| 1,14 | 1271 | 8729 |
| 1,15 | 1251 | 8749 |
| 1,16 | 1230 | 8770 |
| 1,17 | 1210 | 8790 |
| 1,18 | 1190 | 8810 |
| 1,19 | 1170 | 8830 |
| 1,20 | 1151 | 8849 |

| z | Φ(−z) | Φ(z) |
|---|---|---|
| | 0, | 0, |
| 1,21 | 1131 | 8869 |
| 1,22 | 1112 | 8888 |
| 1,23 | 1093 | 8907 |
| 1,24 | 1075 | 8925 |
| 1,25 | 1056 | 8944 |
| 1,26 | 1038 | 8962 |
| 1,27 | 1020 | 8980 |
| 1,28 | 1003 | 8997 |
| 1,29 | 0985 | 9015 |
| 1,30 | 0968 | 9032 |
| 1,31 | 0951 | 9049 |
| 1,32 | 0934 | 9066 |
| 1,33 | 0918 | 9082 |
| 1,34 | 0901 | 9099 |
| 1,35 | 0885 | 9115 |
| 1,36 | 0869 | 9131 |
| 1,37 | 0853 | 9147 |
| 1,38 | 0838 | 9162 |
| 1,39 | 0823 | 9177 |
| 1,40 | 0808 | 9192 |
| 1,41 | 0793 | 9207 |
| 1,42 | 0778 | 9222 |
| 1,43 | 0764 | 9236 |
| 1,44 | 0749 | 9251 |
| 1,45 | 0735 | 9265 |
| 1,46 | 0721 | 9279 |
| 1,47 | 0708 | 9292 |
| 1,48 | 0694 | 9306 |
| 1,49 | 0681 | 9319 |
| **1,50** | 0668 | 9332 |
| 1,51 | 0655 | 9345 |
| 1,52 | 0643 | 9357 |
| 1,53 | 0630 | 9370 |
| 1,54 | 0618 | 9382 |
| 1,55 | 0606 | 9394 |
| 1,56 | 0594 | 9406 |
| 1,57 | 0582 | 9418 |
| 1,58 | 0571 | 9429 |
| 1,59 | 0559 | 9441 |
| 1,60 | 0548 | 9452 |

| z | Φ(−z) | Φ(z) |
|---|---|---|
| | 0, | 0, |
| 1,61 | 0537 | 9463 |
| 1,62 | 0526 | 9474 |
| 1,63 | 0516 | 9484 |
| 1,64 | 0505 | 9495 |
| 1,65 | 0495 | 9505 |
| 1,66 | 0485 | 9515 |
| 1,67 | 0475 | 9525 |
| 1,68 | 0465 | 9535 |
| 1,69 | 0455 | 9545 |
| 1,70 | 0446 | 9554 |
| 1,71 | 0436 | 9564 |
| 1,72 | 0427 | 9573 |
| 1,73 | 0418 | 9582 |
| 1,74 | 0409 | 9591 |
| 1,75 | 0401 | 9599 |
| 1,76 | 0392 | 9608 |
| 1,77 | 0384 | 9616 |
| 1,78 | 0375 | 9625 |
| 1,79 | 0367 | 9633 |
| 1,80 | 0359 | 9641 |
| 1,81 | 0351 | 9649 |
| 1,82 | 0344 | 9656 |
| 1,83 | 0336 | 9664 |
| 1,84 | 0329 | 9671 |
| 1,85 | 0322 | 9678 |
| 1,86 | 0314 | 9686 |
| 1,87 | 0307 | 9693 |
| 1,88 | 0301 | 9699 |
| 1,89 | 0294 | 9706 |
| 1,90 | 0287 | 9713 |
| 1,91 | 0281 | 9719 |
| 1,92 | 0274 | 9726 |
| 1,93 | 0268 | 9732 |
| 1,94 | 0262 | 9738 |
| 1,95 | 0256 | 9744 |
| 1,96 | 0250 | 9750 |
| 1,97 | 0244 | 9756 |
| 1,98 | 0239 | 9761 |
| 1,99 | 0233 | 9767 |
| **2,00** | 0228 | 9772 |

| z | Φ(−z) | Φ(z) |
|---|---|---|
| | 0, | 0, |
| 2,01 | 0222 | 9778 |
| 2,02 | 0217 | 9783 |
| 2,03 | 0212 | 9788 |
| 2,04 | 0207 | 9793 |
| 2,05 | 0202 | 9798 |
| 2,06 | 0197 | 9803 |
| 2,07 | 0192 | 9808 |
| 2,08 | 0188 | 9812 |
| 2,09 | 0183 | 9817 |
| 2,10 | 0179 | 9821 |
| 2,11 | 0174 | 9826 |
| 2,12 | 0170 | 9830 |
| 2,13 | 0166 | 9834 |
| 2,14 | 0162 | 9838 |
| 2,15 | 0158 | 9842 |
| 2,16 | 0154 | 9846 |
| 2,17 | 0150 | 9850 |
| 2,18 | 0146 | 9854 |
| 2,19 | 0143 | 9857 |
| 2,20 | 0139 | 9861 |
| 2,21 | 0136 | 9864 |
| 2,22 | 0132 | 9868 |
| 2,23 | 0129 | 9871 |
| 2,24 | 0125 | 9875 |
| 2,25 | 0122 | 9878 |
| 2,26 | 0119 | 9881 |
| 2,27 | 0116 | 9884 |
| 2,28 | 0113 | 9887 |
| 2,29 | 0110 | 9890 |
| 2,30 | 0107 | 9893 |
| 2,31 | 0104 | 9896 |
| 2,32 | 0102 | 9898 |
| 2,33 | 0099 | 9901 |
| 2,34 | 0096 | 9904 |
| 2,35 | 0094 | 9906 |
| 2,36 | 0091 | 9909 |
| 2,37 | 0089 | 9911 |
| 2,38 | 0087 | 9913 |
| 2,39 | 0084 | 9916 |
| 2,40 | 0082 | 9918 |

| z | Φ(−z) | Φ(z) |
|---|---|---|
| | 0, | 0, |
| 2,41 | 0080 | 9920 |
| 2,42 | 0078 | 9922 |
| 2,43 | 0075 | 9925 |
| 2,44 | 0073 | 9927 |
| 2,45 | 0071 | 9929 |
| 2,46 | 0069 | 9931 |
| 2,47 | 0068 | 9932 |
| 2,48 | 0066 | 9934 |
| 2,49 | 0064 | 9936 |
| **2,50** | 0062 | 9938 |
| 2,51 | 0060 | 9940 |
| 2,52 | 0059 | 9941 |
| 2,53 | 0057 | 9943 |
| 2,54 | 0055 | 9945 |
| 2,55 | 0054 | 9946 |
| 2,56 | 0052 | 9948 |
| 2,57 | 0051 | 9949 |
| 2,58 | 0049 | 9951 |
| 2,59 | 0048 | 9952 |
| 2,60 | 0047 | 9953 |
| 2,61 | 0045 | 9955 |
| 2,62 | 0044 | 9956 |
| 2,63 | 0043 | 9957 |
| 2,64 | 0041 | 9959 |
| 2,65 | 0040 | 9960 |
| 2,66 | 0039 | 9961 |
| 2,67 | 0038 | 9962 |
| 2,68 | 0037 | 9963 |
| 2,69 | 0036 | 9964 |
| 2,70 | 0035 | 9965 |
| 2,71 | 0034 | 9966 |
| 2,72 | 0033 | 9967 |
| 2,73 | 0032 | 9968 |
| 2,74 | 0031 | 9969 |
| 2,75 | 0030 | 9970 |
| 2,76 | 0029 | 9971 |
| 2,77 | 0028 | 9972 |
| 2,78 | 0027 | 9973 |
| 2,79 | 0026 | 9974 |
| 2,80 | 0026 | 9974 |

| z | Φ(−z) | Φ(z) |
|---|---|---|
| | 0, | 0, |
| 2,81 | 0025 | 9975 |
| 2,82 | 0024 | 9976 |
| 2,83 | 0023 | 9977 |
| 2,84 | 0023 | 9977 |
| 2,85 | 0022 | 9978 |
| 2,86 | 0021 | 9979 |
| 2,87 | 0021 | 9979 |
| 2,88 | 0020 | 9980 |
| 2,89 | 0019 | 9981 |
| 2,90 | 0019 | 9981 |
| 2,91 | 0018 | 9982 |
| 2,92 | 0018 | 9982 |
| 2,93 | 0017 | 9983 |
| 2,94 | 0016 | 9984 |
| 2,95 | 0016 | 9984 |
| 2,96 | 0015 | 9985 |
| 2,97 | 0015 | 9985 |
| 2,98 | 0014 | 9986 |
| 2,99 | 0014 | 9986 |
| **3,00** | 0013 | 9987 |

## Hinweise und Tipps

### Teilaufgabe a

- Betrachten Sie zur Berechnung von $P(E_1)$ die Zufallsgröße X: Anzahl der Wähler der Partei A unter den 80 Befragten.
- X ist binomialverteilt mit $n = 80$ und $p = 0{,}35$.
- Betrachten Sie zur Berechnung von $P(E_2)$ die Zufallsgröße Y: Anzahl der Wähler der sonstigen Parteien unter den 80 Befragten.
- Y ist binomialverteilt mit $n = 80$ und $p = 0{,}02$.
- Berechnen Sie $P(E_2)$ über das Gegenereignis von $E_2$.
- Prüfen Sie für die Näherungslösungen, ob die Laplace-Bedingung erfüllt ist.
- Ist das der Fall, so kann eine Näherung mithilfe der Normalverteilung erfolgen (Formel von Moivre-Laplace).
- Ist die Laplace-Bedingung nicht erfüllt, so kann bei hinreichend kleinem p und hinreichend großem n eine Näherung der Binomialverteilung durch die Poisson-Verteilung erfolgen.

### Teilaufgabe b

- Das Ziel der Tester ist, zu bestätigen, dass der Stimmanteil der Partei E über 5 % liegt.
- Dieses Ziel soll erreicht werden, indem die gegenteilige Hypothese (Nullhypothese $H_0$) auf einem Signifikanzniveau von 7 % verworfen wird.
- Es ist also $H_0$: $p \leq 0{,}05$ mithilfe eines rechtsseitigen Hypothesentests zu testen.
- Betrachten Sie die binomialverteilte Zufallsgröße X: Anzahl der Wähler von Partei E unter den 1 500 Befragten.
- Bestimmen Sie die Obergrenze c des Annahmebereichs von $H_0$ aus der Bedingung $P(X \leq c) \geq 0{,}93$.
- Nutzen Sie dabei die Normalverteilung als Näherung der Binomialverteilung.
- Überlegen Sie, welche Aussagen man machen kann, wenn das Ergebnis des Tests im Ablehnungsbereich bzw. im Annahmebereich liegt.

### Teilaufgabe c

- Betrachten Sie die binomialverteilte Zufallsgröße X: Anzahl der Personen unter den n angerufenen, die zu einer Meinungsäußerung bereit sind.
- Überlegen Sie, welche Parameter zu bestimmen sind.
- Bestimmen Sie n aus der Bedingung $P(X \geq 1\,500) > 0{,}95$ und verwenden Sie die Normalverteilung zur Näherung der Binomialverteilung.
- Substituieren Sie in der auftretenden Ungleichung $\sqrt{n}$ durch y sowie n durch $y^2$, dann erkennen Sie eine quadratische Ungleichung.
- Lösen Sie die auftretende quadratische Ungleichung, indem Sie die entsprechende quadratische Gleichung betrachten.

**Teilaufgabe d**

- Betrachten Sie die Zufallsgröße X: Anzahl der Wähler der Partei B.
- X ist binomialverteilt mit den Parametern n (Personenzahl) und p (Stimmenanteil).
- Übersetzen Sie die Vorgabe des Textes in die mathematische Notation.
- Es wird $P(X \geq 1) \geq w$ gefordert.
- Arbeiten Sie mit dem Gegenereignis von $X \geq 1$.

## Lösung

a) X beschreibe die Anzahl der Wähler der Partei A. X ist binomialverteilt mit den Parametern $n=80$ und $p=0{,}35$.
35 % von 80 Personen sind genau 28 Personen.

$$P(E_1)=P(X=28)=\binom{80}{28}\cdot 0{,}35^{28}\cdot 0{,}65^{52}\approx 0{,}0932$$

Die Wahrscheinlichkeit, dass von 80 befragten Personen genau 35 % Partei A angeben, liegt bei 9,3 %.

Y beschreibe die Anzahl der Wähler sonstiger Parteien. Y ist binomialverteilt mit den Parametern $n=80$ und $p=0{,}02$.

$$P(E_2)=P(Y\geq 2)=1-P(Y=1)-P(Y=0)$$
$$=1-\binom{80}{1}0{,}02\cdot 0{,}98^{79}-\binom{80}{0}0{,}02^{0}\cdot 0{,}98^{80}$$
$$\approx 1-0{,}3243-0{,}1986=0{,}4771$$

Die Wahrscheinlichkeit, dass mindestens zwei Wähler sonstiger Parteien befragt wurden, liegt bei 47,7 %.

Näherungen mittels der Normalverteilung sind für die Zufallsvariable X erlaubt, da die Laplace-Bedingung $n\cdot p\cdot(1-p)=80\cdot 0{,}35\cdot 0{,}65=18{,}2>9$ erfüllt ist.
Mit der globalen Näherungsformel ergibt sich:

$$P(E_1)=P(X=28)\approx \Phi\left(\frac{28{,}5-28}{\sqrt{18{,}2}}\right)-\Phi\left(\frac{27{,}5-28}{\sqrt{18{,}2}}\right)$$
$$\approx \Phi(0{,}12)-\Phi(-0{,}12)\approx 2\cdot 0{,}5478-1=0{,}0956$$

**Alternativ:**
Man kann auch mit der lokalen Näherungsformel arbeiten, die den Funktionswert der Dichtefunktion $\varphi$ der Normalverteilung als Näherungswert liefert:

$$P(E_1)=P(X=28)\approx \varphi\left(\frac{28-28}{\sqrt{18{,}2}}\right)=\frac{1}{\sqrt{2\pi}\cdot\sqrt{18{,}2}}\cdot e^{\frac{(28-28)^2}{2\cdot\sqrt{18{,}2}^2}}$$
$$=\frac{1}{\sqrt{2\pi}\cdot\sqrt{18{,}2}}\cdot e^{0}\approx 0{,}0935$$

In beiden Fällen ergibt sich eine gute Näherung für den Wert von $P(E_1)$.

Näherungen durch Normalverteilungen für die Zufallsvariable Y sind nicht geeignet, da die Laplace-Bedingung wegen $n\cdot p\cdot(1-p)=80\cdot 0{,}02\cdot 0{,}98=1{,}568<9$ nicht erfüllt ist.
Betrachtet man die Wahrscheinlichkeit von 2 % als ein Indiz für ein „seltenes Ereignis“ (p hinreichend klein) und erachtet man die Anzahl mit $n=80$ als genügend groß, so kann man die Poisson-Verteilung als Näherung verwenden.

Damit gilt:

$$P(E_2) = P(Y \geq 2) = 1 - P(Y = 0) - P(Y = 1)$$

$$\approx 1 - e^{-1,6} \cdot \frac{1,6^0}{0!} - e^{-1,6} \cdot \frac{1,6^1}{1!} \approx 0,4751$$

Dies ist eine gute Näherung für den Wert von $P(E_2)$.

b) Das Ziel des Tests ist eine gute Absicherung des Mindestens-5 %-Anteils der Partei E. Dazu ist die Gegenhypothese zu falsifizieren. Die auf einem Signifikanzniveau von 7 % abzulehnende Nullhypothese lautet daher $H_0$: $p < 0{,}05$.

Die Zufallsvariable X beschreibe die Anzahl der Wähler der Partei E unter den 1 500 Befragten. X ist unter der Annahme von $H_0$ binomialverteilt mit den Parametern $n = 1\,500$ (Stichprobenumfang) und mit der maximalen Wahrscheinlichkeit $p = 0{,}05$.

Man wird die Hypothese ablehnen, wenn die Zahl der Wähler von E relativ groß ist, also im Ablehnungsbereich $\{c+1; \ldots; 1\,500\}$ liegt. Es handelt sich daher um einen rechtsseitigen Signifikanztest.
Die Laplace-Bedingung $n \cdot p \cdot (1-p) = 1\,500 \cdot 0{,}05 \cdot 0{,}95 = 71{,}25 > 9$ ist erfüllt, daher kann die Normalverteilung als Näherung verwendet werden.
Aufgrund des Signifikanzniveaus von 7 % ergibt sich als Forderung:

$$P(X \geq c+1) \leq 0{,}07 \quad \Leftrightarrow \quad P(X \leq c) \geq 0{,}93$$

$$\Leftrightarrow \quad P(X \leq c) \approx \Phi\left(\frac{c + 0{,}5 - 1\,500 \cdot 0{,}05}{\sqrt{71{,}25}}\right) \geq 0{,}93$$

$$\Leftrightarrow \quad \frac{c + 0{,}5 - 75}{\sqrt{71{,}25}} \geq 1{,}48$$

$$\Leftrightarrow \quad c \geq 86{,}99$$

Es ist also $c = 87$, d. h., der Ablehnungsbereich ist $\{88; \ldots; 1\,500\}$.

Man erhält damit folgende Entscheidungsregel: Nennen 88 oder mehr Anrufer die Partei E, so wird die Nullhypothese abgelehnt, d. h., die Partei E kann mit einer Irrtumswahrscheinlichkeit von 7 % davon ausgehen, dass die Werbekampagne erfolgreich war.
Nennen dagegen nur höchstens 87 Anrufer die Partei E, so darf die Hypothese nicht abgelehnt werden, was aber keinesfalls so interpretiert werden darf, dass der Stimmanteil höchstens 5 % beträgt.

**Anmerkung:** Rechnet man mithilfe eines Computers zur Kontrolle nach, wie groß die Wahrscheinlichkeit $P(X \geq 88)$ bei der Binomialverteilung von X ist, so erhält man $P(X \geq 88) \approx 7{,}2\,\% > 7\,\%$. Demnach müsste der Ablehnungsbereich eigentlich auf $\{89; \ldots; 1\,500\}$ verkleinert werden, damit das Signifikanzniveau höchstens 7 % beträgt. Dieser Unterschied ergibt sich aus dem Fehler bei der Näherung durch die Normalverteilung und der sehr knappen Entscheidung für $c = 87$ aus $c \geq 86{,}99$.

c) Die Zufallsgröße X beschreibe die Anzahl der zu einer Meinungsäußerung bereiten Personen unter n anzurufenden Personen. X ist binomialverteilt mit den Parametern n und $p = 0{,}75$, wobei n so zu bestimmen ist, dass $P(X \geq 1\,500) > 0{,}95$ bzw. $P(X \leq 1\,499) < 0{,}05$ gilt.

Da n mindestens 1 500 ist, ist die Laplace-Bedingung
$n \cdot p \cdot (1-p) \geq 1\,500 \cdot 0{,}75 \cdot 0{,}25 = 281{,}25 > 9$ erfüllt.

Mithilfe der Näherung über die Normalverteilung folgt nun:

$$P(X \leq 1\,499) \approx \Phi\left(\frac{1\,499{,}5 - 0{,}75n}{\sqrt{0{,}1875n}}\right) < 0{,}05$$

$$\Leftrightarrow \quad \frac{1\,499{,}5 - 0{,}75n}{\sqrt{0{,}1875}\sqrt{n}} < -1{,}65 \quad (\text{da } \Phi(-1{,}65) \approx 0{,}05)$$

$$\Leftrightarrow \quad 0{,}75n - 0{,}7145\sqrt{n} - 1\,499{,}5 > 0$$

$$\Leftrightarrow \quad (\sqrt{n})^2 - 0{,}9526\sqrt{n} - 1\,999{,}3333 > 0$$

Betrachtet man die entsprechende quadratische Gleichung

$(\sqrt{n})^2 - 0{,}9526\sqrt{n} - 1\,999{,}3333 = 0,$

so erhält man als Lösungen:

$\sqrt{n} \approx -44{,}24 \vee \sqrt{n} \approx 45{,}19$

Betrachtet man nun die Ungleichung, so muss gelten:

$\sqrt{n} > 45{,}19 \quad \Leftrightarrow \quad n > 2\,042{,}14$

Daher müssen mindestens 2 043 Personen befragt werden.

d) Die Zufallsgröße X beschreibe die Anzahl der Wähler der Partei B. X ist binomialverteilt mit den Parametern n (Personenzahl) und p (Stimmenanteil). Für den vorgegebenen Minimalanteil w wird $P(X \geq 1) \geq w$ gefordert.
Danach gilt:

$$\begin{aligned} P(X \geq 1) \geq w \quad &\Leftrightarrow \quad 1 - P(X = 0) \geq w \\ &\Leftrightarrow \quad P(X = 0) \leq 1 - w \\ &\Leftrightarrow \quad \binom{n}{0} \cdot p^0 \cdot (1-p)^{n-0} \leq 1 - w \\ &\Leftrightarrow \quad (1-p)^n \leq 1 - w \\ &\Leftrightarrow \quad 1 - p \leq \sqrt[n]{1-w} \\ &\Leftrightarrow \quad p \geq 1 - \sqrt[n]{1-w} \end{aligned}$$

Damit ist die Behauptung nachgewiesen.

## Schleswig-Holstein – Mathematik Leistungskurs 2010 – Aufgabe 1: Analysis (CAS)

Bei der Untersuchung der Population einer Tierart wurden Daten zu Beginn der Beobachtung und jeweils am Jahresende über einen Zeitraum von 24 Jahren erfasst.

Folgende Werte sollen zu einer kurzen Auswertung genutzt werden:
Zu Beginn der Messung wurden 400 Tiere gezählt, der höchste Wert lag nach 8 Jahren bei 2 100 Tieren. Danach sank die Population bis zum Ende des 14. Jahres auf eine Minimalzahl von 1 600 Tieren, um dann wieder auf einen Maximalwert am Ende des 17. Jahres zu steigen.

a) Bestimmen Sie eine ganzrationale Funktion, die die Population in Abhängigkeit von der Zeit gemäß den oben angegebenen Daten modelliert, und fertigen Sie eine Skizze der Funktion an. 6 P

Arbeiten Sie im Folgenden mit

$$f(t) = -0{,}0466 \cdot t^5 + 2{,}3167 \cdot t^4 - 40{,}07 \cdot t^3 + 265{,}2 \cdot t^2 - 340 \cdot t + 400$$

weiter, wobei t die Anzahl der Jahre nach dem Beobachtungsbeginn angibt.

b) Bestimmen Sie unter Verwendung der oben angegebenen Funktion f die niedrigste vorkommende Population innerhalb der ersten 17 Jahre. Berechnen Sie den Beobachtungszeitpunkt in diesem Zeitraum, an dem die Population am schnellsten zunimmt. 10 P

c) Für das Intervall [18; 24] wurde eine Ersatzfunktion g mit

$$g(t) = -8{,}9713 \cdot t^2 + 166{,}6976 \cdot t + 1\,566{,}7456$$

festgesetzt.
Die Funktion g beschreibt die zeitliche Entwicklung der Population besser als die Funktion f. Nehmen Sie Stellung zu dieser Aussage.
Untersuchen Sie die Problematik des Übergangs von der Funktion f zur Funktion g an der Stelle $t = 18$ im Sachzusammenhang. 9 P

Die rasante Abnahme der Population am Ende des Beobachtungszeitraumes wurde durch das Auftreten eines neuen Virusstammes verursacht.
Die zeitlichen Änderungsraten der Viruskonzentration in einem Tierkörper können mittels der Funktionenschar $f_k$ mit der Gleichung

$$f_k(t) = \frac{k}{t^2 - 4t + k}$$

beschrieben werden, wobei der Parameter k von der körperlichen Konstitution des Tieres abhängt und größer als 4 ist. Die Variable t gibt hier die Zeit in Stunden an.

d) Begründen Sie, dass der Zeitpunkt, an dem die maximale Änderungsrate der Virenkonzentration erreicht wird, unabhängig vom Individuum, d. h. unabhängig von k, ist.
Weisen Sie nach, dass es zwei Zeitpunkte gibt, an denen die Änderungsraten der Virenkonzentration für alle Individuen unabhängig von k gleich sind, und geben Sie diese Zeitpunkte an. 5 P

---

## Hinweise und Tipps

### Teilaufgabe a

- Aus dem Text sind sechs Bedingungen an die Funktion f und ihre erste Ableitung zu entnehmen.
- Aus sechs unabhängigen Bedingungen kann eine ganzrationale Funktion 5. Grades eindeutig bestimmt werden.
- Stellen Sie die Bedingungen als Gleichungen dar und lösen Sie das entstehende Gleichungssystem mit dem CAS.

### Teilaufgabe b

- Zu bestimmen ist das globale Minimum von f im Intervall [0; 17].
- Das globale Minimum kann entweder an den Rändern oder aber an einer lokalen Extremstelle von f liegen.
- Eine notwendige Bedingung dafür, dass $x_E$ lokale Extremstelle von f ist, ist $f'(x_E)=0$.
- Bestimmen Sie mit der notwendigen Bedingung die Kandidaten für lokale Extremstellen und vergleichen Sie abschließend die Funktionswerte an diesen Stellen und an den Rändern des Intervalls [0; 17].
- Um den Zeitpunkt der schnellsten Zunahme zu ermitteln, muss die Stelle gefunden werden, an der das globale Maximum von f' auf dem Intervall [0; 17] liegt.
- Das globale Maximum von f' kann entweder an den Rändern oder aber an einer lokalen Extremstelle von f' liegen.
- Eine notwendige Bedingung dafür, dass $x_E$ Extremstelle von f' ist, ist $f''(x_E)=0$. Das ist gleichzeitig die notwendige Bedingung für Wendestellen des Graphen von f.
- Bestimmen Sie mit der notwendigen Bedingung die Kandidaten für lokale Extremstellen von f' und vergleichen Sie anschließend die Funktionswerte von f' an diesen Stellen und an den Rändern des Intervalls [0; 17].

### Teilaufgabe c

- Überlegen Sie, warum f die Populationsentwicklung nicht im gesamten Intervall [0; 24] beschreiben kann.
- Überprüfen Sie den Übergang von f zu g an der Stelle $t=18$ auf Stetigkeit (Sprungfreiheit), Differenzierbarkeit (Knickfreiheit) und auf einen stetigen Verlauf der zweiten Ableitungen.

### Teilaufgabe d

- Bestimmen Sie mithilfe der Ableitung von $f_k$ die Stelle mit der maximalen Änderungsrate.
- Was bedeutet es, wenn hier kein k mehr in der Lösung enthalten ist?
- Um die gesuchten Zeitpunkte zu finden, lösen Sie die Gleichung $f_a(t)=f_b(t)$ mit $a\neq b$ nach t auf und interpretieren das Ergebnis.

## Lösung

a) Aus dem Text ergeben sich folgende sechs Bedingungen:
Der Graph von f enthält die Punkte P(0 | 400), Q(8 | 2 100) und R(14 | 1 600) und hat an den Stellen x = 8, x = 14 und x = 17 lokale Extremwerte.
Damit gilt:

$$f(0) = 400$$
$$f(8) = 2100$$
$$f(14) = 1600$$
$$f'(8) = 0$$
$$f'(14) = 0$$
$$f'(17) = 0$$

Da der Term einer ganzrationalen Funktion 5. Grades sechs Koeffizienten hat, kann man für f folgenden Ansatz verwenden:

$$f(t) = a \cdot x^5 + b \cdot x^4 + c \cdot x^3 + d \cdot x^2 + e \cdot x + g$$

Das CAS liefert die Lösung:

$$a = -\frac{14\,305}{306\,936},\ b = \frac{90\,295}{38\,976},$$
$$c = -\frac{8\,199\,785}{204\,624},\ d = \frac{162\,824\,905}{613\,872},$$
$$e = -\frac{621\,265}{1827},\ g = 400$$

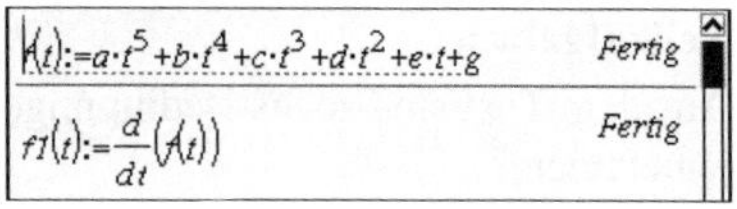


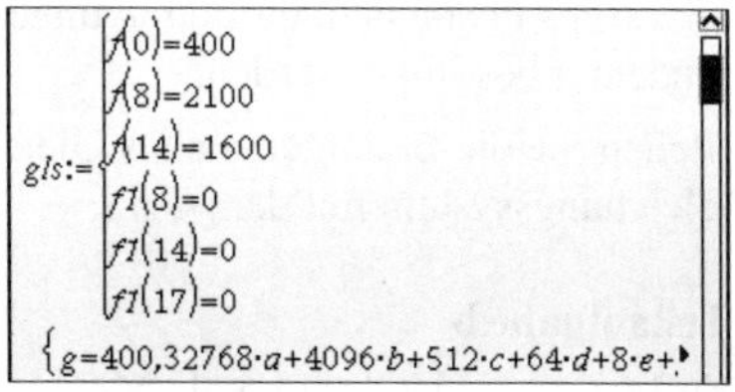


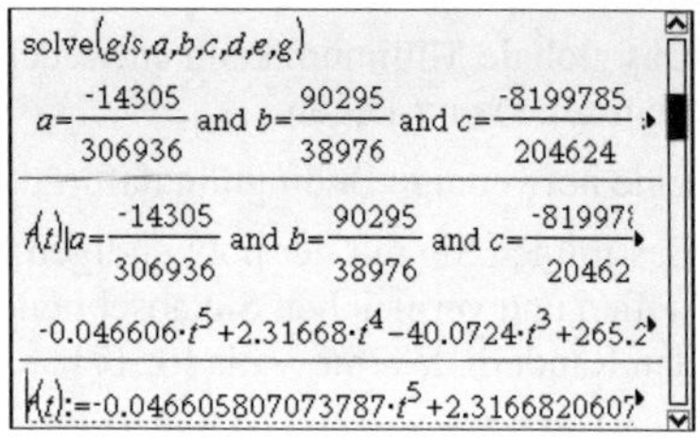


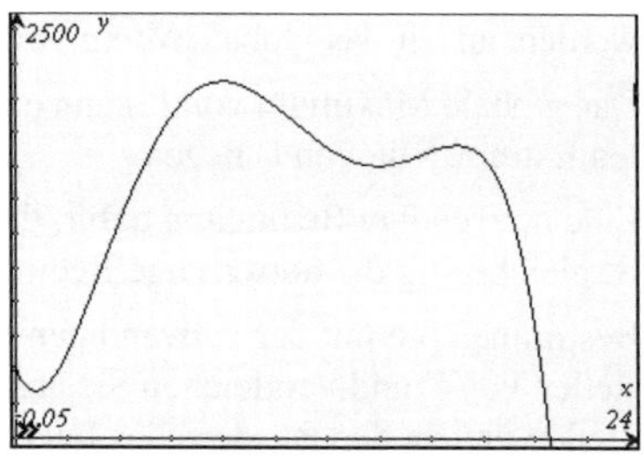


b) Die niedrigste vorkommende Anzahl der Population entspricht dem minimalen Funktionswert von f. Notwendig für das Vorliegen eines lokalen Minimums von f an der Stelle $t_E$ ist $f'(t_E) = 0$.

Das CAS liefert als Näherungswert für die Lösungen dieser Gleichung:
$t_{E_1} \approx 0{,}8$; $t_{E_2} \approx 8$; $t_{E_3} \approx 14$; $t_{E_4} \approx 17$

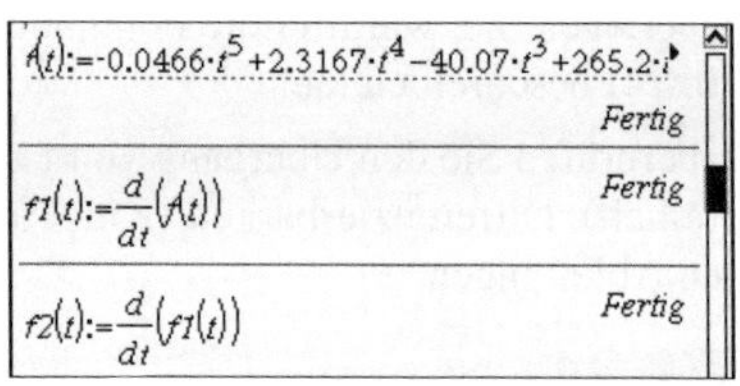


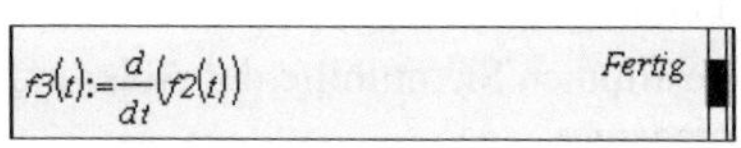


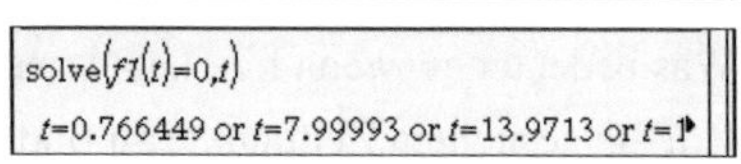

Der Vergleich der zugehörigen Funktionswerte liefert das gesuchte Minimum:
$f(0{,}8) \approx 278,\ f(8) \approx 2\,099,$
$f(14) \approx 1\,603,\ f(17) \approx 1\,727$

| | |
|---|---|
| f(0.766449) | 277.943 |
| f(8) | 2099.17 |
| f(13.97) | 1602.85 |
| f(17.03) | 1726.71 |

Wegen $f(0) = 400$ und $f(17) = 1\,727$ liegt an der lokalen Minimalstelle $t_{E_1} \approx 0{,}8$ das globale Minimum von f im Intervall [0; 17] vor. Es beträgt 278.

Die höchste Zunahme der Population entspricht dem maximalen Funktionswert von f'. Diese liegt an einem Wendepunkt des Graphen von f vor oder an den Rändern des Intervalls [0; 17].
Notwendig für die Existenz eines Wendepunktes an der Stelle $t_W$ ist $f''(t_W) = 0$. Das ist gleichzeitig die notwendige Bedingung für lokale Extremstellen von f'.

Das CAS liefert für diese Gleichung folgende Näherungen als Lösungen:
$t_{W_1} \approx 3{,}37;\ t_{W_2} \approx 10{,}73;\ t_{W_3} \approx 15{,}73$

| |
|---|
| solve(f2(t)=0,t) |
| t=3.37284 or t=10.7281 or t=15.7278 |

Der Zeitpunkt der höchsten Zunahme kann nur an einer dieser Stellen oder aber an den Rändern des betrachteten Intervalls liegen.

Das Berechnen der entsprechenden Funktionswerte liefert:
$f'(3{,}37) \approx 406{,}9,\ f'(10{,}73) \approx -129{,}5,$
$f'(15{,}73) \approx 61{,}8,\ f'(0) \approx -340,$
$f'(17) \approx 3{,}5$

| | |
|---|---|
| f1(3.3728) | 406.849 |
| f1(10.7285) | -129.503 |
| f1(15.7278) | 61.8081 |
| f1(0) | -340. |
| f1(17) | 3.5054 |

Daher ist zum Zeitpunkt $t_W = 3{,}37$ die höchste Zunahme zu verzeichnen.

c) Die Funktion f beschreibt den Sachverhalt im Intervall [18; 24] nicht richtig, weil der Graph rechts von der Nullstelle 20,58 in den 4. Quadranten übergeht. Damit nimmt die Funktion negative Werte an, die Anzahl der Tiere kann aber nicht negativ sein.
Die Funktionswerte der Funktion g sind im gesamten Intervall positiv und beschreiben wie f eine Abnahme der Population, die jedoch deutlich langsamer erfolgt.

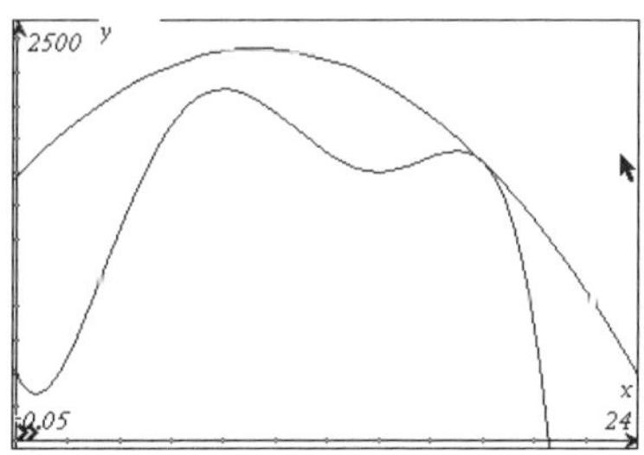


Mittels CAS werden die Funktionswerte f(18) und g(18) berechnet. Man erhält 1 660,59 bzw. 1 660,60.

Die Werte stimmen annähernd überein.

| | |
|---|---|
| g(t):=-8.9713·t²+166.6976·t+1566.7456 | Fertig |
| f(18) | 1660.59 |
| g(18) | 1660.6 |

Da die Population nur ganzzahlige Werte annehmen kann, beschreiben beide Funktionen den Sachverhalt an der Stelle t = 18 adäquat.
Da die mit CAS ermittelten Werte der 1. Ableitungen $f'(18) \approx -156{,}2704$ und $g'(18) \approx -156{,}2692$ ebenfalls annähernd gleich sind, beschreiben beide Funktionen die gleiche Änderungsrate zu diesem Zeitpunkt.

| | |
|---|---|
| $g1(t) := \frac{d}{dt}(g(t))$ | Fertig |
| $g2(t) := \frac{d}{dt}(g1(t))$ | Fertig |

| | |
|---|---|
| $g1(18)$ | -156.269 |
| $f1(18)$ | -156.27 |
| $g2(18)$ | -17.9426 |
| $f2(18)$ | -225.254 |

Die 2. Ableitungen $f''(18) \approx -225{,}25$ und $g''(18) \approx -17{,}94$ stimmen nicht überein, sodass sich die Änderungsrate der Änderungsrate der Population zum Zeitpunkt t = 18 sprunghaft verändern müsste. Dieser Sprung lässt die Funktion g ebenfalls als ungeeignet erscheinen.

d) An der Stelle mit der maximalen Änderungsrate gilt $f_k'(t) = 0$.

$$f_k'(t) = \frac{-k(2t-4)}{(t^2-4t+k)^2} = 0 \iff -k(2t-4) = 0$$
$$\iff 2t = 4$$
$$\iff t = 2$$

Die Stelle t = 2 ist unabhängig von k.

**Alternativ:**
Die Änderungsrate $f_k$ mit

$$f_k(t) = \frac{k}{t^2-4t+k} = \frac{k}{(t-2)^2-4+k}$$

hat offensichtlich unabhängig von k für t = 2 ein Maximum, da der Zähler des Funktionsterms zeitlich unabhängig ist, der Nenner für t = 2 unabhängig von k minimal wird und der Term für k > 4 stets positiv ist. Das Maximum hat den Wert $\frac{k}{k-4}$.

Zum Nachweis gemeinsamer Punkte setzt man die Funktionsterme $f_a(t)$ und $f_b(t)$ für a, b > 4 gleich. Das CAS liefert die Lösungen t = 0 oder t = 4 und für den Fall a − b = 0 die Identität der Funktionen. Die Zeitpunkte t = 0 und t = 4 sind parameterunabhängig.

| | |
|---|---|
| $f(k,t) := \frac{k}{t^2-4\cdot t+k}$ | Fertig |
| solve$(f(a,t)=f(b,t),t)$ | $t=0$ or $t=4$ or $a-b=0$ |

**Alternativ** (ohne Rechner):
Es gilt:

$$f_k(t) = \frac{k}{t^2-4t+k} = \frac{k}{t(t-4)+k} \quad \text{und} \quad t(t-4)=0 \quad \text{für} \quad t=0 \text{ oder } t=4$$

Damit folgt:

$$f_k(0) = f_k(4) = \frac{k}{0+k} = 1$$

## Schleswig-Holstein – Mathematik Leistungskurs
## 2010 – Aufgabe 2: Analysis (CAS)

Eine Firma produziert verschiedene Energiesparlampen, die aus einem Glaskörper und einem Metallsockel bestehen. Die Formen der Glaskörper können durch Rotation von Funktionsgraphen um die x-Achse beschrieben werden. Dazu betrachtet man die Funktionenschar mit den Gleichungen

$f_k(x) = 5 \cdot (k \cdot x - 1) \cdot e^{-\frac{1}{2}x}, \; k > 0{,}7$

zwischen der jeweiligen Nullstelle $x_k$ der Graphen und $x = 8$.

a) Um einen ersten Eindruck von den Formen zu bekommen, skizzieren Sie den Graphen zu $f_k$ im Intervall $[x_k; 8]$ für mehrere k. Geben Sie die Bedeutung des Parameters k an. 4 P

b) Berechnen Sie für jedes k die Höhe des zum Graphen von $f_k$ gehörenden Glaskörpers.
Jeder Graph der Schar hat einen Punkt, bei dem der Radius des Glaskörpers maximal wird.
Bestimmen Sie diesen Radius für jedes k.
Verbindet man die zugehörigen Punkte der Graphen, so entsteht eine neue Kurve. Bestimmen Sie deren Funktionsgleichung.
Ermitteln Sie die oder den Parameter k, für die oder den der maximale Radius 5 beträgt.
Bestimmen Sie die Wendestellen der Funktionenschar $f_k$. Die hinreichende Bedingung muss nicht überprüft werden. 11 P

c) Das Modell „Birne“ wird durch die Rotation des Graphen zu $f_1$ um die x-Achse beschrieben.
Der Glaskörper dieses Modells soll mit einem besonderen Gas gefüllt werden. Berechnen Sie das Volumen (ohne Maßeinheiten, die Glasdicke ist zu vernachlässigen). 2 P

d) Bestimmen Sie den Punkt am Graphen zu $f_1$ im Intervall $[x_1; 8]$, der die vom Betrag her größte Steigung aufweist. 5 P

e) Das Modell „Birne“ soll mit einer Spezialbeschichtung versehen werden. Für die Bestimmung des zu beschichtenden Oberflächeninhalts ist es einfacher, den Graphen von $f_1$ durch den einer ganzrationalen Funktion zu nähern.
Geben Sie die Gleichung einer ganzrationalen Funktion an, deren Graph sich im Intervall $[x_1; 8]$ dem Graphen zu $f_1$ annähert.
Begründen Sie Ihren Ansatz und beurteilen Sie die Qualität Ihrer Näherung. 8 P

## Hinweise und Tipps

### Teilaufgabe a

- Zeichnen Sie die Funktionenschar für ausgewählte k mit dem Funktionenplotter.
- Untersuchen Sie grafisch, wie sich die Lage charakteristischer Punkte der Graphen mit steigendem k verändert.

### Teilaufgabe b

- Die maximale Höhe entspricht der Länge des Intervalls $[x_k; 8]$.
- Der Radius an einer Stelle entspricht dem Funktionswert von $f_k$.
- Untersuchen Sie $f_k$ auf lokale und globale Extrema im Intervall $[x_k; 8]$.
- Die Hochpunkte bilden bei Variation von k eine sogenannte Ortskurve.
- Bestimmen Sie, für welches k der Hochpunkt an der Stelle x liegt, und ermitteln Sie für dieses k den Funktionswert.
- Setzen Sie den maximalen Radius gleich 5 und lösen Sie die Gleichung nach k auf.
- Die notwendige Bedingung für das Vorliegen einer Wendestelle $x_W$ lautet $f''(x_W)=0$.

### Teilaufgabe c

- Das Volumen eines Rotationskörpers kann durch Integration bestimmt werden.
- Rotiert der Graph der Funktion f über dem Intervall [a; b] um die x-Achse, so hat der dadurch entstehende Rotationskörper folgendes Volumen:

$$\pi \cdot \int_a^b (f(x))^2\,dx$$

### Teilaufgabe d

- Die betragsmäßig maximale Steigung kann entweder an den lokalen Extremstellen von $f_1'$ oder aber an den Rändern des Intervalls $[x_1; 8]$ liegen.
- Die lokalen Extremstellen von $f_1'$ sind die Wendestellen von $f_1$.
- Berechnen Sie den Funktionswert an der Stelle des globalen Maximums von $|f_1'|$.

### Teilaufgabe e

- Stellen Sie zunächst Bedingungen auf, die garantieren, dass die Näherungsfunktion dieselben charakteristischen Punkte hat wie $f_1$.
- Sie sollten sechs Bedingungen formulieren können.
- Überlegen Sie, welchen Grad die zu bestimmende ganzrationale Funktion haben kann, damit man diese aus den aufgestellten Bedingungen eindeutig bestimmen kann.
- Lösen Sie das aufgestellte Gleichungssystem unter Verwendung des Rechners.
- Stellen Sie die Näherungsfunktion und $f_1$ grafisch dar und beurteilen Sie die Güte der Approximation.

## Lösung

a) In dieser Skizze durchläuft k die ganzzahligen Werte von 1 bis 5.
Mit steigendem k liegen die Nullstelle und das Maximum weiter links und das Maximum liegt höher. Im Kontext der Aufgabe kann man sagen: Je größer k, desto höher und breiter ist der Glaskörper.

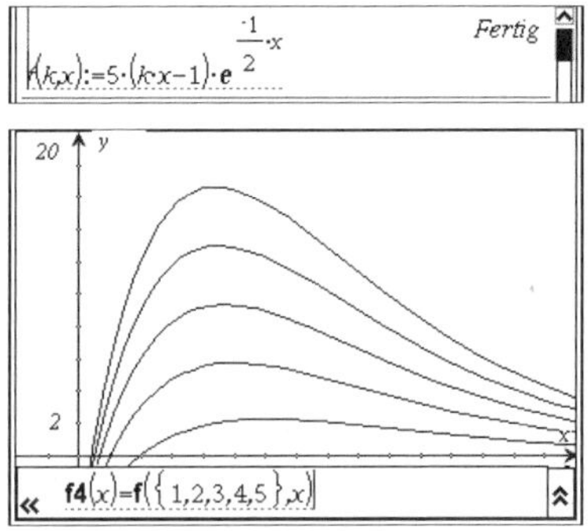


b) Bestimmung der maximalen Höhe:
Die maximale Höhe ist der Abstand zwischen der Nullstelle der Funktion $f_k$ und 8.
Für die Nullstelle gilt:

$$5(kx-1)e^{-\frac{1}{2}x}=0$$

Da $e^{-\frac{1}{2}x} \neq 0$ gilt, folgt:

$$kx-1=0 \quad \Leftrightarrow \quad x=\frac{1}{k}$$

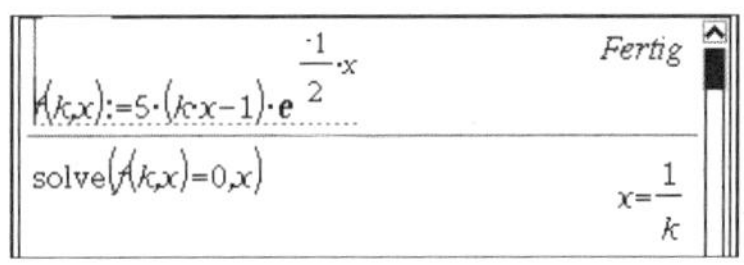


Die maximale Höhe ist somit:

$$8-\frac{1}{k}$$

Bestimmung des maximalen Radius:
Der maximale Radius befindet sich an der Stelle, an der die Funktion $f_k$ ihr globales Maximum besitzt.

$$f_k'(x)=5\cdot\left(-\frac{k\cdot x}{2}+k+\frac{1}{2}\right)\cdot e^{-\frac{x}{2}}$$

$$f_k''(x)=5\cdot\left(\frac{k\cdot x}{4}-k-\frac{1}{4}\right)\cdot e^{-\frac{x}{2}}$$

Für die Stellen $x_E$, an denen lokale Maxima liegen, muss $f_k'(x_E)=0$ gelten.
Mittels CAS ergibt sich:

$$f_k'(x_E)=0 \quad \text{für} \quad x_E=\frac{2\cdot k+1}{k}=2+\frac{1}{k}$$

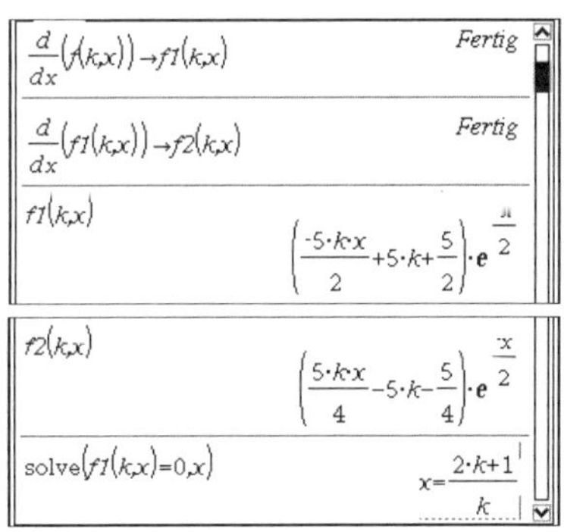


Es gilt:

$$f_k''\left(\frac{2\cdot k+1}{k}\right)=\frac{-5\cdot k}{2}\cdot e^{-1-\frac{1}{2\cdot k}}<0,$$

da der Exponentialterm und k größer als 0 sind.

Damit liegen an den Stellen

$$x_E = \frac{2 \cdot k + 1}{k} = 2 + \frac{1}{k}$$

lokale Maxima vor.

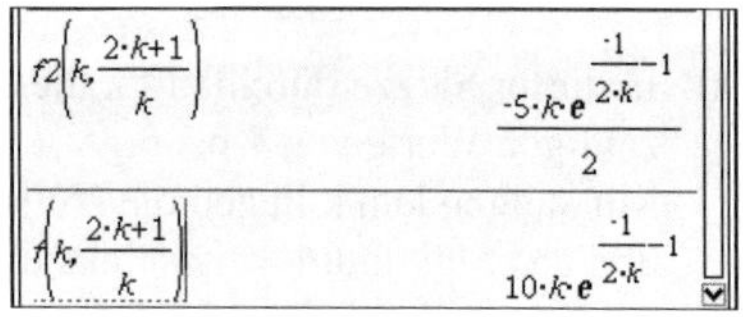


Der lokal maximale Radius beträgt:

$$f_k\left(\frac{2 \cdot k + 1}{k}\right) = 10 \cdot k \cdot e^{-1-\frac{1}{2 \cdot k}}$$

Dies ist auch der global maximale Radius auf dem Intervall $[x_k; 8]$, denn:

$$f_k(x_k) = 0 < f_k(8) < f_k\left(\frac{2 \cdot k + 1}{k}\right) \quad \text{für alle} \quad k > 0{,}7$$

Dabei folgt $f_k(8) < f_k(x_E)$ aus der Tatsache, dass für $k > 0{,}7$ $x_E = 2 + \frac{1}{k} < 8$ ist und $f_k$ für $x > x_E$ streng monoton fällt.

Lage der Hochpunkte:

Alle Hochpunkte liegen an folgenden Stellen:

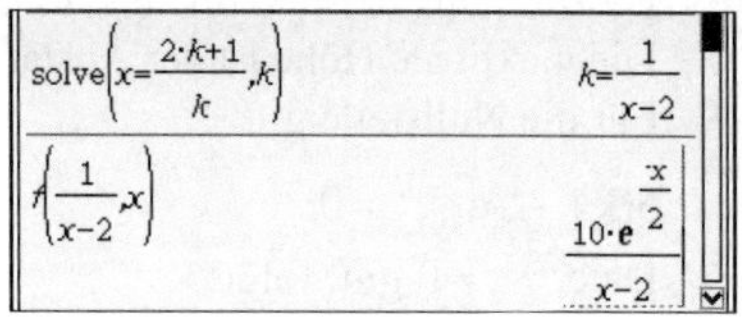


$$x_{k,E} = 2 + \frac{1}{k}$$

Damit gilt:

$$k = \frac{1}{x_{k,E} - 2}$$

Eingesetzt in $f_k$ ergibt sich die Ortskurve h mit:

$$h(x) = 10 \cdot \frac{1}{x-2} \cdot e^{-\frac{1}{2}x}$$

Der maximale Radius von 5 wird erreicht für $5 = 10 \cdot k \cdot e^{\frac{-1}{2 \cdot k} - 1}$.

Dies entspricht $k \approx 1{,}796$.

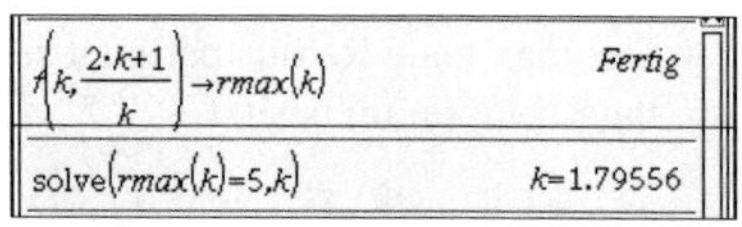


Wendestelle:

Die notwendige Bedingung für das Vorliegen einer Wendestelle $x_{k,W}$ lautet $f_k''(x_{k,W}) = 0$.

Mittels CAS ergibt sich:

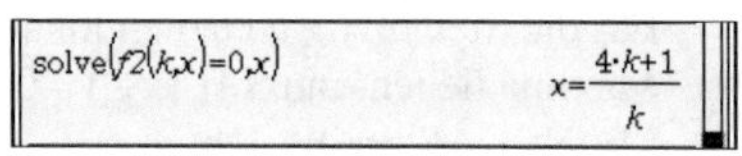


$$f_k''(x_{k,W}) = 0 \quad \text{für} \quad x_{k,W} = \frac{4 \cdot k + 1}{k} = 4 + \frac{1}{k}$$

c) Es ist das Rotationsvolumen von der Nullstelle bis zur Sockelstelle bei Rotation um die x-Achse zu bestimmen.

$$V = \pi \cdot \int_{\frac{1}{k}}^{8} (f_k(x))^2 \, dx$$

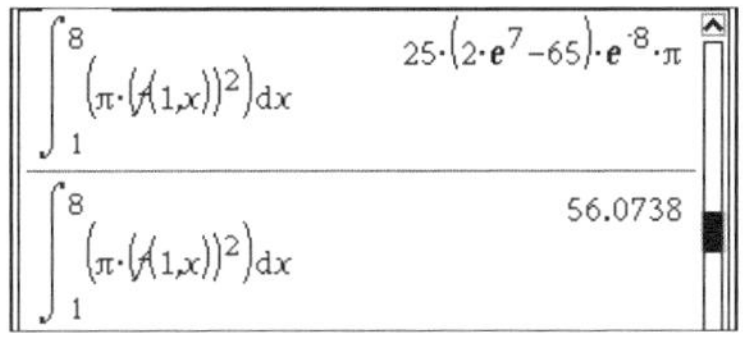


Für $k = 1$ ergibt sich

$V = 25 \cdot (2 \cdot e^7 - 65) \cdot e^{-8} \cdot \pi \approx 56{,}07.$

Das Rotationsvolumen beträgt ca. 56.

d) Die global betragsmäßig größte Steigung kann an den lokalen Extremstellen von $f_k'$ (das sind die Wendestellen von $f_k$) oder aber an den Rändern des Definitionsbereiches liegen.

Aus Teilaufgabe b entnimmt man, dass die lokalen Extrema der Steigung an folgenden Stellen liegen:

$$x_{k,W} = \frac{4 \cdot k + 1}{k} = 4 + \frac{1}{k}$$

Für $k = 1$ folgt:

$$x_{1,W} = 5, \; f_1(x_{1,W}) = 20 \cdot e^{-\frac{5}{2}}, \; f_1'(x_{1,W}) = -5 \cdot e^{-\frac{5}{2}}$$

Die betragsmäßig größte Steigung kann aber auch am Rand des Intervalls vorhanden sein.

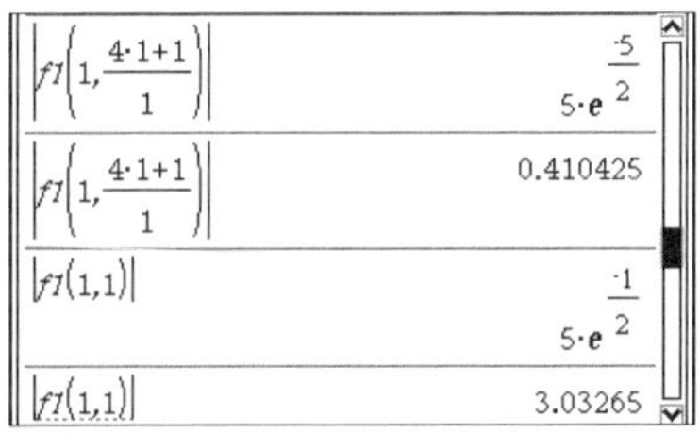


$|f_1'(1)| = \left| 5 \cdot e^{-\frac{1}{2}} \right| \approx 3{,}03$

$|f_1'(x_{1,W})| = \left| -5 \cdot e^{-\frac{5}{2}} \right| \approx 0{,}41$

$|f_1'(8)| = \left| -\frac{25}{2} e^{-4} \right| \approx 0{,}23$

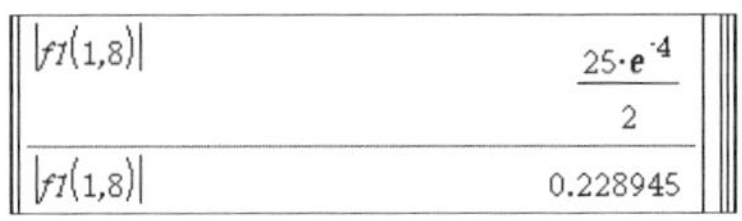


Damit erkennt man: Im Punkt $(1\,|\,0)$ ist mit 3,03 die Steigung dem Betrage nach am größten.

e) Um eine gute Näherung zu gewährleisten, sollten der Schnittpunkt mit der x-Achse und der Sockelanschlusspunkt (bei $x = 8$) auch auf dem Graphen der Näherungsfunktion liegen. Der Extrempunkt des Graphen zu $f_1$ soll auch Extrempunkt des Graphen der Näherungsfunktion sein. Entsprechendes soll für den Wendepunkt gelten. Daher bietet sich eine ganzrationale Funktion 5. Grades an.

Allgemeiner Ansatz:

$$p(x) = a \cdot x^5 + b \cdot x^4 + c \cdot x^3 + d \cdot x^2 + e \cdot x + g$$

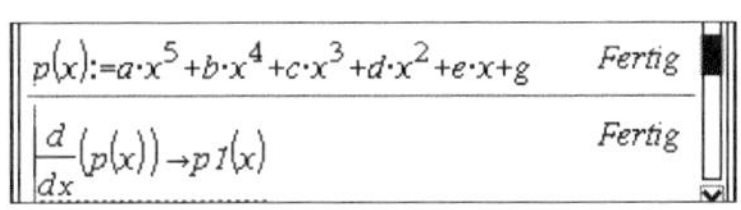


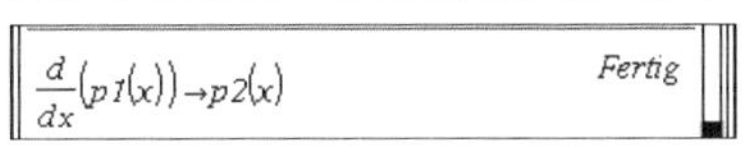

Bedingungen:

Nullstelle: $p(1) = f_1(1) = 0$

Sockelstelle: $p(8) = f_1(8) = 35 \cdot e^{-4} \approx 0{,}641$

Extremum: $p(3) = f_1(3) = 10 \cdot e^{-\frac{3}{2}} \approx 2{,}231$

$p'(3) = f_1'(3) = 0$

Wendepunkt: $p(5) = f_1(5) = 20 \cdot e^{-\frac{5}{2}} \approx 1{,}642$

$p''(5) = f_1''(5) = 0$

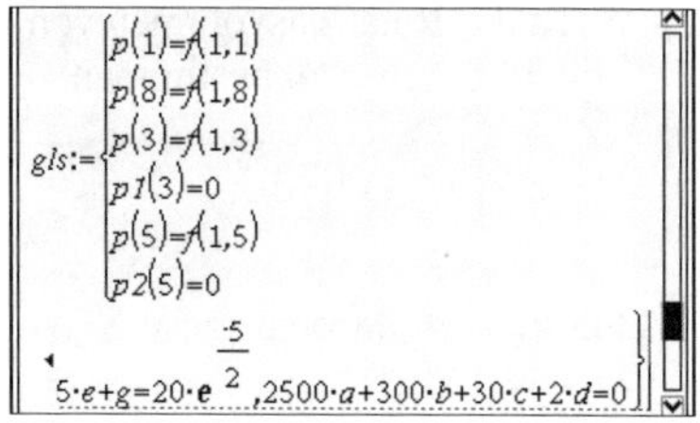


Mittels CAS erhält man folgende Lösung für dieses Gleichungssystem:

$$p(x) \approx 0{,}001129 \cdot x^5 - 0{,}033243 \cdot x^4 + 0{,}395417 \cdot x^3 - 2{,}35578 \cdot x^2 + 6{,}59146 \cdot x - 4{,}59899$$

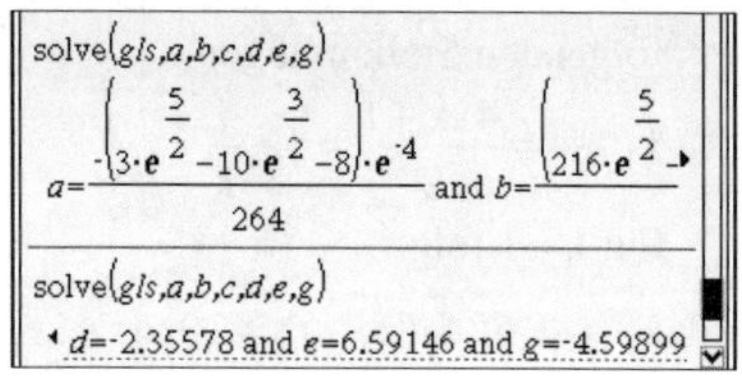


Der Graph zu p nähert sich dem zu $f_1$ im vorgegebenen Intervall sehr gut an. Lediglich im Bereich $5 < x < 8$ gibt es eine kleine Abweichung (siehe Mauszeiger in der Grafik). Hier hat die Funktion $f_1$ die etwas größeren Funktionswerte.

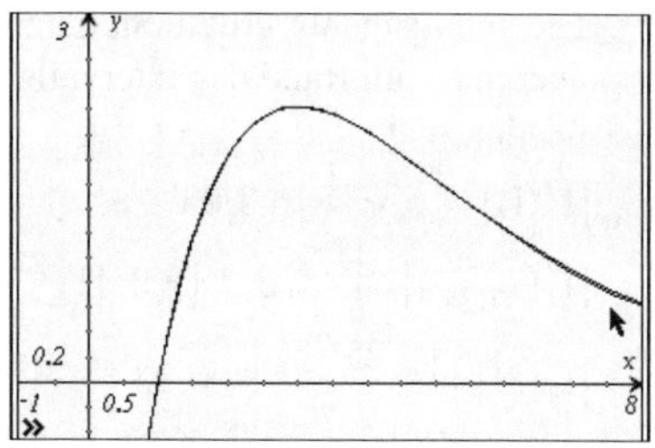

# Schleswig-Holstein – Kernfach Mathematik
## 2011 – Aufgabe 1: Analysis

Bei einer Darrieus-Windkraftanlage ist der Rotor vertikal angeordnet. Zwei vorgebogene Metallblätter mit geeigneter Stellung wandeln die Windenergie in Rotationsenergie um. Die Rotorblätter behalten auch bei schneller Umdrehung ihre Bogenform bei, wie ein Springseil, welches mit den Händen um den Körper geschleudert wird. Legt man die x-Achse entlang der Rotorachse, so lässt sich die geometrische Form eines Blatts des abgebildeten Rotors näherungsweise durch einen Teil des Graphen der Funktion f mit

$f(x) = -0{,}00045x^4 - 0{,}044x^2 + 6$

beschreiben.
Dabei entspricht eine Längeneinheit einem Meter.

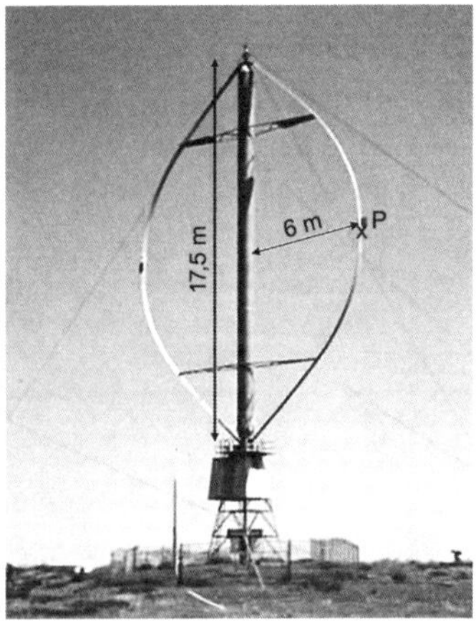


a) • Untersuchen Sie den Graphen der Funktion f auf Symmetrie und bestimmen Sie die Nullstellen von f.

• Skizzieren Sie den Graphen von f im Intervall zwischen den Nullstellen. 6 P

Verwenden Sie für Ihre weiteren Berechnungen die Nullstellen $x_1 = -8{,}75$ und $x_2 = 8{,}75$.

b) • Berechnen Sie den Winkel, den die Blätter mit der Rotorachse einschließen.

• Berechnen Sie die Geschwindigkeit des Punktes P in der Rotorblattmitte bei einer Drehzahl von 80 Umdrehungen pro Minute in $\frac{\text{km}}{\text{h}}$.

• Bei einer Darrieus-Windkraftanlage ist die sogenannte Wirkfläche die Fläche zwischen den beiden Rotorblättern. Diese Darrieus-Windkraftanlage leistet pro Quadratmeter der Wirkfläche 125 Watt. Berechnen Sie die Wirkfläche in $m^2$ und die Leistung dieser Anlage in Watt. 9 P

c) Eine weitere Möglichkeit der näherungsweisen Beschreibung der Blattform der Darrieus-Windkraftanlage soll der Graph der Funktion g mit

$$g(x) = 7 - \frac{1}{2} \cdot (e^{0,3 \cdot x} + e^{-0,3 \cdot x}) \quad \text{mit} \quad x \in [-8{,}75; 8{,}75]$$

liefern.

- Berechnen Sie den Flächeninhalt der Rotoren bei diesem Rechenmodell und geben Sie die prozentuale Abweichung zum ursprünglichen Flächeninhalt in Teilaufgabe b an.
- Zeigen Sie, dass der Graph der Funktion g in diesem Intervall keine Wendepunkte besitzt. 9 P

d) Die Länge eines Rotorblatts (nach dem Modell mit der Funktion f) soll bestimmt werden.

- Ersetzen Sie dazu das halbe Rotorblatt über dem Intervall [0; 8,75] durch 2 Strecken und ermitteln Sie so näherungsweise die Rotorblattlänge.
- Beschreiben Sie eine Weiterentwicklung des Verfahrens, sodass die Länge eines Rotorblatts möglichst genau berechnet werden kann. 6 P

## Hinweise und Tipps

### Teilaufgabe a

- Betrachten Sie die Exponenten der ganzrationalen Funktion f.
- Bei der Bestimmung der Nullstellen erhalten Sie eine sogenannte biquadratische Gleichung.
- Führen Sie in dieser die Substitution $u = x^2$ durch, dann erhalten Sie eine quadratische Gleichung für die Variable u.

### Teilaufgabe b

- Der gesuchte Winkel $\alpha$ ist der Winkel zwischen der Tangente an den Funktionsgraphen von f an der Stelle $-8{,}75$ und der x-Achse.
- Für den Steigungswinkel $\alpha$ einer Tangente mit Steigung m gilt $\tan\alpha = m$.
- Bestimmen Sie die Länge des Weges, den der Punkt P bei einer Umdrehung auf seiner kreisförmigen Bahn zurücklegt.
- Berechnen Sie zunächst den Inhalt der Fläche zwischen dem Graphen von f und der x-Achse mithilfe eines Integrals und ermitteln Sie dann die Wirkfläche.

### Teilaufgabe c

- Berechnen Sie zunächst den Inhalt der Fläche zwischen dem Graphen von g und der x-Achse mithilfe eines Integrals und ermitteln Sie dann die Wirkfläche.
- Eine notwendige Bedingung dafür, dass die Funktion g an der Stelle x eine Wendestelle hat, ist $g''(x) = 0$.
- Zeigen Sie, dass die Gleichung $g''(x) = 0$ keine Lösung hat. Beachten Sie dabei, dass $e^x > 0$ für alle reellen Zahlen x gilt.

### Teilaufgabe d

- Teilen Sie das Intervall [0; 8,75] z. B. in zwei gleich lange Teilintervalle [0; 4,375] und [4,375; 8,75].
- Ersetzen Sie den Graphen von f durch den Streckenzug $\overline{AMB}$ mit $A(0\,|\,6)$, $M(4{,}375\,|\,f(4{,}375))$ und $B(8{,}75\,|\,0)$.
- Berechnen Sie die Längen der Strecken $\overline{AM}$ und $\overline{MB}$ mithilfe des Satzes des Pythagoras.
- Überlegen Sie, wie man den Unterschied zwischen Streckenzug und Graph verkleinern könnte.

## Lösung

a) Symmetrie:
Es liegt eine Symmetrie zur y-Achse vor, da der Funktionsterm der ganzrationalen Funktion f nur gerade Exponenten aufweist.

Nullstellen:

$f(x) = -0{,}00045x^4 - 0{,}044x^2 + 6 = 0$

Mit der Substitution $u = x^2$ erhält man eine quadratische Gleichung für u:

$-0{,}00045u^2 - 0{,}044u + 6 = 0$

$$u^2 + \frac{880}{9}u - \frac{40\,000}{3} = 0$$

$$u \approx 76{,}50 \quad \vee \quad u \approx -174{,}28$$

Nur $u \approx 76{,}50$ ist positiv und liefert die Lösungen

$x_1 \approx -\sqrt{76{,}5} \approx -8{,}75$ und $x_2 \approx \sqrt{76{,}5} \approx 8{,}75$.

Skizze:

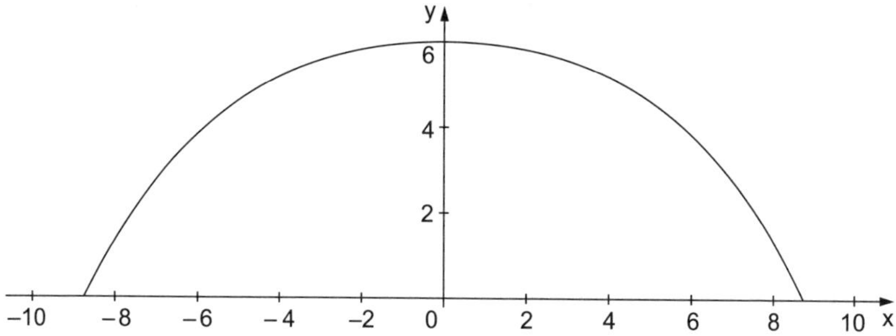


b) Es gilt $f'(x) = -0{,}0018x^3 - 0{,}088x$. Damit gilt für den Winkel $\alpha$ der Blätter mit der Rotorachse $\tan\alpha = f'(x_1) = f'(-8{,}75) \approx 1{,}976$. Daraus ergibt sich $\alpha \approx 63{,}2°$.

Die Länge des Weges, den der Punkt P bei einer Umdrehung zurücklegt, ist $\ell = 2\pi \cdot r$ mit $r = f(0) = 6$. Damit gilt für die Geschwindigkeit:

$$v = 2\pi \cdot 6 \cdot 80\,\frac{m}{min} = 960\pi\,\frac{m}{min} \approx 3\,015{,}93\,\frac{m}{min} = 3\,015{,}93 \cdot \frac{60}{1000}\,\frac{km}{h} \approx 181\,\frac{km}{h}$$

Bei der Umrechnung der Einheiten wird benutzt, dass eine Stunde gleich 60 Minuten sind und 1 000 m einen Kilometer ergeben.

Da die Fläche oberhalb der x-Achse den gleichen Flächeninhalt hat wie die Fläche unterhalb, gilt für die Gesamtfläche:

$$A = 2 \cdot \int_{-8,75}^{8,75} f(x)\,dx = 4 \cdot \int_{0}^{8,75} f(x)\,dx$$

$$= 4 \cdot \left[ -0,00045 \cdot \frac{1}{5} \cdot x^5 - 0,044 \cdot \frac{1}{3} \cdot x^3 + 6 \cdot x \right]_0^{8,75}$$

$$\approx 4 \cdot 38,0583 \approx 152,233$$

Die Fläche zwischen den Rotorblättern ist etwa 152,2 $m^2$ groß. Die Leistung beträgt ca. $152,2\ m^2 \cdot 125\ \frac{\text{Watt}}{m^2} = 19\,025\ \text{Watt} \approx 19\ \text{kW}$.

c) Da die Fläche oberhalb der x-Achse den gleichen Flächeninhalt hat wie die Fläche unterhalb, gilt für die Gesamtfläche:

$$A = 2 \cdot \int_{-8,75}^{8,75} g(x)\,dx$$

$$= 2 \cdot \left[ 7 \cdot x - \frac{5}{3} \cdot e^{0,3 \cdot x} + \frac{5}{3} \cdot e^{-0,3 \cdot x} \right]_{-8,75}^{8,75}$$

$$\approx 2 \cdot 76,7262 \approx 153,452$$

Bei diesem Rechenmodell ist die Fläche zwischen den Rotorblättern etwa 153,452 $m^2$ groß und weicht damit um $\frac{153,452}{152,233} - 1 \approx 0,00801 = 0,801\ \%$ von dem in Teilaufgabe b berechneten Flächeninhalt ab.

Die Ableitungen der Funktion g sind:

$g'(x) = -0,15e^{0,3 \cdot x} + 0,15e^{-0,3 \cdot x}$

$g''(x) = -0,045e^{0,3 \cdot x} - 0,045e^{-0,3 \cdot x}$

Notwendig für eine Wendestelle x von g ist $g''(x) = 0$.

$-0,045e^{0,3 \cdot x} - 0,045e^{-0,3 \cdot x} = 0$

$-0,045(e^{0,3 \cdot x} + e^{-0,3 \cdot x}) = 0$

Da $e^{0,3 \cdot x}$ und $e^{-0,3 \cdot x}$ stets positiv sind, hat die Gleichung $g''(x) = 0$ keine Lösungen und die Funktion g damit keine Wendestellen.

d) Das Intervall [0; 8,75] kann zum Beispiel in 2 gleich lange Teilintervalle eingeteilt und der Graph von f entsprechend der Teilintervalle durch Strecken ersetzt werden.

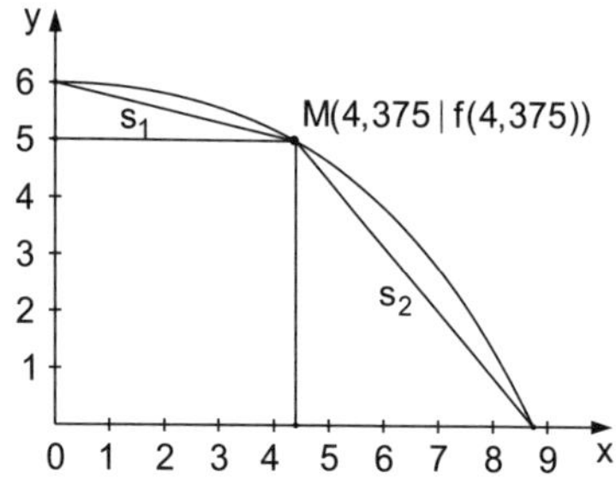


Mithilfe des Satzes des Pythagoras folgt für die Abschnitte $s_1$ und $s_2$:

$$s_1 = \sqrt{(f(0) - f(4{,}375))^2 + 4{,}375^2}$$

und

$$s_2 = \sqrt{(f(4{,}375))^2 + 4{,}375^2}$$

Damit gilt für die Gesamtlänge $\ell = 2 \cdot (s_1 + s_2) \approx 2 \cdot 11{,}1279 \approx 22{,}256$.

Ein Rotorblatt ist also etwa 22,26 m lang.

Hierbei wurde mit $f(8{,}75) = 0$ gerechnet. Ansonsten ergeben sich geringfügig andere Werte.

Allgemeines Verfahren:
Das Intervall [0; 8,75] wird in n äquidistante Teilintervalle eingeteilt und der Graph von f durch einen Streckenzug aus n Strecken ersetzt. Jede einzelne Strecke kann mithilfe des Satzes des Pythagoras berechnet werden.
Je größer n wird, desto genauer kann die Länge des Rotorblatts bestimmt werden.

Für $n \to \infty$ nähert man sich der genauen Länge des Rotorblatts.

Beispiel für $n = 4$:

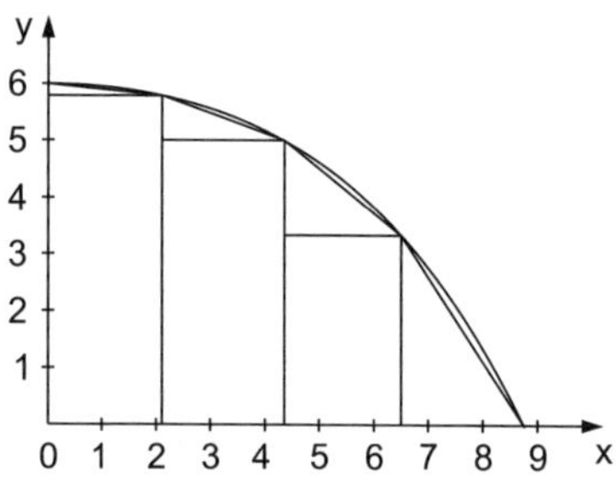

## Schleswig-Holstein – Kernfach Mathematik
## 2011 – Aufgabe 2: Analysis

Das Profil eines Tals wird durch den Graphen der Funktion f mit $f(x) = 0{,}25x + e^{-0{,}2 \cdot x} + 2$ im Intervall $[-12; 20]$ annähernd beschrieben. Dabei entspricht eine Längeneinheit 10 Metern in der Natur.

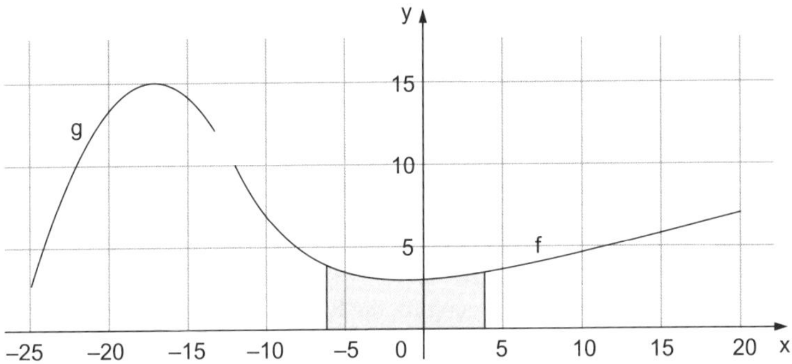


a) In dem Tal soll ein Kanal gebaut werden, für den jeweils 5 LE links und 5 LE rechts von der Talsohle die Erde bis zur x-Achse ausgehoben werden soll (siehe Abbildung). Berechnen Sie, wie viel Erde dann auf einer Kanallänge von 3 LE (= 30 m) ausgehoben werden muss.
Geben Sie das Ergebnis sowohl in Volumeneinheiten als auch in Kubikmetern an.
[Zur Kontrolle: Die Talsohle liegt bei $x_E \approx -1{,}12$.] 10 P

b) Zeigen Sie, dass sich der in Volumeneinheiten gemessene Aushub in allgemeiner Form angenähert durch die Funktion V mit $V(x) = 7{,}5x + 35{,}26e^{-0{,}2 \cdot x} + 60$ beschreiben lässt, wenn der Kanal 5 LE links und 5 LE rechts von der Stelle x auf einer Länge von 3 LE ausgehoben wird. 6 P

c) Einer der Bauarbeiter schlägt vor, den Kanal so zu bauen, dass die Kanalmitte an einer anderen Stelle als bei $x_E \approx -1{,}12$ liegt, da der Erdaushub und damit die Kosten bei gleicher Kanalbreite geringer seien.
- Erläutern Sie anhand der Abbildung, aus welchen Gründen der Bauarbeiter zu dieser Einschätzung gelangt sein könnte.
- Ermitteln Sie unter Verwendung der Funktion V, wo der Kanal gebaut werden muss, damit der Aushub minimal ist.
- Bestimmen Sie die mögliche prozentuale Einsparung beim Erdaushub. 11 P

d) Links des Tals wird das Profil des Geländes durch den Graphen einer Funktion g im Intervall [−25; −13] dargestellt (siehe Abbildung). In der Talsohle steht eine Person, die den Hang hinaufsieht. Beschreiben Sie ein rechnerisches Verfahren, um den höchsten Punkt des Hügels, den diese Person von dieser Position noch sehen kann, zu bestimmen. 3 P

---

## Hinweise und Tipps

### Teilaufgabe a

- Bestimmen Sie zunächst die Ableitungen der Funktion.
- Benutzen Sie dabei die Summen-, Faktor- und Kettenregel.
- Denken Sie an die Kettenregel bei zusammengesetzten Funktionen.
- Es gilt $(e^{ax})' = ae^{ax}$.
- Die notwendige und hinreichende Bedingung für die Existenz einer Extremstelle ist $f'(x) = 0$ und $f''(x) \neq 0$.
- Obwohl das Minimum anschaulich klar erscheint, muss man streng genommen die Intervallränder gesondert überprüfen.
- Durch das Integral über die Funktion f im nun bestimmten Intervall erhält man die Querschnittsfläche.
- Benutzen Sie die bekannten Integralregeln.
- Das Aushubvolumen erhält man durch das Produkt von Querschnittsfläche und Länge des Kanals.

### Teilaufgabe b

- Bestimmen Sie das neue Intervall.
- Für das Intervall an der Stelle x gilt $[x-5; x+5]$.
- Was gilt nun für die Querschnittsfläche?
- Es gilt: $A = \int_{x-5}^{x+5} f(t)\,dt = \int_{x-5}^{x+5} (0{,}25t + e^{-0{,}2t} + 2)\,dt$
- Benutzen Sie die Integrationsregeln, insbesondere $\int ae^x\,dx = a\int e^x\,dx$.
- Für den Aushub gilt dann $V(x) = A \cdot 3$ LE.

**Teilaufgabe c**

- Analysieren Sie in der Abbildung den Querschnitt des Tal-Verlaufs von „links nach rechts".
- Um den geringsten Aushub zu erhalten, bestimmen Sie das Minimum der Funktion V.
- Bilden Sie dazu die Ableitungsfunktionen unter Beachtung der Ableitungsregeln, insbesondere der e-Funktion.
- Lösen Sie die Exponentialgleichung durch beidseitiges Anwenden der Logarithmusfunktion.
- Es gilt $a = e^x \Leftrightarrow \ln(a) = \ln(e^x) = x$.
- Zur Bestimmung der prozentualen Ersparnis bilden Sie den Quotient aus altem und neuem Aushub.

**Teilaufgabe d**

- Fertigen Sie eine Skizze zur Situation an.
- Bedenken Sie die Augenhöhe.
- Bestimmen Sie den Augenpunkt P.
- Der vom Auge aus gerade noch zu sehende Punkt Q ist ein Punkt der Funktion g.
- Die Steigung der „Augengerade" als Quotient von Funktionswerten und zugehörigen Stellen lässt sich durch die beiden Punkte P und Q ermitteln.
- Dieselbe Steigung erhält man aber auch durch die erste Ableitung der Funktion g an der Stelle Q.

## Lösung

a) Zunächst muss das Minimum der Funktion f im Intervall [−12; 20] bestimmt werden. Dazu benötigt man die Ableitungen der Funktion f. Es gilt unter Verwendung der Ableitungsregeln:

$f'(x) = 0,25 - 0,2 \cdot e^{-0,2 \cdot x}$ und

$f''(x) = (-0,2) \cdot (-0,2) \cdot e^{-0,2x} = 0,04 \cdot e^{-0,2x}$

Die notwendige und hinreichende Bedingung für die Existenz einer Extremstelle ist $f'(x_E) = 0$ und $f''(x_E) \neq 0$.

Es gilt:

$$\begin{aligned} f'(x_E) = 0 \quad &\Leftrightarrow \quad 0,25 - 0,2 \cdot e^{-0,2x_E} = 0 \\ &\Leftrightarrow \quad 0,25 = 0,2 \cdot e^{-0,2x_E} \\ &\Leftrightarrow \quad 1,25 = e^{-0,2x_E} \\ &\Leftrightarrow \quad \ln(1,25) = \ln(e^{-0,2x_E}) = -0,2x_E \\ &\Leftrightarrow \quad x_E = -5 \cdot \ln(1,25) \approx -1,12 \end{aligned}$$

Da die obige e-Funktion im Term von f" für jedes reelle x ungleich null ist, gilt damit auch $f''(x_E) \neq 0$.

Da die Funktionswerte von f an den Rändern größer als der Funktionswert an der Stelle $x_E$ sind, liegt im angegebenen Intervall an der Stelle $x_E$ ein Minimum vor.

Für die Aushubbreite des Kanals ergibt sich annähernd nun das Intervall [−5 − 1,12; 5 − 1,12] = [−6,12; 3,88]. Die Profil- und Querschnittsfläche A (in der Abbildung oben grau dargestellt) lässt sich mithilfe des Integrals berechnen. Hierfür ergibt sich unter Verwendung der Integralregeln:

$$\begin{aligned} A &\approx \int_{-6,12}^{3,88} (0,25 \cdot x + e^{-0,2 \cdot x} + 2)\,dx \\ &= \left[0,125 \cdot x^2 - 5 \cdot e^{-0,2 \cdot x} + 2 \cdot x\right]_{-6,12}^{3,88} \\ &= 0,125 \cdot 3,88^2 - 5 \cdot e^{-0,2 \cdot 3,88} + 2 \cdot 3,88 \\ &\quad - \left(0,125 \cdot (-6,12)^2 - 5 \cdot e^{-0,2 \cdot (-6,12)} + 2 \cdot (-6,12)\right) \\ &\approx 31,90 \end{aligned}$$

Die Aushublänge des Kanals beträgt 3 LE (= 30 m). Das Produkt aus der Querschnittsfläche A und der Aushublänge ergibt das Volumen des Aushubes. Damit ergibt sich ein Volumen von ca. 31,9 FE · 3 LE = 95,7 VE, dies entspricht 95 700 Kubikmetern.

b) Für die Stelle x ergibt sich nun das allgemeine Intervall [x − 5; x + 5]. Für die Querschnittsfläche ergibt sich damit:

$$A = \int_{x-5}^{x+5} f(t)\,dt = \int_{x-5}^{x+5} (0{,}25t + e^{-0{,}2t} + 2)\,dt = \left[0{,}125t^2 - 5e^{-0{,}2t} + 2t\right]_{x-5}^{x+5}$$

$$= 0{,}125(x+5)^2 - 5e^{-0{,}2(x+5)} + 2(x+5) - [0{,}125(x-5)^2 - 5e^{-0{,}2(x-5)} + 2(x-5)]$$

$$= 2{,}5x - 5 \cdot e^{-0{,}2x-1} + 5 \cdot e^{-0{,}2x+1} + 20$$

$$= 2{,}5x - 5 \cdot e^{-0{,}2x} \cdot e^{-1} + 5 \cdot e^{-0{,}2x} \cdot e + 20$$

$$= 2{,}5x - 5 \cdot e^{-0{,}2x}(e^{-1} - e) + 20$$

Für den Aushub auf einer Länge von 3 LE folgt daher angenähert:

$$V(x) = A \cdot 3\text{ LE} = 3 \cdot (2{,}5x - 5 \cdot e^{-0{,}2x}(e^{-1} - e) + 20) \approx 7{,}5x + 35{,}26 \cdot e^{-0{,}2x} + 60$$

c) Der Bauarbeiter könnte dadurch zu seiner Einschätzung gekommen sein, da das Gelände links vom Kanalbett höher ansteigt als rechts und man daher bei einer leichten Verschiebung des Bettes nach rechts einen geringeren Aushub benötigt.

Um den neuen Kanalmittelpunkt zu berechnen, ermittelt man das Minimum der Funktion V. Notwendige und hinreichende Voraussetzungen für die Existenz dieses Minimums sind wieder die beiden Bedingungen $V'(x_E) = 0$ und $V''(x_E) \neq 0$.

Für die Ableitungsfunktionen von V erhält man unter Verwendung der Ableitungsregeln:

$V'(x) = 7{,}5 - 7{,}052e^{-0{,}2 \cdot x}$ und

$V''(x) = 1{,}4104e^{-0{,}2 \cdot x}$

Für die notwendige Bedingung erhält man die Stelle:

$$V'(x_E) = 0 \iff 7{,}5 - 7{,}052 \cdot e^{-0{,}2x_E} = 0$$

$$\iff 7{,}5 = 7{,}052 \cdot e^{-0{,}2x_E}$$

$$\iff \frac{7\,500}{7\,052} = e^{-0{,}2x_E}$$

$$\iff \ln\left(\frac{7\,500}{7\,052}\right) = \ln(e^{-0{,}2x_E}) = -0{,}2x_E$$

$$\iff x_E = -5 \cdot \ln\left(\frac{7\,500}{7\,052}\right) \approx -0{,}31$$

Für die hinreichende Bedingung ergibt sich, bedingt durch die e-Funktion, für die ermittelte Stelle ein Funktionswert ungleich null.

Damit ergibt sich eine Kanalmitte bei etwa −0,31, wodurch ein Volumen von $V(-0{,}31) \approx 95{,}19$ VE entsteht. Damit ergibt sich wegen $\frac{95\,190\text{ m}^3}{95\,700\text{ m}^3} \approx 0{,}9947$ eine „Aushubersparnis" im Vergleich zur vorherigen Kanalmitte von ca. 0,53 %.

d) Sei P das Auge der betreffenden den Hang hochschauenden Person. Dann hat der Punkt die x-Koordinate bei $-1,12$ und die y-Koordinate bei $f(-1,12)+a$, wobei a die Länge von den Füßen bis zum Auge bezeichnet. Der vom Punkt P aus gerade noch zu sehende höchste Punkt des Hügels lässt sich als Berührpunkt der Tangente t durch P an g beschreiben, dieser sei mit Q bezeichnet (vgl. Abbildung).

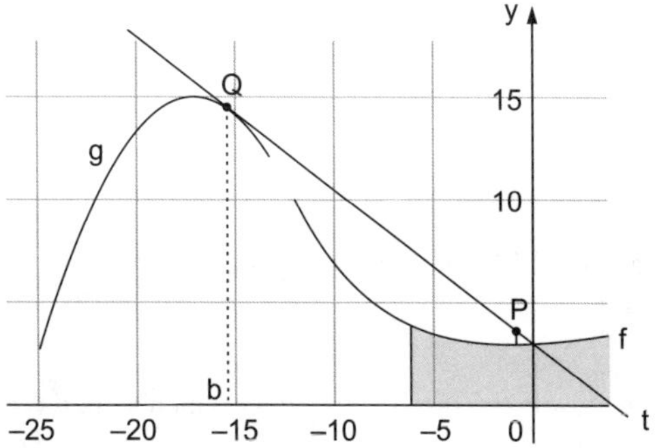


Abbildung nicht maßstabsgetreu

Für die Steigung der Geraden t gilt mithilfe der Koordinaten von P und Q einerseits der Term (Differenzenquotient)

$$\frac{g(b)-(f(-1,12)+a)}{b-(-1,12)}=\frac{g(b)-f(-1,12)-a}{b+1,12},$$

andererseits wird gerade diese Steigung durch die erste Ableitung g'(b) von g an der Stelle b ausgedrückt. Damit erhält man den Ausdruck

$$g'(b)=\frac{g(b)-f(-1,12)-a}{b+1,12}.$$

Unter der Voraussetzung, dass neben der Funktion g auch die Augenhöhe a bekannt ist, lässt sich aus obiger Gleichung der höchste von P aus zu sehende Punkt als $Q(b\,|\,g(b))$ berechnen.

**Schleswig-Holstein – Kernfach Mathematik**
**2011 – Aufgabe 3: Analytische Geometrie**

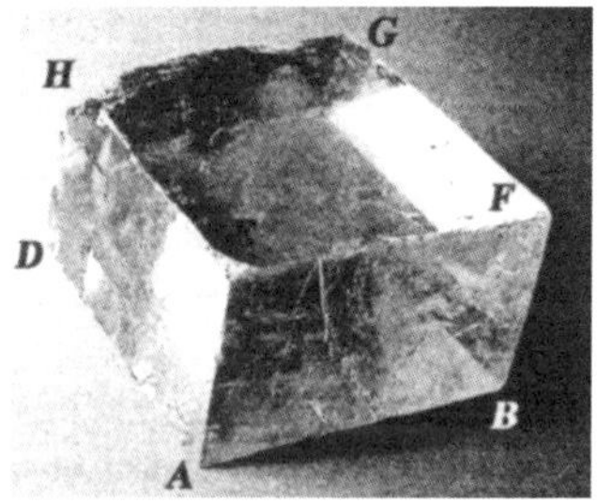


Der abgebildete Körper ist ein sogenannter Kalkspat. Es soll im Folgenden idealisierend davon ausgegangen werden, dass gegenüberliegende Seitenflächen durch kongruente Parallelogramme beschrieben werden.

Gegeben ist dieser Spat durch die Punkte $A(0\,|\,0\,|\,0)$, $B(9\,|\,6\,|\,-3)$, $C(11\,|\,10\,|\,-1)$, $D(2\,|\,4\,|\,2)$ und $E(7\,|\,1\,|\,3)$.
Eine Längeneinheit beträgt 1 Millimeter.
Durch die Punkte A, B, C und D ist die Grundfläche festgelegt. Die dazu parallele Fläche EFGH heißt Deckfläche.

a) • Weisen Sie nach, dass es sich bei der Grundfläche tatsächlich um ein Parallelogramm handelt, und bestimmen Sie dessen Flächeninhalt.
• Berechnen Sie das Spatvolumen. 9 P

b) Ein Lichtstrahl trifft die Deckfläche im Punkt $L(11\,|\,5\,|\,3)$ und verläuft innerhalb des Kristalls in Richtung des Vektors

$$\vec{v} = \begin{pmatrix} -11 \\ 15 \\ -19 \end{pmatrix}.$$

• Zeigen Sie, dass der Lichtstrahl auf die Grundfläche trifft, und berechnen Sie den Auftreffpunkt.
• Berechnen Sie den Winkel, unter dem der Lichtstrahl auf die Grundfläche trifft. 11 P

c) *Vorbemerkung: In dieser Teilaufgabe entspricht eine Längeneinheit einem Meter.*

Der hier besprochene Spat ist von besonderem wissenschaftshistorischen Wert und wird daher in einem Museum eines mineralogischen Instituts ausgestellt. Als Teil einer Alarmanlage ist an der Decke des Ausstellungsraumes im Punkt $K(4{,}5\,|\,5\,|\,4)$ ein Bewegungsmelder installiert, der eine Reichweite von 2,5 m hat.
Ein 2 m großer Einbrecher schleicht aufrecht gehend auf geradem Weg von der Tür T zur Vitrine V.

Der Raum ist hier skizziert:

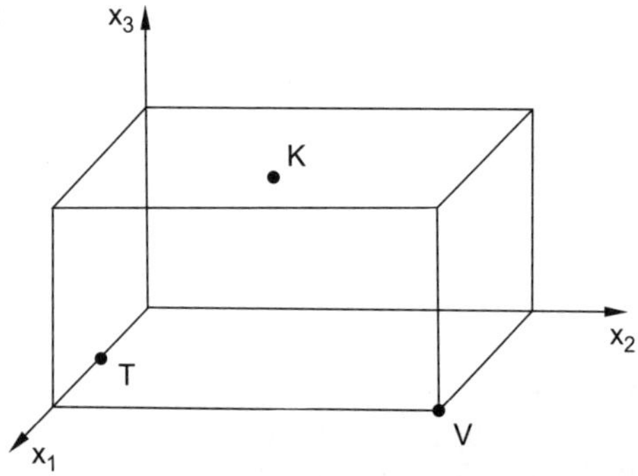


Gehen Sie idealisierend davon aus, dass es sich um einen sehr dünnen Einbrecher handelt, der mathematisch als „Strich" behandelt werden kann. Die Tür und die Vitrine werden als Punkte angesehen. Die Punkte lauten T(3 | 0 | 0) und V(6 | 10 | 0).
Berechnen Sie die Streckenlänge, die der Dieb in Richtung Vitrine zurücklegen kann, ohne vom Bewegungsmelder erfasst zu werden. 7 P

d) Der Lichtstrahl aus Aufgabe b trifft die Grundfläche im Punkt R. Nehmen Sie an, dass dieser Strahl an der Grundfläche wie an einem ebenen Spiegel reflektiert wird. Nehmen Sie weiterhin an, dass der reflektierte Strahl ungehindert zur Deckfläche gelangen kann und diese im Punkt $L^*$ durchdringt.
Geben Sie mithilfe einer Skizze einen Lösungsweg zur Berechnung der Koordinaten von $L^*$ an. Eine tatsächliche Berechnung ist nicht verlangt! 3 P

---

## Hinweise und Tipps

### Teilaufgabe a

- Überlegen Sie sich die Definition eines Parallelogramms.
- Nutzen Sie das Kreuzprodukt zur Flächeninhaltsbestimmung.
- Nutzen Sie das Skalarprodukt zur Volumenbestimmung.

**Teilaufgabe b**

- Bestimmen Sie zunächst die Geradengleichung des Lichtstrahls.
- Bestimmen Sie eine die Grundfläche ABCD enthaltende Ebenengleichung. Wählen Sie dazu eine Normalenform $(\vec{x}-\vec{a})\circ\vec{n}=0$.
- Einen Normalenvektor dieser Ebene haben Sie schon in Teilaufgabe a bestimmt.
- Setzen Sie den Term der Geradengleichung in die Ebenengleichung ein.
- Sie erhalten einen Parameter, der, eingesetzt in die Geradengleichung, den Auftreffpunkt des Lichtstrahls auf die Ebene ergibt.
- Damit der Auftreffpunkt nicht nur in der Ebene, sondern innerhalb der Grundfläche liegt, muss es reelle Zahlen r, s mit $0 \le r, s \le 1$ geben, sodass $\overrightarrow{OS} = r\cdot\overrightarrow{AB} + s\cdot\overrightarrow{AD}$ gilt.
- Benutzen Sie zur Bestimmung des eingeschlossenen Winkels zwischen der Ebene und dem Lichtstrahl den Ausdruck:

$$\sin(\alpha)=\frac{|\vec{n}\circ\vec{v}|}{|\vec{n}|\cdot|\vec{v}|}$$

**Teilaufgabe c**

- Fertigen Sie eine Skizze zur Situation an. Bestimmen Sie die Gleichung der Kugel mit Mittelpunkt K und einem Radius von 2,5 m, der Reichweite.
- Bestimmen Sie die „Kopfgerade“, also die Gerade, auf der der Kopf F des Einbrechers entlang wandert.
- Für diese Gerade gilt h: $\vec{x}=\overrightarrow{OF}+\lambda\cdot\overrightarrow{TV}$.
- Um einen möglichen Schnittpunkt der Geraden mit der Kugel zu bestimmen, setzen Sie den Term der oben ermittelten Geradengleichung in die Kugelgleichung ein.
- Sie erhalten dabei zwei Parameter, wobei der kleinere Wert den „ersten“ Schnittpunkt in Richtung Vitrine darstellt.
- Den Schnittpunkt erhalten Sie durch Einsetzen des Parameters.
- Die Länge des Differenzvektors, also $|FS| = |\overrightarrow{OF}-\overrightarrow{OS}|$, gibt die „ungestörte“ Bewegung des Einbrechers in Richtung Vitrine an.

**Teilaufgabe d**

- Betrachten Sie das Lot durch den Punkt R zur Grundfläche ABCD.
- Eine Gleichung der Lotgeraden lautet $\ell$: $\vec{x}=\overrightarrow{OR}+\lambda\cdot\vec{n}$ mit $\lambda\in\mathbb{R}$ und einem Normalenvektor $\vec{n}$.
- Betrachten Sie den Schnittpunkt M der Lotgeraden mit der Deckfläche.
- $L^*$ ist der Verdopplungspunkt der Strecke $\overline{LM}$.

## Lösung

a) Das Viereck ABCD ist genau dann ein Parallelogramm, wenn sich die Diagonalen halbieren (*Alternativ:* wenn zwei gegenüberliegende Seiten gleich lang und parallel sind.)

Es gilt für die Mittelpunkte:

$$M(AC) = \frac{1}{2}(\overrightarrow{OA} + \overrightarrow{OC}) = \frac{1}{2}\begin{pmatrix} 11 \\ 10 \\ -1 \end{pmatrix} \quad \text{und} \quad M(BD) = \frac{1}{2}(\overrightarrow{OB} + \overrightarrow{OD}) = \frac{1}{2}\begin{pmatrix} 11 \\ 10 \\ -1 \end{pmatrix}$$

Also sind die Mittelpunkte gleich und damit halbieren sich die Diagonalen.

**Alternativ:**
Es muss $\overrightarrow{AB} = \overrightarrow{DC}$ gelten:

$$\overrightarrow{AB} = \begin{pmatrix} 9 \\ 6 \\ -3 \end{pmatrix} \quad \text{und} \quad \overrightarrow{DC} = \begin{pmatrix} 11 \\ 10 \\ -1 \end{pmatrix} - \begin{pmatrix} 2 \\ 4 \\ 2 \end{pmatrix} = \begin{pmatrix} 9 \\ 6 \\ -3 \end{pmatrix}$$

Der Spat wird durch die drei Vektoren $\overrightarrow{AB}$, $\overrightarrow{AD}$ und $\overrightarrow{AE}$ aufgespannt.

Der Flächeninhalt der Grundfläche lässt sich bequem durch das Kreuzprodukt der beiden aufspannenden Vektoren $\overrightarrow{AB}$ und $\overrightarrow{AD}$ bestimmen. Es gilt

$$\overrightarrow{AD} = \begin{pmatrix} 2 \\ 4 \\ 2 \end{pmatrix}$$

und damit:

$$A_{\text{Grundfläche}} = |\overrightarrow{AB} \times \overrightarrow{AD}| = \left| \begin{pmatrix} 9 \\ 6 \\ -3 \end{pmatrix} \times \begin{pmatrix} 2 \\ 4 \\ 2 \end{pmatrix} \right| = \left| \begin{pmatrix} 24 \\ -24 \\ 24 \end{pmatrix} \right| = 24 \cdot \sqrt{3} \approx 41{,}57$$

Der Flächeninhalt beträgt somit gut 42 $mm^2$.

Das Volumen des Spats kann mithilfe des Skalarprodukts aus dem Kreuzprodukt der Grundflächenvektoren mit dem Vektor $\overrightarrow{AE}$ errechnet werden. Es gilt

$$A_{\text{Volumen}} = |(\overrightarrow{AB} \times \overrightarrow{AD}) \circ \overrightarrow{AE}| = \left| \begin{pmatrix} 24 \\ -24 \\ 24 \end{pmatrix} \circ \begin{pmatrix} 7 \\ 1 \\ 3 \end{pmatrix} \right| = 216,$$

das Spatvolumen beträgt also 216 $mm^3$.

b) Man bestimmt zunächst die Geradengleichung des Lichtstrahls. Es gilt:

$$g\colon\ \vec{x} = \overrightarrow{OL} + \lambda\vec{v} = \begin{pmatrix} 11 \\ 5 \\ 3 \end{pmatrix} + \lambda \begin{pmatrix} -11 \\ 15 \\ -19 \end{pmatrix} \quad \text{mit } \lambda \in \mathbb{R}$$

Für die Ebenengleichung E, die die Grundfläche ABCD enthält, wählt man eine Normalenform. Ein Normalenvektor von E wurde schon in Teilaufgabe a durch das Kreuzprodukt $\overrightarrow{AB} \times \overrightarrow{AD}$ bestimmt, dieser lässt sich vereinfachen zu

$$\vec{n} = \begin{pmatrix} 1 \\ -1 \\ 1 \end{pmatrix}.$$

Mithilfe der allgemeinen Normalenform $(\vec{x} - \vec{a}) \circ \vec{n} = 0$ erhält man für $\vec{a} = \overrightarrow{OA}$ nun für die Ebene:

$$E\colon\ \vec{x} \circ \begin{pmatrix} 1 \\ -1 \\ 1 \end{pmatrix} = 0$$

Setzt man den Term der Geradengleichung in E ein, erhält man den Parameter λ. Es gilt:

$$\left(\begin{pmatrix} 11 \\ 5 \\ 3 \end{pmatrix} + \lambda \begin{pmatrix} -11 \\ 15 \\ -19 \end{pmatrix}\right) \circ \begin{pmatrix} 1 \\ -1 \\ 1 \end{pmatrix} = 0 \quad \Leftrightarrow \quad 9 - 45\lambda = 0 \quad \Leftrightarrow \quad \lambda = \frac{1}{5}$$

Setzt man λ nun in die Geradengleichung ein, so erhält man den Schnittpunkt S von g mit E:

$$\overrightarrow{OS} = \begin{pmatrix} 11 \\ 5 \\ 3 \end{pmatrix} + \frac{1}{5} \begin{pmatrix} -11 \\ 15 \\ -19 \end{pmatrix} = \begin{pmatrix} \frac{44}{5} \\ 8 \\ -\frac{4}{5} \end{pmatrix}$$

Um zu zeigen, dass der Punkt S nicht nur in der Ebene E, sondern zusätzlich innerhalb der Grundfläche ABCD liegt, muss es für die Gleichung

$\overrightarrow{OS} = r \cdot \overrightarrow{AB} + s \cdot \overrightarrow{AD}$ reelle Zahlen r und s so geben, dass $0 \leq r,\ s \leq 1$ gilt.

Tatsächlich folgt aus der ersten und dritten Komponente von

$$\begin{pmatrix} \frac{44}{5} \\ 8 \\ -\frac{4}{5} \end{pmatrix} = r \cdot \begin{pmatrix} 9 \\ 6 \\ -3 \end{pmatrix} + s \cdot \begin{pmatrix} 2 \\ 4 \\ 2 \end{pmatrix}$$

das System

$$\frac{44}{5} = 9r + 2s \text{ und } -\frac{4}{5} = -3r + 2s,$$

welches die Lösung

$$r = s = \frac{4}{5}$$

besitzt. Da $0 \leq \frac{4}{5} \leq 1$ gilt, liegt S innerhalb der Grundfläche.

Für den eingeschlossenen Winkel zwischen E und g gilt

$$\sin(\alpha) = \frac{|\vec{n} \circ \vec{v}|}{|\vec{n}| \cdot |\vec{v}|} = \frac{\left|\begin{pmatrix} 1 \\ -1 \\ 1 \end{pmatrix} \circ \begin{pmatrix} -11 \\ 15 \\ -19 \end{pmatrix}\right|}{\left|\begin{pmatrix} 1 \\ -1 \\ 1 \end{pmatrix}\right| \cdot \left|\begin{pmatrix} -11 \\ 15 \\ -19 \end{pmatrix}\right|} = \frac{45}{\sqrt{3} \cdot \sqrt{707}} \approx 0{,}977, \text{ also } \alpha \approx \sin^{-1}(0{,}977).$$

Demnach beträgt der Winkel nach Umrechnung etwa 77,7°.

c) Es wird davon ausgegangen, dass der „Aktionsradius" des Bewegungsmelders mithilfe einer Kugel mit dem Mittelpunkt K beschrieben werden kann. Der Radius der Kugel entspricht dann der Reichweite des Bewegungsmelders.

Die Gleichung der Kugel lautet dann:

$$k: \left[\vec{x} - \begin{pmatrix} 4{,}5 \\ 5 \\ 4 \end{pmatrix}\right]^2 = 2{,}5^2 = 6{,}25$$

Für die Gerade h, auf der sich der „Kopf F befindet", gilt:

$$h: \vec{x} = \overrightarrow{OF} + \lambda \cdot \overrightarrow{TV} = \begin{pmatrix} 3 \\ 0 \\ 0+2 \end{pmatrix} + t \cdot \begin{pmatrix} 3 \\ 10 \\ 0 \end{pmatrix} \quad \text{mit } t \in \mathbb{R}$$

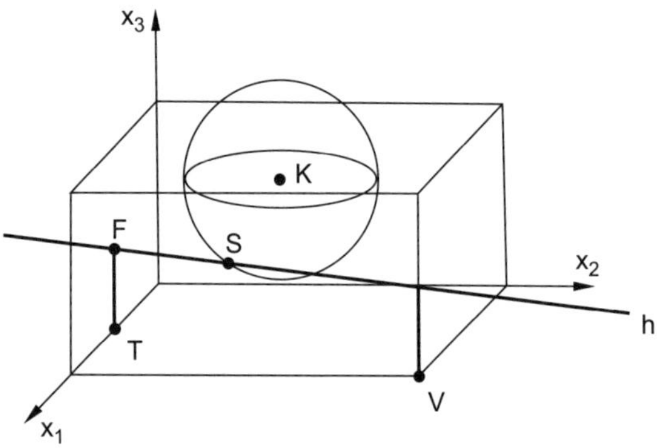


Setzt man nun den rechten Teil der Geradengleichung in die Kugelgleichung ein, so erhält man (eventuell, nach Aufgabenstellung aber sicher) einen Parameter λ, mit dem der Schnittpunkt durch Einsetzen in die Geradengleichung ermittelt werden kann. Es gilt:

$$\left[\begin{pmatrix} 3 \\ 0 \\ 2 \end{pmatrix} + t \cdot \begin{pmatrix} 3 \\ 10 \\ 0 \end{pmatrix} - \begin{pmatrix} 4{,}5 \\ 5 \\ 4 \end{pmatrix}\right]^2 = \left[\begin{pmatrix} -1{,}5 \\ -5 \\ -2 \end{pmatrix} + t \cdot \begin{pmatrix} 3 \\ 10 \\ 0 \end{pmatrix}\right]^2 = 6{,}25$$

Damit erhält man:

$$(-1{,}5+3t)^2+(-5+10t)^2+(-2)^2=6{,}25$$

$$2{,}25-9t+9t^2+25-100t+100t^2+4=6{,}25$$

$$109t^2-109t+25=0$$

$$t^2-t+\frac{25}{109}=0$$

Diese quadratische Gleichung hat die Lösungen:

$$t=\frac{1}{2}-\sqrt{\frac{1}{4}-\frac{25}{109}}\approx 0{,}356 \;\vee\; t=\frac{1}{2}+\sqrt{\frac{1}{4}-\frac{25}{109}}\approx 0{,}644$$

Da die Gerade h „in Richtung“ Vitrine verläuft, ist der kleinere Wert von t derjenige, der „weiter vorne“ auf der Geraden ist: Für den Schnittpunkt S gilt nun

$$\overrightarrow{OS}\approx\begin{pmatrix}3\\0\\2\end{pmatrix}+0{,}356\cdot\begin{pmatrix}3\\10\\0\end{pmatrix}.$$

Der Abstand der beiden Punkte F und S errechnet sich nun durch

$$|FS|=|\overrightarrow{OF}-\overrightarrow{OS}|=\left|\begin{pmatrix}3\\0\\2\end{pmatrix}-\left(\begin{pmatrix}3\\0\\2\end{pmatrix}+0{,}356\cdot\begin{pmatrix}3\\10\\0\end{pmatrix}\right)\right|=\left|-0{,}356\cdot\begin{pmatrix}3\\10\\0\end{pmatrix}\right|\approx 3{,}7.$$

Der Einbrecher kann also ca. 3,7 m ungestört gehen.

d) Man betrachtet das Lot $\ell$ von R auf die Grundfläche ABCD.
Es hat die Gleichung

$\ell\colon\ \vec{x}=\overrightarrow{OR}+\lambda\cdot\vec{n}\quad \text{mit } \lambda\in\mathbb{R}$

und einem Normalenvektor $\vec{n}$ von E.
Der Schnittpunkt von $\ell$ mit der Deckfläche sei der Punkt M.

Für den an M gespiegelten Punkt $L^*$ gilt nun $\overrightarrow{OL^*}=\overrightarrow{OL}+2\cdot\overrightarrow{LM}$. Ist R bekannt, so lässt sich die Lotgerade $\ell$ und damit auch M bestimmen.
Damit kann nun $L^*$ errechnet werden.

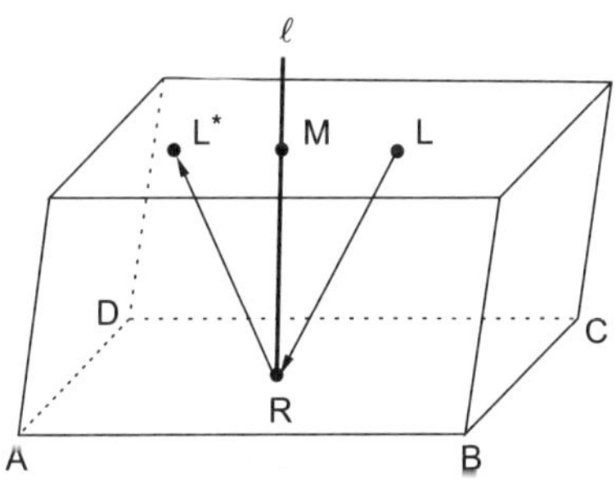

## Schleswig-Holstein – Kernfach Mathematik
## 2011 – Aufgabe 4: Analytische Geometrie

Um Prototypen von Flugzeugen zu testen, wurde ein großes Testgebiet ausgewiesen. Ein Koordinatensystem ist so festgelegt worden, dass die $x_1$-$x_2$-Ebene den Boden darstellt. Ein Funkfeuer befindet sich am Punkt $L(-101\,|\,-151\,|\,0)$.
In dem Testgebiet ist ein Dreieckskurs mit den Eckpunkten $A(50\,|\,60\,|\,2)$, $B(-30\,|\,100\,|\,4)$ und $C(10\,|\,40\,|\,5)$ festgelegt worden. Eine Längeneinheit entspricht einem Kilometer.

a) Bestimmen Sie die Gesamtlänge des Dreieckskurses ABC und den Winkel der Kursänderung, um von der Flugroute AB zur Flugroute BC zu kommen. 5 P

b) Dieser Dreieckskurs liegt in einer Ebene F.
- Bestimmen Sie eine Koordinatenform von F und ermitteln Sie die kürzeste Distanz, die ein Punkt der Ebene F zum Funkfeuer L haben kann. [*Kontrolle: Eine Koordinatenform von F ist F:* $x_1 + x_2 + 20x_3 = 150$.]
- Berechnen Sie den Punkt K der Ebene F, der zum Punkt L den kleinsten Abstand hat.
- Ermitteln Sie zwei Punkte auf dem Boden, die ebenfalls zur Ebene F gehören. 11 P

c) Um die Wetterverhältnisse bei den Tests genau zu erfassen, lässt man vorher einen kugelförmigen Wetterballon steigen, dessen Mittelpunkt sich dann bei den Flügen stationär bei $M(17\,|\,62\,|\,4{,}8)$ befindet.
- Weisen Sie rechnerisch nach, dass ein Flugzeug auf seinem Weg von B nach C immer einen Abstand von mehr als 18 km zum Wetterballonmittelpunkt hat.
- Im Cockpit des Flugzeugs ertönt ein Warnton, sobald der Abstand zum Ballonmittelpunkt 9 km oder weniger beträgt. Geben Sie eine Kugelgleichung für den Rand dieses Warnbereichs um den Ballon an.
- Berechnen Sie den Punkt, an dem das Warnsignal zuerst ertönt, wenn der Pilot vom Punkt $D(18\,|\,76\,|\,2{,}8)$ direkt auf den Ballonmittelpunkt zusteuert.
  (Runden Sie die Koordinaten auf zwei Nachkommastellen genau.) 11 P

d) Ein Pilot hat sich sofort beim Tower zu melden, wenn er sich der Ebene Z mit Z: $2x_1 - 4x_2 + x_3 = 507$ auf 50 km genähert hat.
Ein Pilot fliegt sein Flugzeug von B über C und ändert seinen Kurs auch nicht. Beschreiben Sie ein Verfahren, wie man den Meldepunkt auf dem Kurs bestimmen kann. (Eine konkrete Rechnung ist nicht verlangt.) 3 P

## Hinweise und Tipps

### Teilaufgabe a

- Um die Länge des Dreieckskurses zu bestimmen, berechnen Sie die Längen der Seiten von A über B nach C und zurück zu A.
- Berechnen Sie also die drei Längen $|AB|$, $|BC|$ und $|CA|$.
- Der Winkel der Kursänderung der Flugroute AB zur Flugroute BC entspricht dem von den beiden Vektoren $\overrightarrow{AB}$ und $\overrightarrow{BC}$ eingeschlossenen Winkel.
- Benutzen Sie hierfür den Ausdruck:

$$\cos(\beta) = \frac{\overrightarrow{AB} \circ \overrightarrow{BC}}{|\overrightarrow{AB}| \cdot |\overrightarrow{BC}|}$$

### Teilaufgabe b

- Bestimmen Sie zunächst einen Normalenvektor der Ebene F.
- Diesen Normalenvektor erhalten Sie z. B. aus dem Kreuzprodukt der die Ebene aufspannenden Vektoren, also z. B. $\overrightarrow{AB}$ und $\overrightarrow{BC}$.
- Die Normalenform der Ebenengleichung lautet F: $(\vec{x} - \vec{p}) \circ \vec{n} = 0$.
- Durch Einsetzen des Ortsvektors $\overrightarrow{OA}$ in F für $\vec{p}$ erhält man nach Umformung die gesuchte Koordinatenform.
- Zur Abstandsbestimmung bietet sich die Hesse'sche Normalenform der Ebene F an.
- Allgemein lautet sie mit einem Normaleneinheitsvektor und einem Punkt der Ebene F: $\vec{n}_0 \circ (\vec{x} - \vec{p}) = 0$.
- Für den Abstand d des Punktes A von F gilt nun für das Funkfeuer L $d = |\vec{n}_0 \circ (\overrightarrow{OL} - \overrightarrow{OA})|$.
- Der gesuchte, auf F liegende Punkt K lässt sich mithilfe des eben ermittelten Abstandes d von L zur Ebene F und dem Normaleneinheitsvektor ausdrücken durch: $\overrightarrow{OK} = \overrightarrow{OL} + d \cdot \vec{n}_0$ oder $\overrightarrow{OK} = \overrightarrow{OL} - d \cdot \vec{n}_0$
- Alternativ hierzu kann man die Lotgerade $\ell$ durch L zu F bestimmen. Der Schnitt von $\ell$ mit der Ebene F würde dann den Punkt K ergeben. Der Abstand der Punkte K und L ist dann die gesuchte kürzeste Entfernung der Ebene F vom Punkt L.
- Für die auf dem Boden liegenden Punkte der Ebene F muss in der Koordinatenform von F die dritte Koordinate den Wert null haben.

### Teilaufgabe c

- Bestimmen Sie den Abstand des Mittelpunktes M des Ballons zur Geraden durch die Punkte B und C.
- Stellen Sie dazu eine Geradengleichung zu B und C auf.
- Ermitteln Sie eine Ebene E, die senkrecht zur Geraden BC verläuft und durch den Punkt M geht.

- Wählen Sie für diese Ebene E eine Normalenform (der Richtungsvektor der Geraden ist ein Normalenvektor der Ebene).
- Setzen Sie die Koordinaten der Geradengleichung in die erhaltene Ebenengleichung ein, um einen Parameter für den Schnittpunkt dieser beiden Objekte zu erhalten.
- Wenn Sie den Parameter in die Geradengleichung einsetzen, erhalten Sie einen Punkt S auf der Geraden BC. Der Abstand von S zum Mittelpunkt M ist die gesuchte kürzeste Entfernung.
- Fertigen Sie eine Skizze für den Warnbereich „der Kugel“ an.
- Bestimmen Sie eine Kugelgleichung mithilfe von K: $[\vec{x}-\overrightarrow{OM}]^2 = r^2$.
- Stellen Sie eine vektorielle Bedingung für den Warnsignalpunkt auf.

**Teilaufgabe d**

- Nutzen Sie das gleiche Verfahren wie in Teilaufgabe b.
- Nutzen Sie die Hesse'sche Normalenform Z: $\vec{n}_0 \circ (\vec{x}-\vec{p}) = 0$.
- Nutzen Sie die zugehörige Abstandsformel $d = \left|\vec{n}_0 \circ (\vec{x}-\overrightarrow{OP})\right|$.
- Setzen Sie den Term der Geradengleichung in die Abstandsformel ein.
- Welche Bedeutung haben die daraus gewonnenen Parameter?

## Lösung

a) Um die Gesamtlänge des Dreieckskurses ABC zu bestimmen, berechnet man die Länge der Strecke von A über B nach C und zurück zu A, also im Einzelnen:

$$|AB| = |\overrightarrow{AB}| = \left|\begin{pmatrix}-30\\100\\4\end{pmatrix} - \begin{pmatrix}50\\60\\2\end{pmatrix}\right| = \left|\begin{pmatrix}-80\\40\\2\end{pmatrix}\right| = \sqrt{(-80)^2+40^2+2^2} = \sqrt{8\,004},$$

$$|BC| = |\overrightarrow{BC}| = \left|\begin{pmatrix}10\\40\\5\end{pmatrix} - \begin{pmatrix}-30\\100\\4\end{pmatrix}\right| = \left|\begin{pmatrix}40\\-60\\1\end{pmatrix}\right| = \sqrt{5\,201} \quad \text{und}$$

$$|CA| = |\overrightarrow{CA}| = \left|\begin{pmatrix}50\\60\\2\end{pmatrix} - \begin{pmatrix}10\\40\\5\end{pmatrix}\right| = \left|\begin{pmatrix}40\\20\\-3\end{pmatrix}\right| = \sqrt{2\,009}$$

Als Summe für die Länge des Dreieckskurses ergibt sich gerundet 206 km.

Die Kursänderung, die der Pilot beim Übergang der Route von A in Richtung B zur Richtung C tätigen muss, wird durch den Winkel $\beta$ zwischen den Vektoren $\overrightarrow{AB}$ und $\overrightarrow{BC}$ ausgedrückt, hierfür gilt:

$$\cos(\beta) = \frac{\overrightarrow{AB} \circ \overrightarrow{BC}}{|\overrightarrow{AB}| \cdot |\overrightarrow{BC}|} = \frac{\begin{pmatrix}-80\\40\\2\end{pmatrix} \circ \begin{pmatrix}40\\-60\\1\end{pmatrix}}{\sqrt{8\,004} \cdot \sqrt{5\,201}} = \frac{-5\,598}{\sqrt{8\,004} \cdot \sqrt{5\,201}} \approx -0{,}868$$

Also beträgt die Kursänderung gerundet:

$$\beta = \cos^{-1}\left(\frac{-5\,598}{\sqrt{8\,004} \cdot \sqrt{5\,201}}\right) \approx 150°$$

b) Aus den beiden Vektoren $\overrightarrow{AB}$ und $\overrightarrow{BC}$ des Dreieckskurses lässt sich mithilfe des Kreuzproduktes ein Normalenvektor der Ebene F berechnen, es gilt hierfür $\overrightarrow{AB} \times \overrightarrow{BC} = \begin{pmatrix}160\\160\\3\,200\end{pmatrix}$, vereinfachen lässt sich dieser Normalenvektor zu $\vec{n} = \begin{pmatrix}1\\1\\20\end{pmatrix}$.

Mit der Normalenform der Ebenengleichung F: $(\vec{x} - \vec{p}) \circ \vec{n} = 0$ folgt für den Punkt A der Ebene F (also $\vec{p} = \overrightarrow{OA}$) die gesuchte Koordinatenform:

$$F: \left(\begin{pmatrix}x_1\\x_2\\x_3\end{pmatrix} - \begin{pmatrix}50\\60\\2\end{pmatrix}\right) \circ \begin{pmatrix}1\\1\\20\end{pmatrix} = 0 \quad \Leftrightarrow \quad F: x_1 - 50 + x_2 - 60 + 20x_3 - 40 = 0$$

$$\Leftrightarrow \quad F: x_1 + x_2 + 20x_3 = 150$$

Zur Abstandsbestimmung bietet sich die Hesse'sche Normalenform der Ebene F an. Sie lautet allgemein mit Einheitsnormalenvektor und einem Punkt P der Ebene F: $\vec{n}_0 \circ (\vec{x} - \vec{p}) = 0$.

Für den Abstand d eines Punktes X von F gilt für das Funkfeuer L und den Ebenenpunkt A damit

$$d = \left| \vec{n}_0 \circ (\overrightarrow{OL} - \overrightarrow{OA}) \right| = \left| \frac{1}{\sqrt{402}} \begin{pmatrix} 1 \\ 1 \\ 20 \end{pmatrix} \circ \left( \begin{pmatrix} -101 \\ -151 \\ 0 \end{pmatrix} - \begin{pmatrix} 50 \\ 60 \\ 2 \end{pmatrix} \right) \right|$$

$$= \left| \frac{1}{\sqrt{402}} \begin{pmatrix} 1 \\ 1 \\ 20 \end{pmatrix} \circ \left( \begin{pmatrix} -151 \\ -211 \\ -2 \end{pmatrix} \right) \right|$$

$$= \left| \frac{-402}{\sqrt{402}} \right| \approx 20,05$$

Das Funkfeuer ist damit gerundet 20 km von der Ebene des Dreieckskurses entfernt.

Der gesuchte, auf F liegende Punkt K lässt sich mithilfe des Abstandes d von L zur Ebene F und dem Einheitsnormalenvektor „bis auf die Richtung: oben oder unten" ausdrücken durch

$\overrightarrow{OK} = \overrightarrow{OL} + d \cdot \vec{n}_0$ oder $\overrightarrow{OK} = \overrightarrow{OL} - d \cdot \vec{n}_0$,

also

$$\overrightarrow{OK} = \begin{pmatrix} -101 \\ -151 \\ 0 \end{pmatrix} + \frac{402}{\sqrt{402}} \cdot \frac{1}{\sqrt{402}} \cdot \begin{pmatrix} 1 \\ 1 \\ 20 \end{pmatrix} \quad \text{oder} \quad \overrightarrow{OK} = \begin{pmatrix} -101 \\ -151 \\ 0 \end{pmatrix} - \frac{402}{\sqrt{402}} \cdot \frac{1}{\sqrt{402}} \cdot \begin{pmatrix} 1 \\ 1 \\ 20 \end{pmatrix},$$

also:

$$\overrightarrow{OK} = \begin{pmatrix} -101 \\ -151 \\ 0 \end{pmatrix} + 1 \cdot \begin{pmatrix} 1 \\ 1 \\ 20 \end{pmatrix} = \begin{pmatrix} -100 \\ -150 \\ 20 \end{pmatrix} \qquad \text{oder} \quad \overrightarrow{OK} = \begin{pmatrix} -101 \\ -151 \\ 0 \end{pmatrix} - 1 \cdot \begin{pmatrix} 1 \\ 1 \\ 20 \end{pmatrix} = \begin{pmatrix} -102 \\ -152 \\ -20 \end{pmatrix}$$

Der Punkt $\begin{pmatrix} -100 \\ -150 \\ 20 \end{pmatrix}$ erfüllt die Koordinatengleichung von F, daher ist dieser der gesuchte Punkt der Ebene mit kleinstem Abstand von L.

**Alternativ** hierzu hätte man die Lotgerade $\ell$ durch L zu F bestimmen können. Der Schnitt von $\ell$ mit der Ebene F hätte dann den Punkt K ergeben. Der Abstand der Punkte K und L wäre dann die gesuchte kürzeste Entfernung der Ebene F vom Punkt L.

Für die auf dem Boden liegenden Punkte der Ebenenkoordinatenform von F: $x_1 + x_2 + 20x_3 = 150$ muss die dritte Koordinate den Wert null haben.
Die gesuchten Punkte müssen also lediglich der Gleichung $x_1 + x_2 + 20 \cdot 0 = x_1 + x_2 = 150$ genügen.
Zum Beispiel sind es die Punkte P(150 | 0 | 0) oder Q(70 | 80 | 0).

c) Laut Aufgabenstellung ist der Abstand des Punktes M von der Geraden durch B und C zu bestimmen. Für diese Geradengleichung g gilt:

$$g(BC):\ \vec{x} = \overrightarrow{OB} + r \cdot \overrightarrow{BC} = \begin{pmatrix} -30 \\ 100 \\ 4 \end{pmatrix} + r \cdot \begin{pmatrix} 40 \\ -60 \\ 1 \end{pmatrix}$$

Eine senkrecht zur Geraden BC verlaufende und M enthaltene Ebene E kann mithilfe des Richtungsvektors der Geraden in Normalenform beschrieben werden (denn der Richtungsvektor der Geraden ist der Normalenvektor der Ebene):

$$E:\ \left[\vec{x} - \begin{pmatrix} 17 \\ 62 \\ 4{,}8 \end{pmatrix}\right] \circ \begin{pmatrix} 40 \\ -60 \\ 1 \end{pmatrix} = 0$$

und damit

$$E:\ 40x_1 - 60x_2 + x_3 = -3\,035{,}2$$

Schneidet man nun die Objekte g(BC) und E, erhält man die Gleichung

$$\begin{aligned} & 40 \cdot (40r - 30) - 60 \cdot (-60r + 100) + r + 4 = -3\,035{,}2 \\ \Leftrightarrow\quad & 1\,600r - 1\,200 + 3\,600r - 6\,000 + r + 4 = -3\,035{,}2 \\ \Leftrightarrow\quad & 5\,201r = 4\,160{,}8 \\ \Leftrightarrow\quad & r = 0{,}8 \end{aligned}$$

Durch Einsetzen in g(BC) erhält man daraus als Schnittpunkt S(2 | 52 | 4,8). Damit beträgt der Abstand von M zu S

$$|\overrightarrow{MS}| = \left|\begin{pmatrix} 2 \\ 52 \\ 4{,}8 \end{pmatrix} - \begin{pmatrix} 17 \\ 62 \\ 4{,}8 \end{pmatrix}\right| = \left|\begin{pmatrix} -15 \\ -10 \\ 0 \end{pmatrix}\right| = \sqrt{325} = 5\sqrt{13} \approx 18{,}03.$$

Da dies die kürzeste Entfernung vom Ballonmittelpunkt M zur Geraden BC ist, ist der Abstand des Flugzeugs auf dem Weg von B nach C von diesem stets größer als 18 km.

Die Kugel K mit dem Radius von 9 km, die den Rand des Warnbereichs vom Mittelpunkt M bildet, lässt sich durch folgende Kugelgleichung beschreiben:

$$K:\ [\vec{x} - \overrightarrow{OM}]^2 = r^2, \text{ also}$$

$$K:\ \left[\vec{x} - \begin{pmatrix} 17 \\ 62 \\ 4{,}8 \end{pmatrix}\right]^2 = 81$$

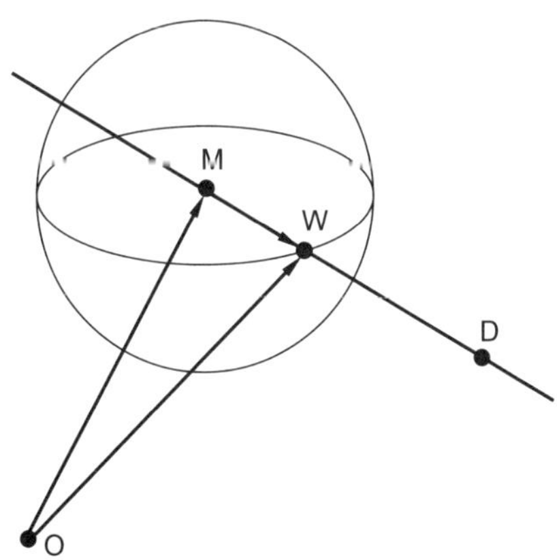

Für den Warnsignalpunkt W gilt $\overrightarrow{OW} = \overrightarrow{OM} + \overrightarrow{MW}$ (vgl. Abbildung), wobei sich der Vektor $\overrightarrow{MW}$ durch den normierten Richtungsvektor der Geraden g(MD) und seiner bekannten Länge, nämlich dem Kugelradius r, darstellen lässt. Es gilt

$$\overrightarrow{MW} = r \cdot \frac{\overrightarrow{MD}}{|\overrightarrow{MD}|} = \frac{9}{\sqrt{201}} \cdot \begin{pmatrix} 1 \\ 14 \\ -2 \end{pmatrix},$$

also gilt für den Ortsvektor von W

$$\overrightarrow{OW} = \begin{pmatrix} 17 \\ 62 \\ 4{,}8 \end{pmatrix} + \frac{9}{\sqrt{201}} \cdot \begin{pmatrix} 1 \\ 14 \\ -2 \end{pmatrix} \approx \begin{pmatrix} 17{,}63 \\ 70{,}89 \\ 3{,}53 \end{pmatrix}.$$

**Alternativ** lässt sich W auch durch die gemeinsamen Schnittpunkte von K und g(MD) bestimmen.

d) Hier kann das Verfahren in Teilaufgabe b helfen: Zur Abstandsbestimmung bietet sich die Hesse'sche Normalenform der Ebene Z an, welche mit den üblichen Buchstaben Z: $\vec{n}_0 \circ (\vec{x} - \vec{p}) = 0$ lautet. Nun gibt $d = |\vec{n}_0 \circ (\vec{x} - \overrightarrow{OP})|$ den Abstand eines jeden Punktes X von der Ebene Z an. Wählt man darin für den Abstand nun 50 km und setzt die Menge aller Geradenpunkte, also die rechte Seite der Geradengleichung von BC, ein, so erhält man im Falle der Nichtparallelität von Ebene und Gerade zwei Lösungen aus der Betragsgleichung, wobei der kleinere Parameter durch Einsetzen in die Geradengleichung den Meldepunkt erzeugt.

# Schleswig-Holstein – Kernfach Mathematik
## 2011 – Aufgabe 5: Stochastik

**Vorbemerkung:** Führen Sie stets geeignete Zufallsvariablen und Namen für Ereignisse ein. Machen Sie auch Angaben über die Verteilung der jeweiligen Zufallsvariablen.

5 Prozent einer großen Bevölkerung haben den Erreger der „W-Krankheit" im Blut. Im Folgenden werden infizierte Personen als „I-Personen" bezeichnet.

a) Von einem Schnelltest ist bekannt, dass 94 % der Infizierten als Träger des Erregers erkannt werden. 8 % nicht infizierter Personen werden jedoch irrtümlich als Träger des Erregers diagnostiziert.

- Erstellen Sie zu diesem Sachverhalt entweder eine vollständig ausgefüllte Vierfeldertafel oder die entsprechenden vollständig beschrifteten Baumdiagramme.
- Geben Sie die Wahrscheinlichkeit an, dass eine zufällig auszuwählende Person nicht infiziert ist, wenn sie ein positives Testergebnis (Test hat eine Infektion angezeigt) erhalten hat.
- Geben Sie die Wahrscheinlichkeit an, dass eine zufällig auszuwählende Person infiziert ist, wenn sie ein negatives Testergebnis (Test hat keine Infektion angezeigt) erhalten hat.
- Bewerten Sie die beiden Ergebnisse. 9 P

b) Berechnen Sie mithilfe eines Näherungsverfahrens die Wahrscheinlichkeiten, dass sich unter 1 000 Personen der betrachteten Bevölkerung

- höchstens 35 I-Personen befinden,
- mindestens 60 I-Personen befinden. 5 P

c) Ein Symptom der W-Krankheit ist eine Hautveränderung. Eine Arzneimittelfirma hat ein Gegenmittel „Contra-W" gegen diese Hautveränderung entwickelt. Die Firma behauptet, dass der Anteil der mit „Contra-W" behandelten Personen, die nicht innerhalb von 3 Tagen gesunden, unter 10 % liegt.

- Entwickeln Sie ein Testverfahren mit 850 Probanden mit dem Ziel der Bestätigung der Firmenaussage auf dem Signifikanzniveau 0,3 %.
- Beschreiben Sie die Bedeutung des Fehlers 2. Art im Sachzusammenhang. 13 P

d) Nun ist der Erreger auch auf der kleinen Insel „Paradisia" eingeschleppt worden. Der Erreger hat exakt 5 % der 20-köpfigen Inselbevölkerung befallen.
Es sollen 10 Personen der Inselbevölkerung zufällig ausgewählt werden. Die Zufallsvariable X beschreibe die Anzahl der sich darunter befindenden I-Personen.
Untersuchen Sie, ob die Wahrscheinlichkeitsverteilung von X durch die Binomialverteilung bzw. die hypergeometrische Verteilung angemessen beschrieben werden kann. 3 P

## Tabelle zur Normalverteilung: Werte der Gauß'schen Integralfunktion Φ

| z | Φ(−z) | Φ(z) | z | Φ(−z) | Φ(z) | z | Φ(−z) | Φ(z) | z | Φ(−z) | Φ(z) |
|---|---|---|---|---|---|---|---|---|---|---|---|
| 0,01 | 0,4960 | 0,5040 | 0,41 | 0,3409 | 0,6591 | 0,81 | 0,2090 | 0,7910 | 1,21 | 0,1131 | 0,8869 |
| 0,02 | 0,4920 | 0,5080 | 0,42 | 0,3372 | 0,6628 | 0,82 | 0,2061 | 0,7939 | 1,22 | 0,1112 | 0,8888 |
| 0,03 | 0,4880 | 0,5120 | 0,43 | 0,3336 | 0,6664 | 0,83 | 0,2033 | 0,7967 | 1,23 | 0,1093 | 0,8907 |
| 0,04 | 0,4840 | 0,5160 | 0,44 | 0,3300 | 0,6700 | 0,84 | 0,2005 | 0,7995 | 1,24 | 0,1075 | 0,8925 |
| 0,05 | 0,4801 | 0,5199 | 0,45 | 0,3264 | 0,6736 | 0,85 | 0,1977 | 0,8023 | 1,25 | 0,1056 | 0,8944 |
| 0,06 | 0,4761 | 0,5239 | 0,46 | 0,3228 | 0,6772 | 0,86 | 0,1949 | 0,8051 | 1,26 | 0,1038 | 0,8962 |
| 0,07 | 0,4721 | 0,5279 | 0,47 | 0,3192 | 0,6808 | 0,87 | 0,1922 | 0,8078 | 1,27 | 0,1020 | 0,8980 |
| 0,08 | 0,4681 | 0,5319 | 0,48 | 0,3156 | 0,6844 | 0,88 | 0,1894 | 0,8106 | 1,28 | 0,1003 | 0,8997 |
| 0,09 | 0,4641 | 0,5359 | 0,49 | 0,3121 | 0,6879 | 0,89 | 0,1867 | 0,8133 | 1,29 | 0,0985 | 0,9015 |
| 0,10 | 0,4602 | 0,5398 | **0,50** | 0,3085 | 0,6915 | 0,90 | 0,1841 | 0,8159 | 1,30 | 0,0968 | 0,9032 |
| 0,11 | 0,4562 | 0,5438 | 0,51 | 0,3050 | 0,6950 | 0,91 | 0,1814 | 0,8186 | 1,31 | 0,0951 | 0,9049 |
| 0,12 | 0,4522 | 0,5478 | 0,52 | 0,3015 | 0,6985 | 0,92 | 0,1788 | 0,8212 | 1,32 | 0,0934 | 0,9066 |
| 0,13 | 0,4483 | 0,5517 | 0,53 | 0,2981 | 0,7019 | 0,93 | 0,1762 | 0,8238 | 1,33 | 0,0918 | 0,9082 |
| 0,14 | 0,4443 | 0,5557 | 0,54 | 0,2946 | 0,7054 | 0,94 | 0,1736 | 0,8264 | 1,34 | 0,0901 | 0,9099 |
| 0,15 | 0,4404 | 0,5596 | 0,55 | 0,2912 | 0,7088 | 0,95 | 0,1711 | 0,8289 | 1,35 | 0,0885 | 0,9115 |
| 0,16 | 0,4364 | 0,5636 | 0,56 | 0,2877 | 0,7123 | 0,96 | 0,1685 | 0,8315 | 1,36 | 0,0869 | 0,9131 |
| 0,17 | 0,4325 | 0,5675 | 0,57 | 0,2843 | 0,7157 | 0,97 | 0,1660 | 0,8340 | 1,37 | 0,0853 | 0,9147 |
| 0,18 | 0,4286 | 0,5714 | 0,58 | 0,2810 | 0,7190 | 0,98 | 0,1635 | 0,8365 | 1,38 | 0,0838 | 0,9162 |
| 0,19 | 0,4247 | 0,5753 | 0,59 | 0,2776 | 0,7224 | 0,99 | 0,1611 | 0,8389 | 1,39 | 0,0823 | 0,9177 |
| 0,20 | 0,4207 | 0,5793 | 0,60 | 0,2743 | 0,7257 | **1,00** | 0,1587 | 0,8413 | 1,40 | 0,0808 | 0,9192 |
| 0,21 | 0,4168 | 0,5832 | 0,61 | 0,2709 | 0,7291 | 1,01 | 0,1562 | 0,8438 | 1,41 | 0,0793 | 0,9207 |
| 0,22 | 0,4129 | 0,5871 | 0,62 | 0,2676 | 0,7324 | 1,02 | 0,1539 | 0,8461 | 1,42 | 0,0778 | 0,9222 |
| 0,23 | 0,4090 | 0,5910 | 0,63 | 0,2643 | 0,7357 | 1,03 | 0,1515 | 0,8485 | 1,43 | 0,0764 | 0,9236 |
| 0,24 | 0,4052 | 0,5948 | 0,64 | 0,2611 | 0,7389 | 1,04 | 0,1492 | 0,8508 | 1,44 | 0,0749 | 0,9251 |
| 0,25 | 0,4013 | 0,5987 | 0,65 | 0,2578 | 0,7422 | 1,05 | 0,1469 | 0,8531 | 1,45 | 0,0735 | 0,9265 |
| 0,26 | 0,3974 | 0,6026 | 0,66 | 0,2546 | 0,7454 | 1,06 | 0,1446 | 0,8554 | 1,46 | 0,0721 | 0,9279 |
| 0,27 | 0,3936 | 0,6064 | 0,67 | 0,2514 | 0,7486 | 1,07 | 0,1423 | 0,8577 | 1,47 | 0,0708 | 0,9292 |
| 0,28 | 0,3897 | 0,6103 | 0,68 | 0,2483 | 0,7517 | 1,08 | 0,1401 | 0,8599 | 1,48 | 0,0694 | 0,9306 |
| 0,29 | 0,3859 | 0,6141 | 0,69 | 0,2451 | 0,7549 | 1,09 | 0,1379 | 0,8621 | 1,49 | 0,0681 | 0,9319 |
| 0,30 | 0,3821 | 0,6179 | 0,70 | 0,2420 | 0,7580 | 1,10 | 0,1357 | 0,8643 | **1,50** | 0,0668 | 0,9332 |
| 0,31 | 0,3783 | 0,6217 | 0,71 | 0,2389 | 0,7611 | 1,11 | 0,1335 | 0,8665 | 1,51 | 0,0655 | 0,9345 |
| 0,32 | 0,3745 | 0,6255 | 0,72 | 0,2358 | 0,7642 | 1,12 | 0,1314 | 0,8686 | 1,52 | 0,0643 | 0,9357 |
| 0,33 | 0,3707 | 0,6293 | 0,73 | 0,2327 | 0,7673 | 1,13 | 0,1292 | 0,8708 | 1,53 | 0,0630 | 0,9370 |
| 0,34 | 0,3669 | 0,6331 | 0,74 | 0,2296 | 0,7704 | 1,14 | 0,1271 | 0,8729 | 1,54 | 0,0618 | 0,9382 |
| 0,35 | 0,3632 | 0,6368 | 0,75 | 0,2266 | 0,7734 | 1,15 | 0,1251 | 0,8749 | 1,55 | 0,0606 | 0,9394 |
| 0,36 | 0,3594 | 0,6406 | 0,76 | 0,2236 | 0,7764 | 1,16 | 0,1230 | 0,8770 | 1,56 | 0,0594 | 0,9406 |
| 0,37 | 0,3557 | 0,6443 | 0,77 | 0,2206 | 0,7794 | 1,17 | 0,1210 | 0,8790 | 1,57 | 0,0582 | 0,9418 |
| 0,38 | 0,3520 | 0,6480 | 0,78 | 0,2177 | 0,7823 | 1,18 | 0,1190 | 0,8810 | 1,58 | 0,0571 | 0,9429 |
| 0,39 | 0,3483 | 0,6517 | 0,79 | 0,2148 | 0,7852 | 1,19 | 0,1170 | 0,8830 | 1,59 | 0,0559 | 0,9441 |
| 0,40 | 0,3446 | 0,6554 | 0,80 | 0,2119 | 0,7881 | 1,20 | 0,1151 | 0,8849 | 1,60 | 0,0548 | 0,9452 |

| z | Φ(−z) | Φ(z) |
|---|---|---|
| 1,61 | 0,0537 | 0,9463 |
| 1,62 | 0,0526 | 0,9474 |
| 1,63 | 0,0516 | 0,9484 |
| 1,64 | 0,0505 | 0,9495 |
| 1,65 | 0,0495 | 0,9505 |
| 1,66 | 0,0485 | 0,9515 |
| 1,67 | 0,0475 | 0,9525 |
| 1,68 | 0,0465 | 0,9535 |
| 1,69 | 0,0455 | 0,9545 |
| 1,70 | 0,0446 | 0,9554 |
| 1,71 | 0,0436 | 0,9564 |
| 1,72 | 0,0427 | 0,9573 |
| 1,73 | 0,0418 | 0,9582 |
| 1,74 | 0,0409 | 0,9591 |
| 1,75 | 0,0401 | 0,9599 |
| 1,76 | 0,0392 | 0,9608 |
| 1,77 | 0,0384 | 0,9616 |
| 1,78 | 0,0375 | 0,9625 |
| 1,79 | 0,0367 | 0,9633 |
| 1,80 | 0,0359 | 0,9641 |
| 1,81 | 0,0351 | 0,9649 |
| 1,82 | 0,0344 | 0,9656 |
| 1,83 | 0,0336 | 0,9664 |
| 1,84 | 0,0329 | 0,9671 |
| 1,85 | 0,0322 | 0,9678 |
| 1,86 | 0,0314 | 0,9686 |
| 1,87 | 0,0307 | 0,9693 |
| 1,88 | 0,0301 | 0,9699 |
| 1,89 | 0,0294 | 0,9706 |
| 1,90 | 0,0287 | 0,9713 |
| 1,91 | 0,0281 | 0,9719 |
| 1,92 | 0,0274 | 0,9726 |
| 1,93 | 0,0268 | 0,9732 |
| 1,94 | 0,0262 | 0,9738 |
| 1,95 | 0,0256 | 0,9744 |
| 1,96 | 0,0250 | 0,9750 |
| 1,97 | 0,0244 | 0,9756 |
| 1,98 | 0,0239 | 0,9761 |
| 1,99 | 0,0233 | 0,9767 |
| **2,00** | 0,0228 | 0,9772 |

| z | Φ(−z) | Φ(z) |
|---|---|---|
| 2,01 | 0,0222 | 0,9778 |
| 2,02 | 0,0217 | 0,9783 |
| 2,03 | 0,0212 | 0,9788 |
| 2,04 | 0,0207 | 0,9793 |
| 2,05 | 0,0202 | 0,9798 |
| 2,06 | 0,0197 | 0,9803 |
| 2,07 | 0,0192 | 0,9808 |
| 2,08 | 0,0188 | 0,9812 |
| 2,09 | 0,0183 | 0,9817 |
| 2,10 | 0,0179 | 0,9821 |
| 2,11 | 0,0174 | 0,9826 |
| 2,12 | 0,0170 | 0,9830 |
| 2,13 | 0,0166 | 0,9834 |
| 2,14 | 0,0162 | 0,9838 |
| 2,15 | 0,0158 | 0,9842 |
| 2,16 | 0,0154 | 0,9846 |
| 2,17 | 0,0150 | 0,9850 |
| 2,18 | 0,0146 | 0,9854 |
| 2,19 | 0,0143 | 0,9857 |
| 2,20 | 0,0139 | 0,9861 |
| 2,21 | 0,0136 | 0,9864 |
| 2,22 | 0,0132 | 0,9868 |
| 2,23 | 0,0129 | 0,9871 |
| 2,24 | 0,0125 | 0,9875 |
| 2,25 | 0,0122 | 0,9878 |
| 2,26 | 0,0119 | 0,9881 |
| 2,27 | 0,0116 | 0,9884 |
| 2,28 | 0,0113 | 0,9887 |
| 2,29 | 0,0110 | 0,9890 |
| 2,30 | 0,0107 | 0,9893 |
| 2,31 | 0,0104 | 0,9896 |
| 2,32 | 0,0102 | 0,9898 |
| 2,33 | 0,0099 | 0,9901 |
| 2,34 | 0,0096 | 0,9904 |
| 2,35 | 0,0094 | 0,9906 |
| 2,36 | 0,0091 | 0,9909 |
| 2,37 | 0,0089 | 0,9911 |
| 2,38 | 0,0087 | 0,9913 |
| 2,39 | 0,0084 | 0,9916 |
| 2,40 | 0,0082 | 0,9918 |

| z | Φ(−z) | Φ(z) |
|---|---|---|
| 2,41 | 0,0080 | 0,9920 |
| 2,42 | 0,0078 | 0,9922 |
| 2,43 | 0,0075 | 0,9925 |
| 2,44 | 0,0073 | 0,9927 |
| 2,45 | 0,0071 | 0,9929 |
| 2,46 | 0,0069 | 0,9931 |
| 2,47 | 0,0068 | 0,9932 |
| 2,48 | 0,0066 | 0,9934 |
| 2,49 | 0,0064 | 0,9936 |
| **2,50** | 0,0062 | 0,9938 |
| 2,51 | 0,0060 | 0,9940 |
| 2,52 | 0,0059 | 0,9941 |
| 2,53 | 0,0057 | 0,9943 |
| 2,54 | 0,0055 | 0,9945 |
| 2,55 | 0,0054 | 0,9946 |
| 2,56 | 0,0052 | 0,9948 |
| 2,57 | 0,0051 | 0,9949 |
| 2,58 | 0,0049 | 0,9951 |
| 2,59 | 0,0048 | 0,9952 |
| 2,60 | 0,0047 | 0,9953 |
| 2,61 | 0,0045 | 0,9955 |
| 2,62 | 0,0044 | 0,9956 |
| 2,63 | 0,0043 | 0,9957 |
| 2,64 | 0,0041 | 0,9959 |
| 2,65 | 0,0040 | 0,9960 |
| 2,66 | 0,0039 | 0,9961 |
| 2,67 | 0,0038 | 0,9962 |
| 2,68 | 0,0037 | 0,9963 |
| 2,69 | 0,0036 | 0,9964 |
| 2,70 | 0,0035 | 0,9965 |
| 2,71 | 0,0034 | 0,9966 |
| 2,72 | 0,0033 | 0,9967 |
| 2,73 | 0,0032 | 0,9968 |
| 2,74 | 0,0031 | 0,9969 |
| 2,75 | 0,0030 | 0,9970 |
| 2,76 | 0,0029 | 0,9971 |
| 2,77 | 0,0028 | 0,9972 |
| 2,78 | 0,0027 | 0,9973 |
| 2,79 | 0,0026 | 0,9974 |
| 2,80 | 0,0026 | 0,9974 |

| z | Φ(−z) | Φ(z) |
|---|---|---|
| 2,81 | 0,0025 | 0,9975 |
| 2,82 | 0,0024 | 0,9976 |
| 2,83 | 0,0023 | 0,9977 |
| 2,84 | 0,0023 | 0,9977 |
| 2,85 | 0,0022 | 0,9978 |
| 2,86 | 0,0021 | 0,9979 |
| 2,87 | 0,0021 | 0,9979 |
| 2,88 | 0,0020 | 0,9980 |
| 2,89 | 0,0019 | 0,9981 |
| 2,90 | 0,0019 | 0,9981 |
| 2,91 | 0,0018 | 0,9982 |
| 2,92 | 0,0018 | 0,9982 |
| 2,93 | 0,0017 | 0,9983 |
| 2,94 | 0,0016 | 0,9984 |
| 2,95 | 0,0016 | 0,9984 |
| 2,96 | 0,0015 | 0,9985 |
| 2,97 | 0,0015 | 0,9985 |
| 2,98 | 0,0014 | 0,9986 |
| 2,99 | 0,0014 | 0,9986 |
| **3,00** | 0,0013 | 0,9987 |

## Hinweise und Tipps

### Teilaufgabe a

- Definieren Sie entsprechende Ereignisse.
- Zum Beispiel: I: „Eine Person der Bevölkerung ist infiziert." und T: „Der Schnelltest zeigt eine Infektion an."
- Definieren Sie die entsprechenden Gegenereignisse.
- Übersetzen Sie die entsprechenden Prozentwerte des Aufgabentextes mithilfe der Ereignisse (zum Beispiel $P(I) = 5\ \%$).
- Nutzen Sie zur Berechnung weiterer Wahrscheinlichkeiten den Ausdruck

  $$P_B(A) = \frac{P(A \cap B)}{P(B)}.$$

  Dies ist sowohl zur vollständigen Erstellung des Baumes als auch zum Ausfüllen der Vierfeldertafel notwendig.
- Die Wahrscheinlichkeit, dass eine Person nicht infiziert ist, wenn sie ein positives Testergebnis erhält, lautet in Formelsprache $P_T(\overline{I})$. Bestimmen Sie diese.
- Die Wahrscheinlichkeit, dass eine Person infiziert ist, wenn sie ein negatives Testergebnis erhält, lautet in Formelsprache $P_{\overline{T}}(I)$. Bestimmen Sie diese.
- Beurteilen Sie beide errechneten Prozentwerte hinsichtlich der medizinischen Aussagekraft und Verwertbarkeit.

### Teilaufgabe b

- Definieren Sie eine entsprechende Zufallsvariable.
- Zum Beispiel: X = Anzahl der I-Personen bei 1 000 betrachteten Personen der Bevölkerung.
- Geben Sie die entsprechenden Zufallsparameter an.
- Bestimmen Sie die Varianz der Zufallsvariable.
- Überprüfen Sie die Laplace-Bedingung.
- Benutzen Sie als Näherung die Normalverteilung mit

  $$P(X \leq x) = \sum_{k=0}^{x} \binom{n}{k} p^k \cdot (1-p)^{n-k} \approx \Phi\left(\frac{x + 0{,}5 - \mu}{\sigma}\right).$$

- Ermitteln Sie die entsprechenden Werte mithilfe der Tabelle für $P(X \leq 35)$.
- Bestimmen Sie $P(X \geq 60)$, indem Sie zur Gegenwahrscheinlichkeit übergehen.
- Es gilt $P(X \geq 60) = 1 - P(X \leq 59)$.

**Teilaufgabe c**

- Die konkrete Vermutung der Arzneimittelfirma ist, dass der Anteil der behandelten Personen, die nicht innerhalb von drei Tagen gesunden, unter 10 % liegt – diese Vermutung soll bestätigt werden.
- Gehen Sie beim Testen obiger Vermutung indirekt vor.
- Die Hypothese lautet dann $H_0$: $p \geq 10\,\% = 0{,}1$.
- Definieren Sie eine passende Zufallsvariable.
- Geben Sie die entsprechenden Zufallsparameter an.
- Geben Sie wieder die Varianz an und überprüfen Sie die Laplace-Bedingung.
- Nutzen Sie wie in Teilaufgabe b die Näherungsformel

$$P(X \leq x) = \sum_{k=0}^{x} \binom{n}{k} p^k \cdot (1-p)^{n-k} \approx \Phi\left(\frac{x+0{,}5-\mu}{\sigma}\right).$$

- Ermitteln Sie die entsprechenden Werte mithilfe der Tabelle.
- Überprüfen Sie den Ablehnungsbereich.

**Teilaufgabe d**

- Wie viele Personen sind auf der Insel erkrankt?
- Betrachten Sie die im Aufgabentext definierte Zufallsvariable.
- Betrachten Sie bezüglich der Art der Verteilung kritisch den Stichprobenumfang.

## Lösung

a) Zunächst werden zwei Ereignisse definiert:
Sei I: „Eine Person der Bevölkerung ist infiziert.“
und sei T: „Der Schnelltest zeigt eine Infektion an (ist positiv).“.

Dann sind die Gegenereignisse $\overline{I}$: „Eine Person der Bevölkerung ist nicht infiziert.“ und $\overline{T}$: „Der Schnelltest zeigt keine Infektion an (ist negativ).“.

Mit diesen definierten Ereignissen gilt nach Aufgabenstellung Folgendes:
Die Wahrscheinlichkeit, dass eine Person der Bevölkerung infiziert ist, beträgt 5 %, also

(i) $P(I) = 5\,\%$.

Daraus folgt für die Gegenwahrscheinlichkeit:

(ii) $P(\overline{I}) = 1 - P(I) = 95\,\%$

Der Schnelltest erkennt unter der Voraussetzung, dass eine Infizierung vorliegt, zu 94 % die infizierte Person, also

(iii) $P_I(T) = 94\,\%$.

Der Schnelltest erkennt unter den nicht infizierten Personen 8 % fälschlicherweise als infiziert, also

(iv) $P_{\bar{I}}(T) = 8\ \%$.

Mit diesen Werten erhält man die Wahrscheinlichkeit aus der Gleichung der bedingten Wahrscheinlichkeit $P_B(A) = \frac{P(A \cap B)}{P(B)}$ und (i) und (iii) für das Ereignis:

Eine Person der Bevölkerung ist infiziert **und** der Schnelltest erkennt den Erreger:

(v) $P(I \cap T) = P(I) \cdot P_I(T) = 5\ \% \cdot 94\ \% = 4{,}7\ \%$

Entsprechend erhält man aus (ii) und (iv)

(vi) $P(\bar{I} \cap T) = P(\bar{I}) \cdot P_{\bar{I}}(T) = 95\ \% \cdot 8\ \% = 7{,}6\ \%$

Aus der Gleichung

$P(A) = P(A \cap B) + P(A \cap \bar{B})$

erhält man daraus und mithilfe von (v) und (vi)

$P(I \cap \bar{T}) = P(I) - P(I \cap T) = 5\ \% - 4{,}7\ \% = 0{,}3\ \%$

und:

$P(\bar{I} \cap \bar{T}) = P(\bar{I}) - P(\bar{I} \cap T) = 95\ \% - 7{,}6\ \% = 87{,}4\ \%$

Mit diesen Ergebnissen ergibt sich die folgende Vierfeldertafel:

| | | 2. Merkmal | | |
|---|---|---|---|---|
| | | T | $\bar{T}$ | Gesamt |
| 1. Merkmal | I | 4,7 % | 0,3 % | 5 % |
| | $\bar{I}$ | 7,6 % | 87,4 % | 95 % |
| | Gesamt | 12,3 % | 87,7 % | 100 % |

**Alternativ** lassen sich diese Ergebnisse auch in einem Baumdiagramm darstellen, wobei sich (im linken Baumdiagramm) die Wahrscheinlichkeiten

$P_I(\bar{T}) = \frac{0{,}3\ \%}{5\ \%} = 6\ \%$ und $P_{\bar{I}}(\bar{T}) = \frac{87{,}4\ \%}{95\ \%} = 92\ \%$

wie oben errechnen. Entsprechend ergibt sich das rechte Baumdiagramm.

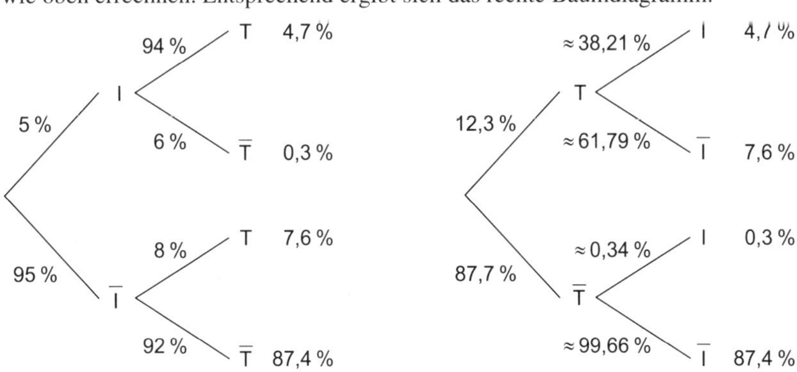

Zuerst wird die Wahrscheinlichkeit berechnet, dass unter der Voraussetzung eines positiven Testergebnisses die untersuchte Person gar nicht infiziert ist. Es gilt dafür

$$P_T(\bar{I}) = \frac{P(T \cap \bar{I})}{P(T)} = \frac{7{,}6\,\%}{12{,}3\,\%} \approx 61{,}79\,\%.$$

Nun wird die Wahrscheinlichkeit berechnet, dass unter der Voraussetzung eines negativen Testergebnisses die untersuchte Person doch infiziert ist. Es gilt hier

$$P_{\bar{T}}(I) = \frac{P(\bar{T} \cap I)}{P(\bar{T})} = \frac{0{,}3\,\%}{87{,}7\,\%} \approx 0{,}34\,\%.$$

Eine Bewertung des Ergebnisses zeigt im ersten Beispiel, dass weitere Untersuchungen wohl folgen müssen, da ein hoher Prozentsatz die gesunde Person als infiziert ausweist. Die Aussagekraft dieses Ergebnisses ist also statistisch gering. Das Ergebnis des zweiten Beispiels zeigt hingegen durch die sehr kleine Wahrscheinlichkeit (< 1 %) die große Zuverlässigkeit eines negativen Testergebnisses bei infizierten Personen.

b) Sei eine Zufallsvariable definiert als
X = Anzahl der I-Personen bei 1 000 betrachteten Personen der Bevölkerung.

Dann lauten die Parameter nach Aufgabenstellung $n = 1\,000$ und $p = 5\,\%$. Damit ergibt sich für die Varianz der Zufallsvariable X

$$\sigma^2 = n \cdot p \cdot q = n \cdot p \cdot (1-p) = 1\,000 \cdot 5\,\% \cdot 95\,\% = 47{,}5 > 3^2,$$

also ist die Laplace-Bedingung erfüllt und damit kann X näherungsweise als normalverteilt angesehen werden durch

$$P(X \le x) = \sum_{k=0}^{x} \binom{n}{k} p^k \cdot (1-p)^{n-k} \approx \Phi\left(\frac{x+0{,}5-\mu}{\sigma}\right).$$

Damit gilt für die Wahrscheinlichkeit, dass sich unter den 1 000 ausgewählten Personen höchstens 35 I-Personen befinden, mithilfe der Näherung und den Werten $\sigma = \sqrt{47{,}5}$ und $\mu = np = 50$ nach Ablesen in der Tabelle:

$$P(X \le 35) \approx \Phi\left(\frac{35{,}5-50}{\sqrt{47{,}5}}\right) \approx \Phi(-2{,}10) \approx 0{,}0179 = 1{,}79\,\%$$

Die Wahrscheinlichkeit, dass sich unter den 1 000 ausgewählten Personen mindestens 60 I-Personen befinden, berechnet sich normalverteilt beim Übergang zur Gegenwahrscheinlichkeit und Ablesen in der Tabelle zu:

$$P(X \ge 60) = 1 - P(X \le 59) \approx 1 - \Phi\left(\frac{59{,}5-50}{\sqrt{47{,}5}}\right) \approx 1 - \Phi(1{,}38)$$
$$\approx 1 - 0{,}9162 = 0{,}0838 = 8{,}38\,\%$$

c) Die konkrete Vermutung der Arzneimittelfirma ist, dass der Anteil der behandelten Personen, die nicht innerhalb von drei Tagen gesunden, unter 10 % liegt – diese Vermutung soll bestätigt werden. Man geht beim Testen dieser Vermutung indirekt vor, indem das Gegenteil angenommen wird. Liegt dann das Versuchsergebnis im Verwerfungsbereich der getesteten Hypothese, geht man von der Richtigkeit der Vermutung aus.
Für die Hypothese gilt dann $H_0$: $p \geq 10\,\% = 0{,}1$.

Sei eine Zufallsvariable definiert als
Y = Anzahl der Probanden, bei denen das Gegenmittel „Contra-W" nicht die Hautveränderung heilt.

Dann lauten die Parameter nach Aufgabenstellung $n = 850$ und $p = 10\,\%$. Damit ergibt sich für die Varianz der binomialverteilten Zufallsvariablen Y
$\sigma^2 = n \cdot p \cdot q = n \cdot p \cdot (1-p) = 850 \cdot 10\,\% \cdot 90\,\% = 76{,}5 > 3^2$,
also ist die Laplace-Bedingung erfüllt und damit kann Y näherungsweise als normalverteilt angesehen werden, wobei für den Verwerfungsbereich ein reelles Intervall der Form [0; k] gewählt wird.

Mit der Näherung

$$P(Y \leq k) = \sum_{j=0}^{k} \binom{n}{j} p^j \cdot (1-p)^{n-j} \approx \Phi\left(\frac{k+0{,}5-\mu}{\sigma}\right)$$

erhält man daraus nun:

$$P_{H_0}(Y \leq k) \approx \Phi\left(\frac{k+0{,}5-85}{\sqrt{76{,}5}}\right) \leq 0{,}003$$

$$\frac{k+0{,}5-85}{\sqrt{76{,}5}} \leq -2{,}75$$

$$k \leq 84{,}5 - 2{,}75 \cdot \sqrt{76{,}5} \approx 60{,}45$$

Es ergibt sich ein Ablehnungsbereich zwischen 0 und 60.

Die Bedeutung des Fehlers 2. Art in diesem Kontext besagt, dass obwohl die Hypothese in der Realität falsch ist, trotzdem die Hypothese $H_0$ beibehalten wird. Das ist genau dann der Fall, wenn weniger als 10 % der Probanden keine Heilung durch das Medikament erfahren, obwohl das Testergebnis nicht im Ablehnungsbereich liegt.

d) Offenbar ist genau 1 Person der Insel durch den Erreger befallen worden. Seien 10 Personen nun zufällig aus den Inselbewohnern ausgewählt und sei X definiert als X = Anzahl der darunter befindlichen I-Personen.
X kann durch die Parameter $N = 20$, $n = 10$ und $m = 1$ korrekt beschrieben werden, wobei X die Werte 0 bzw. 1 annehmen kann.
Um die hypergeometrische Verteilung durch eine Binomialverteilung zu approximieren, müsste die Anzahl der Inselbewohner im Vergleich zur Stichprobe viel größer sein, was hier nicht der Fall ist.

**Vorbemerkung:** Führen Sie stets geeignete Zufallsvariablen und Namen für Ereignisse ein. Machen Sie auch Angaben über die Verteilung der jeweiligen Zufallsvariablen.

Eine repräsentative Umfrage ergab, dass 60 % der Menschen eines bevölkerungsreichen Landes einen Zugang zum Internet nutzen. Diejenigen, die einen Zugang zum Internet nutzen, wurden weiterhin gefragt, zu welchem Hauptzweck sie dies tun. Dabei erhielt man folgende Verteilung: (Doppelnennungen waren nicht erlaubt.)

| | |
|---|---|
| 23 % | Reiseinformationen und Urlaubsbuchungen |
| 33 % | Einkauf über das Internet |
| 29 % | Persönliche Weiterbildung |
| 15 % | sonstige |

a) Betrachten Sie die folgenden Ereignisse A und B:
A: „Unter zwanzig zufällig auszuwählenden Internetnutzern befindet sich genau eine Person, die das Internet hauptsächlich für Reiseinformationen und Urlaubsbuchungen nutzt."

B: „Unter zehn zufällig auszuwählenden Internetnutzern befinden sich mindestens zwei Personen, die das Internet hauptsächlich zur persönlichen Weiterbildung nutzen."

- Erläutern Sie, warum man streng genommen die Binomialverteilung zur Berechnung der Wahrscheinlichkeiten für A und B nicht verwenden darf, sie aber eine sehr gute Näherung darstellt.
- Berechnen Sie mithilfe der Binomialverteilung die Wahrscheinlichkeiten für die beiden Ereignisse.
- Berechnen Sie mit einem Näherungsverfahren die Wahrscheinlichkeit für das Ereignis C: „Von 400 zufällig auszuwählenden Menschen des Landes gehören mindestens 250 Personen und höchstens 260 Personen zur Gruppe der Internetnutzer." 11 P

b)
- Bestimmen Sie, wie viele Internetnutzer dieses Landes man mindestens befragen müsste, damit man mit einer Wahrscheinlichkeit von über 99 % wenigstens eine Person findet, die ihren Internetzugang hauptsächlich zum Einkauf nutzt.
- In einem Wohnhaus wohnen 25 Personen, von denen 10 das Internet nutzen. Es sollen 5 zufällig auszuwählende Hausbewohner befragt werden. Bestimmen Sie die Wahrscheinlichkeit, dass sich unter diesen mehr als 3 Internetnutzer befinden. 8 P

c) Auf einer einwöchigen Computermesse präsentiert sich die Firma Z-Tel als neuer Internetanbieter. Die Firma möchte Laptops zu einem Schnäppchenpreis anbieten. Man rechnet damit, dass 9 % aller Messebesucher einen solchen Laptop kaufen werden. Am ersten Messetag werden 1 500 Besucher erwartet.

   - Berechnen Sie die Anzahl der am ersten Tag zu erwartenden Verkäufe.
   - Berechnen Sie, wie viele Laptops am ersten Tag bereitgestellt werden müssen, damit das Angebot für die Besucher mit einer Wahrscheinlichkeit von mindestens 98 % ausreicht. 8 P

d) Um in diesem Land, in dem Z-Tel bisher keine Kunden hat, Kunden für Z-Tel zu gewinnen, soll ein Prozentsatz p der Menschen dieses Landes mit einem Werbebrief angeschrieben werden. Aus anderen Ländern hat Z-Tel die Erfahrung gemacht, dass 20 % der angeschriebenen Personen sich daraufhin innerhalb eines Monats für die Firma Z-Tel entscheiden, aber auch, dass sich 3 % der Menschen, die nicht angeschrieben wurden, in diesem Monat ebenfalls Z-Tel als Anbieter wählen.
   Ermitteln Sie den Mindestprozentsatz p, bei dem Z-Tel unter den obigen Voraussetzungen nach einem Monat 4,5 % der Bevölkerung als Kunden hat. 3 P

# Tabelle zur Normalverteilung:
# Werte der Gauß'schen Integralfunktion Φ

| z | Φ(−z) | Φ(z) |
|---|---|---|
| 0,01 | 0,4960 | 0,5040 |
| 0,02 | 0,4920 | 0,5080 |
| 0,03 | 0,4880 | 0,5120 |
| 0,04 | 0,4840 | 0,5160 |
| 0,05 | 0,4801 | 0,5199 |
| 0,06 | 0,4761 | 0,5239 |
| 0,07 | 0,4721 | 0,5279 |
| 0,08 | 0,4681 | 0,5319 |
| 0,09 | 0,4641 | 0,5359 |
| 0,10 | 0,4602 | 0,5398 |
| 0,11 | 0,4562 | 0,5438 |
| 0,12 | 0,4522 | 0,5478 |
| 0,13 | 0,4483 | 0,5517 |
| 0,14 | 0,4443 | 0,5557 |
| 0,15 | 0,4404 | 0,5596 |
| 0,16 | 0,4364 | 0,5636 |
| 0,17 | 0,4325 | 0,5675 |
| 0,18 | 0,4286 | 0,5714 |
| 0,19 | 0,4247 | 0,5753 |
| 0,20 | 0,4207 | 0,5793 |
| 0,21 | 0,4168 | 0,5832 |
| 0,22 | 0,4129 | 0,5871 |
| 0,23 | 0,4090 | 0,5910 |
| 0,24 | 0,4052 | 0,5948 |
| 0,25 | 0,4013 | 0,5987 |
| 0,26 | 0,3974 | 0,6026 |
| 0,27 | 0,3936 | 0,6064 |
| 0,28 | 0,3897 | 0,6103 |
| 0,29 | 0,3859 | 0,6141 |
| 0,30 | 0,3821 | 0,6179 |
| 0,31 | 0,3783 | 0,6217 |
| 0,32 | 0,3745 | 0,6255 |
| 0,33 | 0,3707 | 0,6293 |
| 0,34 | 0,3669 | 0,6331 |
| 0,35 | 0,3632 | 0,6368 |
| 0,36 | 0,3594 | 0,6406 |
| 0,37 | 0,3557 | 0,6443 |
| 0,38 | 0,3520 | 0,6480 |
| 0,39 | 0,3483 | 0,6517 |
| 0,40 | 0,3446 | 0,6554 |

| z | Φ(−z) | Φ(z) |
|---|---|---|
| 0,41 | 0,3409 | 0,6591 |
| 0,42 | 0,3372 | 0,6628 |
| 0,43 | 0,3336 | 0,6664 |
| 0,44 | 0,3300 | 0,6700 |
| 0,45 | 0,3264 | 0,6736 |
| 0,46 | 0,3228 | 0,6772 |
| 0,47 | 0,3192 | 0,6808 |
| 0,48 | 0,3156 | 0,6844 |
| 0,49 | 0,3121 | 0,6879 |
| **0,50** | 0,3085 | 0,6915 |
| 0,51 | 0,3050 | 0,6950 |
| 0,52 | 0,3015 | 0,6985 |
| 0,53 | 0,2981 | 0,7019 |
| 0,54 | 0,2946 | 0,7054 |
| 0,55 | 0,2912 | 0,7088 |
| 0,56 | 0,2877 | 0,7123 |
| 0,57 | 0,2843 | 0,7157 |
| 0,58 | 0,2810 | 0,7190 |
| 0,59 | 0,2776 | 0,7224 |
| 0,60 | 0,2743 | 0,7257 |
| 0,61 | 0,2709 | 0,7291 |
| 0,62 | 0,2676 | 0,7324 |
| 0,63 | 0,2643 | 0,7357 |
| 0,64 | 0,2611 | 0,7389 |
| 0,65 | 0,2578 | 0,7422 |
| 0,66 | 0,2546 | 0,7454 |
| 0,67 | 0,2514 | 0,7486 |
| 0,68 | 0,2483 | 0,7517 |
| 0,69 | 0,2451 | 0,7549 |
| 0,70 | 0,2420 | 0,7580 |
| 0,71 | 0,2389 | 0,7611 |
| 0,72 | 0,2358 | 0,7642 |
| 0,73 | 0,2327 | 0,7673 |
| 0,74 | 0,2296 | 0,7704 |
| 0,75 | 0,2266 | 0,7734 |
| 0,76 | 0,2236 | 0,7764 |
| 0,77 | 0,2206 | 0,7794 |
| 0,78 | 0,2177 | 0,7823 |
| 0,79 | 0,2148 | 0,7852 |
| 0,80 | 0,2119 | 0,7881 |

| z | Φ(−z) | Φ(z) |
|---|---|---|
| 0,81 | 0,2090 | 0,7910 |
| 0,82 | 0,2061 | 0,7939 |
| 0,83 | 0,2033 | 0,7967 |
| 0,84 | 0,2005 | 0,7995 |
| 0,85 | 0,1977 | 0,8023 |
| 0,86 | 0,1949 | 0,8051 |
| 0,87 | 0,1922 | 0,8078 |
| 0,88 | 0,1894 | 0,8106 |
| 0,89 | 0,1867 | 0,8133 |
| 0,90 | 0,1841 | 0,8159 |
| 0,91 | 0,1814 | 0,8186 |
| 0,92 | 0,1788 | 0,8212 |
| 0,93 | 0,1762 | 0,8238 |
| 0,94 | 0,1736 | 0,8264 |
| 0,95 | 0,1711 | 0,8289 |
| 0,96 | 0,1685 | 0,8315 |
| 0,97 | 0,1660 | 0,8340 |
| 0,98 | 0,1635 | 0,8365 |
| 0,99 | 0,1611 | 0,8389 |
| **1,00** | 0,1587 | 0,8413 |
| 1,01 | 0,1562 | 0,8438 |
| 1,02 | 0,1539 | 0,8461 |
| 1,03 | 0,1515 | 0,8485 |
| 1,04 | 0,1492 | 0,8508 |
| 1,05 | 0,1469 | 0,8531 |
| 1,06 | 0,1446 | 0,8554 |
| 1,07 | 0,1423 | 0,8577 |
| 1,08 | 0,1401 | 0,8599 |
| 1,09 | 0,1379 | 0,8621 |
| 1,10 | 0,1357 | 0,8643 |
| 1,11 | 0,1335 | 0,8665 |
| 1,12 | 0,1314 | 0,8686 |
| 1,13 | 0,1292 | 0,8708 |
| 1,14 | 0,1271 | 0,8729 |
| 1,15 | 0,1251 | 0,8749 |
| 1,16 | 0,1230 | 0,8770 |
| 1,17 | 0,1210 | 0,8790 |
| 1,18 | 0,1190 | 0,8810 |
| 1,19 | 0,1170 | 0,8830 |
| 1,20 | 0,1151 | 0,8849 |

| z | Φ(−z) | Φ(z) |
|---|---|---|
| 1,21 | 0,1131 | 0,8869 |
| 1,22 | 0,1112 | 0,8888 |
| 1,23 | 0,1093 | 0,8907 |
| 1,24 | 0,1075 | 0,8925 |
| 1,25 | 0,1056 | 0,8944 |
| 1,26 | 0,1038 | 0,8962 |
| 1,27 | 0,1020 | 0,8980 |
| 1,28 | 0,1003 | 0,8997 |
| 1,29 | 0,0985 | 0,9015 |
| 1,30 | 0,0968 | 0,9032 |
| 1,31 | 0,0951 | 0,9049 |
| 1,32 | 0,0934 | 0,9066 |
| 1,33 | 0,0918 | 0,9082 |
| 1,34 | 0,0901 | 0,9099 |
| 1,35 | 0,0885 | 0,9115 |
| 1,36 | 0,0869 | 0,9131 |
| 1,37 | 0,0853 | 0,9147 |
| 1,38 | 0,0838 | 0,9162 |
| 1,39 | 0,0823 | 0,9177 |
| 1,40 | 0,0808 | 0,9192 |
| 1,41 | 0,0793 | 0,9207 |
| 1,42 | 0,0778 | 0,9222 |
| 1,43 | 0,0764 | 0,9236 |
| 1,44 | 0,0749 | 0,9251 |
| 1,45 | 0,0735 | 0,9265 |
| 1,46 | 0,0721 | 0,9279 |
| 1,47 | 0,0708 | 0,9292 |
| 1,48 | 0,0694 | 0,9306 |
| 1,49 | 0,0681 | 0,9319 |
| **1,50** | 0,0668 | 0,9332 |
| 1,51 | 0,0655 | 0,9345 |
| 1,52 | 0,0643 | 0,9357 |
| 1,53 | 0,0630 | 0,9370 |
| 1,54 | 0,0618 | 0,9382 |
| 1,55 | 0,0606 | 0,9394 |
| 1,56 | 0,0594 | 0,9406 |
| 1,57 | 0,0582 | 0,9418 |
| 1,58 | 0,0571 | 0,9429 |
| 1,59 | 0,0559 | 0,9441 |
| 1,60 | 0,0548 | 0,9452 |

| z | Φ(–z) | Φ(z) |
|---|---|---|
| 1,61 | 0,0537 | 0,9463 |
| 1,62 | 0,0526 | 0,9474 |
| 1,63 | 0,0516 | 0,9484 |
| 1,64 | 0,0505 | 0,9495 |
| 1,65 | 0,0495 | 0,9505 |
| 1,66 | 0,0485 | 0,9515 |
| 1,67 | 0,0475 | 0,9525 |
| 1,68 | 0,0465 | 0,9535 |
| 1,69 | 0,0455 | 0,9545 |
| 1,70 | 0,0446 | 0,9554 |
| 1,71 | 0,0436 | 0,9564 |
| 1,72 | 0,0427 | 0,9573 |
| 1,73 | 0,0418 | 0,9582 |
| 1,74 | 0,0409 | 0,9591 |
| 1,75 | 0,0401 | 0,9599 |
| 1,76 | 0,0392 | 0,9608 |
| 1,77 | 0,0384 | 0,9616 |
| 1,78 | 0,0375 | 0,9625 |
| 1,79 | 0,0367 | 0,9633 |
| 1,80 | 0,0359 | 0,9641 |
| 1,81 | 0,0351 | 0,9649 |
| 1,82 | 0,0344 | 0,9656 |
| 1,83 | 0,0336 | 0,9664 |
| 1,84 | 0,0329 | 0,9671 |
| 1,85 | 0,0322 | 0,9678 |
| 1,86 | 0,0314 | 0,9686 |
| 1,87 | 0,0307 | 0,9693 |
| 1,88 | 0,0301 | 0,9699 |
| 1,89 | 0,0294 | 0,9706 |
| 1,90 | 0,0287 | 0,9713 |
| 1,91 | 0,0281 | 0,9719 |
| 1,92 | 0,0274 | 0,9726 |
| 1,93 | 0,0268 | 0,9732 |
| 1,94 | 0,0262 | 0,9738 |
| 1,95 | 0,0256 | 0,9744 |
| 1,96 | 0,0250 | 0,9750 |
| 1,97 | 0,0244 | 0,9756 |
| 1,98 | 0,0239 | 0,9761 |
| 1,99 | 0,0233 | 0,9767 |
| **2,00** | 0,0228 | 0,9772 |

| z | Φ(–z) | Φ(z) |
|---|---|---|
| 2,01 | 0,0222 | 0,9778 |
| 2,02 | 0,0217 | 0,9783 |
| 2,03 | 0,0212 | 0,9788 |
| 2,04 | 0,0207 | 0,9793 |
| 2,05 | 0,0202 | 0,9798 |
| 2,06 | 0,0197 | 0,9803 |
| 2,07 | 0,0192 | 0,9808 |
| 2,08 | 0,0188 | 0,9812 |
| 2,09 | 0,0183 | 0,9817 |
| 2,10 | 0,0179 | 0,9821 |
| 2,11 | 0,0174 | 0,9826 |
| 2,12 | 0,0170 | 0,9830 |
| 2,13 | 0,0166 | 0,9834 |
| 2,14 | 0,0162 | 0,9838 |
| 2,15 | 0,0158 | 0,9842 |
| 2,16 | 0,0154 | 0,9846 |
| 2,17 | 0,0150 | 0,9850 |
| 2,18 | 0,0146 | 0,9854 |
| 2,19 | 0,0143 | 0,9857 |
| 2,20 | 0,0139 | 0,9861 |
| 2,21 | 0,0136 | 0,9864 |
| 2,22 | 0,0132 | 0,9868 |
| 2,23 | 0,0129 | 0,9871 |
| 2,24 | 0,0125 | 0,9875 |
| 2,25 | 0,0122 | 0,9878 |
| 2,26 | 0,0119 | 0,9881 |
| 2,27 | 0,0116 | 0,9884 |
| 2,28 | 0,0113 | 0,9887 |
| 2,29 | 0,0110 | 0,9890 |
| 2,30 | 0,0107 | 0,9893 |
| 2,31 | 0,0104 | 0,9896 |
| 2,32 | 0,0102 | 0,9898 |
| 2,33 | 0,0099 | 0,9901 |
| 2,34 | 0,0096 | 0,9904 |
| 2,35 | 0,0094 | 0,9906 |
| 2,36 | 0,0091 | 0,9909 |
| 2,37 | 0,0089 | 0,9911 |
| 2,38 | 0,0087 | 0,9913 |
| 2,39 | 0,0084 | 0,9916 |
| 2,40 | 0,0082 | 0,9918 |

| z | Φ(–z) | Φ(z) |
|---|---|---|
| 2,41 | 0,0080 | 0,9920 |
| 2,42 | 0,0078 | 0,9922 |
| 2,43 | 0,0075 | 0,9925 |
| 2,44 | 0,0073 | 0,9927 |
| 2,45 | 0,0071 | 0,9929 |
| 2,46 | 0,0069 | 0,9931 |
| 2,47 | 0,0068 | 0,9932 |
| 2,48 | 0,0066 | 0,9934 |
| 2,49 | 0,0064 | 0,9936 |
| **2,50** | 0,0062 | 0,9938 |
| 2,51 | 0,0060 | 0,9940 |
| 2,52 | 0,0059 | 0,9941 |
| 2,53 | 0,0057 | 0,9943 |
| 2,54 | 0,0055 | 0,9945 |
| 2,55 | 0,0054 | 0,9946 |
| 2,56 | 0,0052 | 0,9948 |
| 2,57 | 0,0051 | 0,9949 |
| 2,58 | 0,0049 | 0,9951 |
| 2,59 | 0,0048 | 0,9952 |
| 2,60 | 0,0047 | 0,9953 |
| 2,61 | 0,0045 | 0,9955 |
| 2,62 | 0,0044 | 0,9956 |
| 2,63 | 0,0043 | 0,9957 |
| 2,64 | 0,0041 | 0,9959 |
| 2,65 | 0,0040 | 0,9960 |
| 2,66 | 0,0039 | 0,9961 |
| 2,67 | 0,0038 | 0,9962 |
| 2,68 | 0,0037 | 0,9963 |
| 2,69 | 0,0036 | 0,9964 |
| 2,70 | 0,0035 | 0,9965 |
| 2,71 | 0,0034 | 0,9966 |
| 2,72 | 0,0033 | 0,9967 |
| 2,73 | 0,0032 | 0,9968 |
| 2,74 | 0,0031 | 0,9969 |
| 2,75 | 0,0030 | 0,9970 |
| 2,76 | 0,0029 | 0,9971 |
| 2,77 | 0,0028 | 0,9972 |
| 2,78 | 0,0027 | 0,9973 |
| 2,79 | 0,0026 | 0,9974 |
| 2,80 | 0,0026 | 0,9974 |

| z | Φ(–z) | Φ(z) |
|---|---|---|
| 2,81 | 0,0025 | 0,9975 |
| 2,82 | 0,0024 | 0,9976 |
| 2,83 | 0,0023 | 0,9977 |
| 2,84 | 0,0023 | 0,9977 |
| 2,85 | 0,0022 | 0,9978 |
| 2,86 | 0,0021 | 0,9979 |
| 2,87 | 0,0021 | 0,9979 |
| 2,88 | 0,0020 | 0,9980 |
| 2,89 | 0,0019 | 0,9981 |
| 2,90 | 0,0019 | 0,9981 |
| 2,91 | 0,0018 | 0,9982 |
| 2,92 | 0,0018 | 0,9982 |
| 2,93 | 0,0017 | 0,9983 |
| 2,94 | 0,0016 | 0,9984 |
| 2,95 | 0,0016 | 0,9984 |
| 2,96 | 0,0015 | 0,9985 |
| 2,97 | 0,0015 | 0,9985 |
| 2,98 | 0,0014 | 0,9986 |
| 2,99 | 0,0014 | 0,9986 |
| **3,00** | 0,0013 | 0,9987 |

## Hinweise und Tipps

### Teilaufgabe a

- Überlegen Sie, unter welchen Voraussetzungen man die Binomialverteilung verwenden kann bzw. durch welches Urnenmodell (welche Urnenmodelle) sich die in der Aufgabe a beschriebenen Zufallsexperimente modellieren lassen.
- Unter bestimmten Voraussetzungen, die in der Aufgabe erfüllt sind (Begründung?), lässt sich die hypergeometrische Verteilung durch die Binomialverteilung approximieren.
- Benutzen Sie zur Berechnung von P(A) die Formel für die Binomialverteilung.
- Betrachten Sie zur Berechnung von P(B) das Gegenereignis von B und berechnen Sie dessen Wahrscheinlichkeit mithilfe der Formel für die Binomialverteilung.
- Prüfen Sie, ob die Laplace-Bedingung erfüllt ist. Verwenden Sie die Normalverteilung zur Näherung der Binomialverteilung.
- Verwenden Sie die Formel von Moivre-Laplace zur Berechnung der gesuchten Wahrscheinlichkeit P(C).

### Teilaufgabe b

- Betrachten Sie die binomialverteilte Zufallsgröße X = Anzahl der Internetnutzer, die ihren Internet-Zugang hauptsächlich zum Einkaufen nutzen.
- Bestimmen Sie den Parameter n dieser Verteilung so, dass $P(X \geq 1) > 0{,}99$ gilt.
- Beachten Sie, dass $P(X \geq 1) = 1 - P(X = 0)$ gilt.
- Lösen Sie die Ungleichung $1 - P(X = 0) > 0{,}99$ nach n auf.
- Modellieren Sie die Befragung der Hausbewohner durch ein Urnenmodell. Wird zurückgelegt oder nicht?
- Betrachten Sie die Zufallsgröße Y = Anzahl der Internetnutzer unter den 5 auszuwählenden Hausbewohnern. Berechnen Sie $P(Y > 3)$ mithilfe der Formel für die hypergeometrische Verteilung.

### Teilaufgabe c

- Betrachten Sie die Zufallsgröße X = Anzahl der Käufer eines Laptops.
- Diese Zufallsgröße ist binomialverteilt und in guter Näherung auch normalverteilt.
- Sei k die Anzahl der bereitgestellten Laptops. Welche Bedeutung hat dann die Wahrscheinlichkeit $P(X \leq k)$?
- Bestimmen Sie k aus der Bedingung $P(X \leq k) \geq 0{,}98$, benutzen Sie dabei die Normalverteilung.

**Teilaufgabe d**

Erstellen Sie ein zweistufiges Baumdiagramm, bei dem in der ersten Stufe die Merkmale A (Person wird angeschrieben) bzw. N (Person wird nicht angeschrieben) und in der zweiten Stufe Z (Person wird Kunde bei Z-Tel) sowie das Gegenereignis dazu betrachtet werden.

Bezeichnen Sie den gesuchten Anteil mit p. Bestimmen Sie den Anteil P(Z) in Abhängigkeit von p.

Lösen Sie Gleichung $P(Z) = 0{,}045$ nach p auf.

## Lösung

a) Bei der Auswahl der 20 Personen aus einer endlich großen Menge von Personen liegt ein „Ziehen ohne Zurücklegen" vor, daher verändert sich bei jedem Zug die Wahrscheinlichkeit, einen „Treffer" zu erzielen. Es liegt hier also eine hypergeometrische Verteilung vor.

Wenn die Grundgesamtheit aber groß ist, so ändert sich die „Trefferwahrscheinlichkeit" kaum, sodass die Binomialverteilung eine sehr gute Näherung ist. Da hier von einem bevölkerungsreichen Land gesprochen wurde, kann von einer großen Grundgesamtheit ausgegangen werden.

Die Zufallsgröße X beschreibt die Anzahl der Internetnutzer, die das Internet hauptsächlich für Reiseinformationen und zu Urlaubsbuchungen nutzen. Mit $n = 20$, $p = 0{,}23$ folgt

$$P(A) = P(X = 1) = \binom{20}{1} \cdot 0{,}23^1 \cdot 0{,}77^{19} \approx 0{,}032 = 3{,}2\ \%.$$

Die Zufallsgröße X beschreibt nun die Anzahl der Internetnutzer, die das Internet hauptsächlich zur persönlichen Weiterbildung nutzen.
Mit $n = 10$, $p = 0{,}29$ folgt:

$$\begin{aligned} P(B) = P(X \geq 2) &= 1 - P(X = 0) - P(X = 1) \\ &= 1 - \binom{10}{0} \cdot 0{,}29^0 \cdot 0{,}71^{10} - \binom{10}{1} \cdot 0{,}29^1 \cdot 0{,}71^9 \\ &\approx 0{,}834 = 83{,}4\ \% \end{aligned}$$

X beschreibt nun die Anzahl der Internet-Nutzer. Mit $n=400$, $p=0{,}6$ ist $\mu=n\cdot p=400\cdot 0{,}6=240$. Wegen $\sigma^2=n\cdot p\cdot q=400\cdot 0{,}6\cdot 0{,}4=96>9$ ist die Laplace-Bedingung für die Näherung durch die Normalverteilung erfüllt. Damit lässt sich die Wahrscheinlichkeit für das Ereignis C über die Formel von Moivre-Laplace folgendermaßen berechnen:

$$\begin{aligned}P(C)=P(250\le X\le 260)&=P(X\le 260)-P(X\le 249)\\&\approx\Phi\left(\frac{260+0{,}5-240}{\sqrt{96}}\right)-\Phi\left(\frac{249+0{,}5-240}{\sqrt{96}}\right)\\&\approx\Phi(2{,}09)-\Phi(0{,}97)\\&\approx 0{,}9817-0{,}8340=0{,}1477=14{,}77\,\%\end{aligned}$$

b) Die Zufallsgröße X beschreibt die Anzahl der Internetnutzer, die ihren Internet-Zugang hauptsächlich zum Einkaufen nutzen. Sei n die Mindestanzahl der zu befragenden Internetnutzer. X ist binomialverteilt mit den Parametern n und $p=0{,}33$. Die im Aufgabentext formulierte Bedingung lautet damit $P(X\ge 1)>0{,}99$.

$$\begin{aligned}P(X\ge 1)&>0{,}99\\1-P(X=0)&>0{,}99\\0{,}01&>P(X=0)\\0{,}01&>\binom{n}{0}\cdot 0{,}33^0\cdot 0{,}67^n\\0{,}67^n&<0{,}01\\n\cdot\ln(0{,}67)&<\ln(0{,}01)\\n&>11{,}5\end{aligned}$$

Also müssen mindestens 12 Internetnutzer befragt werden.

Die Zufallsgröße Y beschreibe die Anzahl der Internetnutzer unter den 5 auszuwählenden Hausbewohnern. Da es sich um eine Realisierung des Modells „Ziehen ohne Zurücklegen" handelt, ist Y hypergeometrisch verteilt mit den Parametern $N=25$, $n=5$ und $M=10$.

$$\begin{aligned}P(Y>3)&=P(Y=4)+P(Y=5)\\&=\frac{\binom{10}{4}\binom{15}{1}}{\binom{25}{5}}+\frac{\binom{10}{5}\binom{15}{0}}{\binom{25}{5}}\\&\approx 0{,}0593+0{,}0047\\&=0{,}0640=6{,}4\,\%\end{aligned}$$

Die Wahrscheinlichkeit, dass sich unter den 5 auszuwählenden Hausbewohnern mehr als 3 Internetnutzer befinden, beträgt also etwa 6,4 %.

c) Die erwartete Anzahl der am ersten Tag zu erwartenden Verkäufe beträgt $n \cdot p = 1\,500 \cdot 0{,}09 = 135$.

Die Zufallsgröße X beschreibt die Anzahl der Käufer eines Laptops. X ist binomialverteilt mit $n = 1\,500$, $p = 0{,}09$. k ist die Anzahl der bereitzustellenden Laptops. Nach der Bedingung, dass das Angebot mit einer Wahrscheinlichkeit von mindestens 98 % ausreichen soll, muss $P(X \le k) \ge 0{,}98$ gelten, da das Angebot genau dann ausreicht, wenn höchstens so viele potentielle Käufer zur Messe kommen wie Geräte bereitgestellt werden ($X \le k$).

Wegen $\sigma^2 = n \cdot p \cdot q = 1\,500 \cdot 0{,}09 \cdot 0{,}91 = 122{,}85 > 9$ ist die Laplace-Bedingung für die Näherung durch die Normalverteilung erfüllt. Damit folgt aus der eben formulierten Bedingung

$$P(X \le k) \approx \Phi\left(\frac{k + 0{,}5 - 135}{\sqrt{122{,}85}}\right) \ge 0{,}98$$

$$\frac{k + 0{,}5 - 135}{\sqrt{122{,}85}} \ge 2{,}06,$$

also $k \ge 134{,}5 + 2{,}06 \cdot \sqrt{122{,}85} \approx 157{,}33$. Es müssen also mindestens 158 Laptops bereitgestellt werden.

d) Es ist p der Prozentsatz der anzuschreibenden Bevölkerung. A steht für Angeschriebene, N für Nichtangeschriebene und Z für Kunde bei Z-Tel.

Es ergibt sich das nebenstehende Baumdiagramm.

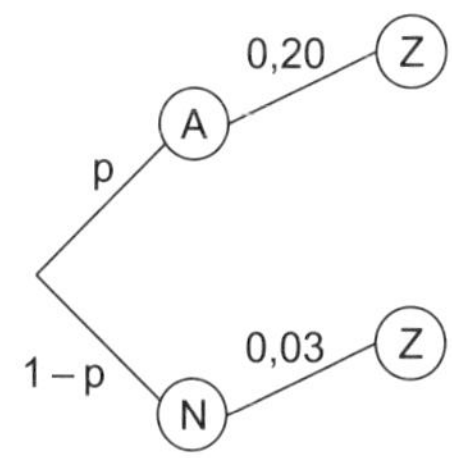


Der Anteil P(Z) der Menschen in der Bevölkerung, die nach einem Monat Kunde von Z-Tel werden, soll 4,5 % betragen, also muss $P(Z) = p \cdot 0{,}2 + (1 - p) \cdot 0{,}03 = 0{,}045$ gelten. Damit ist $p \cdot 0{,}17 = 0{,}015$, also $p \approx 0{,}088$.

Es müssen also ca. 8,8 % der Bevölkerung angeschrieben werden.

## Schleswig-Holstein – Kernfach Mathematik
## 2011 – Aufgabe 1: Analysis (CAS)

Bei einer Darrieus-Windkraftanlage ist der Rotor vertikal angeordnet. Zwei vorgebogene Metallblätter mit geeigneter Stellung wandeln die Windenergie in Rotationsenergie um. Die Rotorblätter behalten auch bei schneller Umdrehung ihre Bogenform bei, wie ein Springseil, welches mit den Händen um den Körper geschleudert wird. Legt man die x-Achse entlang der Rotorachse, so lässt sich die geometrische Form eines Blatts des abgebildeten Rotors näherungsweise durch einen Teil des Graphen der Funktion f mit

$f(x) = -0{,}00045x^4 - 0{,}044x^2 + 6$

beschreiben.
Dabei entspricht eine Längeneinheit einem Meter.

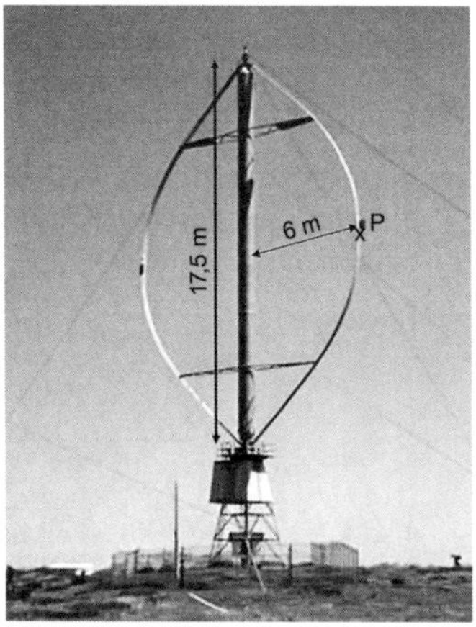


a) • Untersuchen Sie den Graphen der Funktion f auf Symmetrie und bestimmen Sie die Nullstellen von f.

• Skizzieren Sie den Graphen von f im Intervall zwischen den Nullstellen. 5 P

Verwenden Sie für Ihre weiteren Berechnungen die Nullstellen $x_1 = -8{,}75$ und $x_2 = 8{,}75$.

b) • Berechnen Sie den Winkel, den die Blätter mit der Rotorachse einschließen.

• Berechnen Sie die Geschwindigkeit des Punktes P in der Rotorblattmitte bei einer Drehzahl von 80 Umdrehungen pro Minute in $\frac{\text{km}}{\text{h}}$.

• Bei einer Darrieus-Windkraftanlage ist die sogenannte Wirkfläche die Fläche zwischen den beiden Rotorblättern. Diese Darrieus-Windkraftanlage leistet pro Quadratmeter der Wirkfläche 125 Watt. Berechnen Sie die Wirkfläche in $m^2$ und die Leistung dieser Anlage in Watt. 8 P

c) Eine weitere Möglichkeit der näherungsweisen Beschreibung der Blattform der Darrieus-Windkraftanlage soll der Graph einer Funktion $g_{a;\,b}$ mit

$g_{a;\,b}(x) = a - \frac{1}{2}(e^{b \cdot x} + e^{-b \cdot x})$

liefern.

[Bemerkung: Einige CAS-Systeme übersetzen den Term $\frac{1}{2}(e^{b \cdot x} + e^{-b \cdot x})$ in $\cosh(b \cdot x)$.]

- Bestimmen Sie die Parameter a und b so, dass der Graph der Funktion $g_{a;\,b}$ die Form des Rotorblatts unter Berücksichtigung der in der Abbildung gegebenen Abmessungen beschreibt.

Im Folgenden sei $g(x) = 7 - \frac{1}{2} \cdot (e^{0,3 \cdot x} + e^{-0,3 \cdot x})$ mit $x \in [-8,75; 8,75]$.

- Berechnen Sie den Flächeninhalt der Rotoren bei diesem Rechenmodell und geben Sie die prozentuale Abweichung zum ursprünglichen Flächeninhalt in Teilaufgabe b an.
- Ermitteln Sie im Intervall [0; 8,75] auf 2 Dezimalstellen genau die Stelle, an der der Unterschied von f und g am größten ist, und geben Sie diesen größten Unterschied an. 11 P

d) Die Länge eines Rotorblatts (nach dem Modell mit der Funktion f) soll bestimmt werden.

- Ersetzen Sie dazu das halbe Rotorblatt über dem Intervall [0; 8,75] durch 2 Strecken und ermitteln Sie so näherungsweise die Rotorblattlänge.
- Beschreiben Sie eine Weiterentwicklung des Verfahrens, sodass die Länge eines Rotorblatts möglichst genau berechnet werden kann. 6 P

## Hinweise und Tipps

### Teilaufgabe a

- Betrachten Sie die Exponenten der ganzrationalen Funktion f.

### Teilaufgabe b

- Der gesuchte Winkel $\alpha$ ist der Winkel zwischen der Tangente an den Funktionsgraphen von f an der Stelle $-8{,}75$ und der x-Achse.
- Für den Steigungswinkel $\alpha$ einer Tangente mit Steigung m gilt $\tan\alpha = m$.
- Bestimmen Sie die Länge des Weges, den der Punkt P bei einer Umdrehung auf seiner kreisförmigen Bahn zurücklegt.
- Berechnen Sie zunächst den Inhalt der Fläche zwischen dem Graphen von f und der x-Achse mithilfe eines Integrals und ermitteln Sie dann die Wirkfläche.

### Teilaufgabe c

- Stellen Sie ein Gleichungssystem auf, indem Sie fordern, dass die Funktion $g_{a;\,b}$ dieselben Nullstellen hat wie f und dass an der Stelle 0 die Funktionswerte von f und $g_{a;\,b}$ identisch sind.
- Berechnen Sie zunächst den Inhalt der Fläche zwischen dem Graphen von $g_{a;\,b}$ und der x-Achse mithilfe eines Integrals und ermitteln Sie dann die Wirkfläche.
- Betrachten Sie die Differenzfunktion $h(x) = f(x) - g(x)$.
- Stellen Sie den Graphen von h grafisch dar.
- Untersuchen Sie h auf lokale und globale Extrema im entsprechenden Intervall und interpretieren Sie die Ergebnisse.

### Teilaufgabe d

- Teilen Sie das Intervall $[0;\, 8{,}75]$ z. B. in zwei gleich lange Teilintervalle $[0;\, 4{,}375]$ und $[4{,}375;\, 8{,}75]$.
- Ersetzen Sie den Graphen von f durch den Streckenzug $\overline{AMB}$ mit $A(0\,|\,6)$, $M(4{,}375\,|\,f(4{,}375))$ und $B(8{,}75\,|\,0)$.
- Berechnen Sie die Länge der Strecken $\overline{AM}$ und $\overline{MB}$ mithilfe des Satzes des Pythagoras.
- Überlegen Sie, wie man den Unterschied zwischen Streckenzug und Graph verkleinern könnte.

## Lösung

a) Symmetrie:
Es liegt eine Symmetrie zur y-Achse vor, da der Funktionsterm der ganzrationalen Funktion f nur gerade Exponenten aufweist.

Nullstellen:

$$f(x) = -0{,}00045x^4 - 0{,}044x^2 + 6 = 0$$
$$x \approx -8{,}7467 \;\vee\; x \approx 8{,}7467$$

| | |
|---|---|
| $f(x):=-4.5\text{E-}4\cdot x^4-0.044\cdot x^2+6$ | *Fertig* |
| solve$(f(x)=0,x)$ | $x=-8.74667$ or $x=8.74667$ |

Skizze:

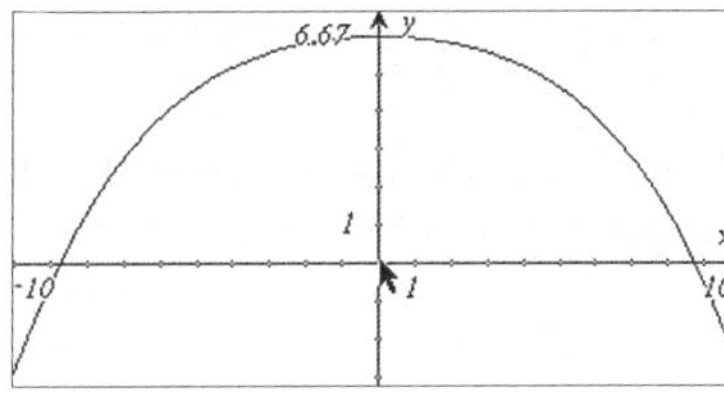


b) Es gilt $f'(x) = -0{,}0018x^3 - 0{,}088x$.
Damit gilt für den Winkel $\alpha$, den die Blätter mit der Rotorachse einschließen:
$\tan\alpha = f'(x_1) = f'(-8{,}75) \approx 1{,}976$
Daraus ergibt sich $\alpha \approx 63{,}2°$.

Die Länge des Weges, den der Punkt P bei einer Umdrehung zurücklegt, ist
$\ell = 2\pi \cdot r$ mit $r = f(0) = 6$.
Damit gilt für die Geschwindigkeit:

| | |
|---|---|
| $f1(x):=\frac{d}{dx}(f(x))$ | *Fertig* |
| $f1(x)$ | $-0.0018\cdot x^3-0.088\cdot x$ |
| $\tan^{-1}(f1(-8.75))$ | 63.1556 |
| $2\cdot\pi\cdot f(0)\cdot 80$ | 3015.93 |
| $\frac{3015.9289474462}{1000}\cdot 60$ | 180.956 |

$$v = 2\pi \cdot 6 \cdot 80\,\frac{\text{m}}{\text{min}} = 960\pi\,\frac{\text{m}}{\text{min}} \approx 3\,015{,}93\,\frac{\text{m}}{\text{min}}$$

Da eine Stunde gleich 60 Minuten sind und 1 000 m einen Kilometer ergeben, sind das etwa $181\,\frac{\text{km}}{\text{h}}$.

Da die Fläche oberhalb der x-Achse den gleichen Flächeninhalt hat wie die Fläche unterhalb, gilt für die Gesamtfläche

$$A = 2 \cdot \int_{-8{,}75}^{8{,}75} f(x)\,dx$$
$$\approx 2 \cdot 76{,}1166 \approx 152{,}233$$

| | |
|---|---|
| $2\cdot\int_{-8.75}^{8.75}(f(x))dx$ | 152.233 |
| $152.2\cdot 125$ | 19025. |

Die Fläche zwischen den Rotorblättern ist etwa 152,2 m² groß. Die Leistung beträgt ca.

$$152{,}2\text{ m}^2 \cdot 125\,\frac{\text{Watt}}{\text{m}^2} = 19\,025\text{ Watt} \approx 19\text{ kW}.$$

c) Mit den in der Abbildung gegebenen Abmessungen muss gelten: $g_{a;\,b}(0) = 6$, $g_{a;\,b}(8{,}75) = 0$ und $g_{a;\,b}(-8{,}75) = 0$. Daraus ergibt sich:

$$g_{a;\,b}(0) = a - \frac{1}{2} \cdot (e^{b \cdot 0} + e^{-b \cdot 0}) = 6$$

$$g_{a;\,b}(8{,}75) = a - \frac{1}{2} \cdot (e^{b \cdot 8{,}75} + e^{-b \cdot 8{,}75}) = 0$$

Als Lösung erhält man $a = 7$ und $b \approx -0{,}301$ oder $a = 7$ und $b \approx 0{,}301$. Somit ergibt sich

$$g(x) \approx 7 - \frac{1}{2}(e^{0{,}3 \cdot x} + e^{-0{,}3 \cdot x}).$$

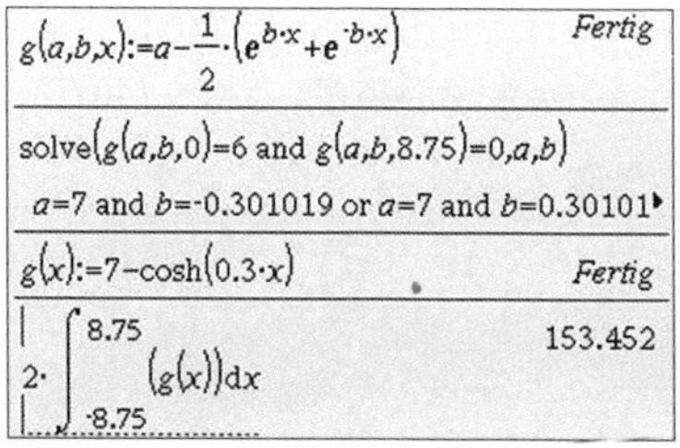


Da die Fläche oberhalb der x-Achse den gleichen Flächeninhalt hat wie die Fläche unterhalb, gilt für die Gesamtfläche

$$A = 2 \cdot \int_{-8{,}75}^{8{,}75} g(x)\,dx \approx 153{,}452.$$

Bei diesem Rechenmodell ist die Fläche zwischen den Rotorblättern etwa $153{,}452\ m^2$ groß und weicht damit um

$$\frac{153{,}452}{152{,}233} - 1 \approx 0{,}00801 = 0{,}801\ \%$$

von dem in Teilaufgabe b berechneten Flächeninhalt ab.

Sei $h(x) = f(x) - g(x)$. Die Suche nach lokalen Extremstellen mit der notwendigen Bedingung $h'(x) = 0$ liefert im gegebenen Intervall $[0;\ 8{,}75]$
$x = 0 \ \vee\ x \approx 2{,}18\ \vee\ x \approx 7{,}76$.

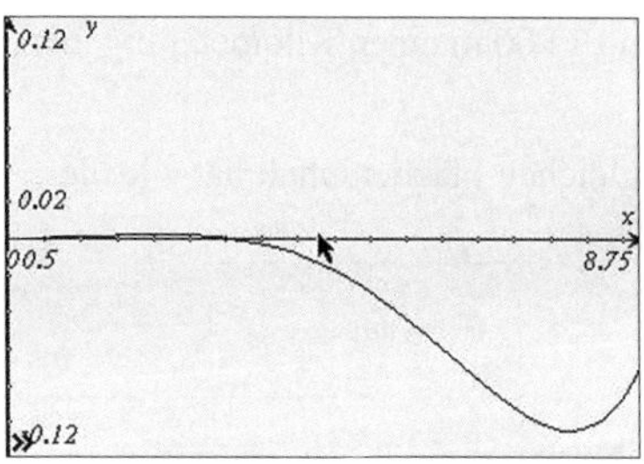


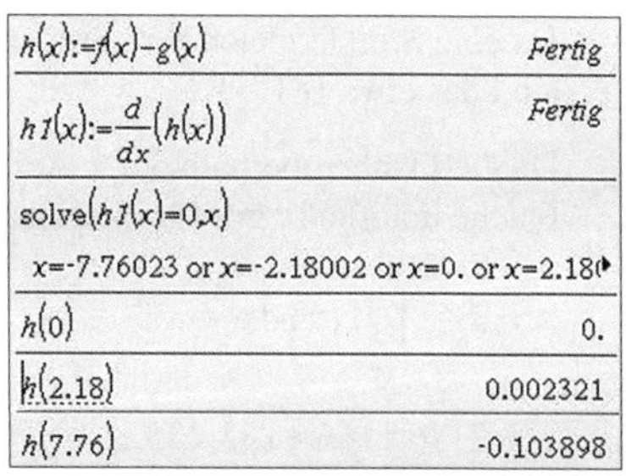


Anhand des Graphen ist zu erkennen, dass keine Randextrema vorliegen und die größte Abweichung im Intervall [5; 8] zu finden ist. Es ist $h(7{,}76) \approx -0{,}103898$.

Wie man anhand der Werte erkennt, weichen an der Stelle 7,76 die Funktionswerte von f und g am stärksten voneinander ab, und zwar beträgt der Unterschied etwa 0,1039.

d) Das Intervall [0; 8,75] kann zum Beispiel in 2 gleich lange Teilintervalle eingeteilt und der Graph von f entsprechend der Teilintervalle durch Strecken ersetzt werden.

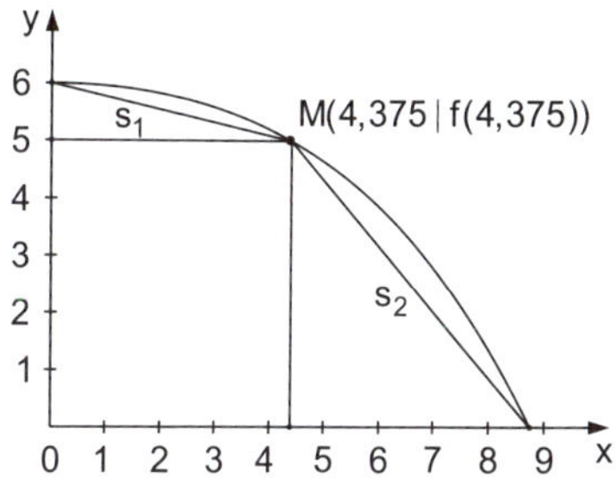


Mithilfe des Satzes des Pythagoras folgt für die Abschnitte $s_1$ und $s_2$:

$$s_1 = \sqrt{(f(0) - f(4{,}375))^2 + 4{,}375^2}$$

und

$$s_2 = \sqrt{(f(4{,}375))^2 + 4{,}375^2}$$

| | |
|---|---|
| $s1 := \sqrt{(f(0)-f(4.375))^2+(4.375)^2}$ | 4.48941 |
| $s2 := \sqrt{(f(4.375))^2+(4.375)^2}$ | 6.63854 |
| $2\cdot(s1+s2)$ | 22.2559 |

Damit gilt für die Gesamtlänge
$\ell = 2 \cdot (s_1 + s_2) \approx 2 \cdot 11{,}1279 \approx 22{,}256.$

Ein Rotorblatt ist also etwa 22,26 m lang.

Hierbei wurde mit $f(8{,}75) = 0$ gerechnet. Ansonsten ergeben sich geringfügig andere Werte.

Allgemeines Verfahren:
Das Intervall [0; 8,75] wird in n äquidistante Teilintervalle eingeteilt und der Graph von f durch einen Streckenzug aus n Strecken ersetzt. Jede einzelne Strecke kann mithilfe des Satzes des Pythagoras berechnet werden.
Je größer n wird, desto genauer kann die Länge des Rotorblatts bestimmt werden.

Für $n \to \infty$ nähert man sich der genauen Länge des Rotorblatts.

Beispiel für $n = 4$:

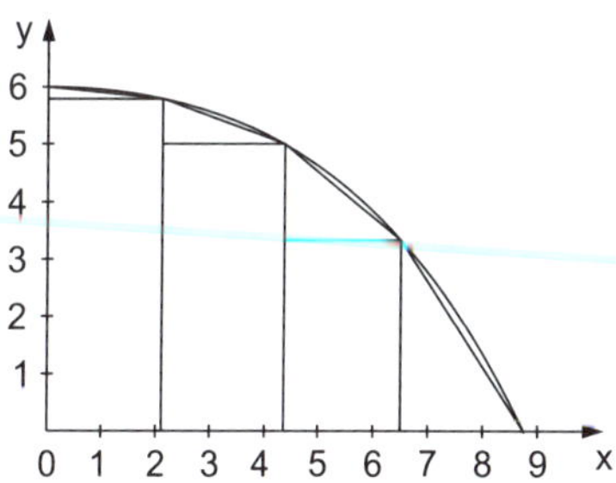

Ein Luftschiff lässt sich näherungsweise als Drehkörper eines Teils des Graphen einer Funktion $f_{a;\,b}$ mit $f_{a;\,b}(x) = a \cdot x \cdot \sqrt{b-x}$ mit geeignet gewählten, positiven Parametern a und b darstellen. Dabei entspricht eine Längeneinheit einem Meter in der Natur.

a) • Ermitteln Sie den maximalen Definitionsbereich und die Nullstellen von $f_{a;\,b}$.
- Zeigen Sie, dass der Graph von $f_{a;\,b}$ an der Stelle $x = \frac{2}{3}b$ ein lokales Maximum besitzt und geben Sie dessen Wert an.
- Bestimmen Sie a und b so, dass das Luftschiff eine Länge von 60 m und einen maximalen Durchmesser von 15 m hat. 13 P

In den folgenden Aufgabenteilen verwenden Sie bitte für die Parameter a und b die Werte $a = 0{,}042$ und $b = 60$.

b) Zeichnen Sie einen maßstabgetreuen Längsschnitt des Luftschiffs. Berechnen Sie das Volumen des Luftschiffs ohne Leitwerke und Kabine. [Zur Kontrolle: Das Volumen beträgt ungefähr 6 000 $m^3$.] 5 P

c) In den Luftschiffkörper sollen, wie in der Abbildung zu sehen ist, zwei kegelförmige Sicherheitszellen mit gemeinsamer Grundfläche eingebaut werden.

Zeigen Sie, dass die Funktion V mit $V(x) = 20 \cdot \pi \cdot (f_{0{,}042;\,60}(x))^2$ das Gesamtvolumen der beiden Kegel in Abhängigkeit von der Stelle x der gemeinsamen Kegelgrundfläche beschreibt. Berechnen Sie, welcher Anteil des Luftschiffvolumens maximal von den Sicherheitszellen ausgefüllt werden kann. 9 P

d) Die Gasmenge im Luftschiff (das gesamte Luftschiff soll mit Gas gefüllt sein) soll sich, von der Kabinenmitte aus betrachtet, zu gleichen Teilen im Vorderteil wie im Hinterteil des Luftschiffs befinden. Bestimmen Sie die Stelle, an der die Kabinenmitte liegen muss. 3 P

---

## Hinweise und Tipps

### Teilaufgabe a

- Der Term unter der Wurzel im Funktionsterm von $f_{a;\,b}$ darf nicht negativ werden.
- Notwendig für eine lokale Maximalstelle x von f ist $f'(x)=0$.
- Hinreichend für das Vorliegen eines lokalen Maximums von f an der Stelle x ist $f'(x)=0$ und $f''(x)<0$.
- Da der Rotationskörper vorne und hinten geschlossen sein soll, muss der Graph von $f_{a;\,b}$ im Intervall zwischen den Nullstellen von $f_{a;\,b}$ um die x-Achse rotieren.
- Der maximale Radius des Luftschiffs ist gleich dem globalen Maximum der Funktion $f_{a;\,b}$ auf dem betrachteten Intervall.

### Teilaufgabe b

- Für eine unverzerrte Zeichnung wählen Sie gleiche Skalierungen der x- und y-Achse.
- Das Volumen des Luftschiffs, welches ein Rotationskörper ist, lässt sich mithilfe eines Integrals berechnen.

### Teilaufgabe c

- Das Volumen V eines Kegels mit Grundkreisradius r und Höhe h beträgt $V=\frac{1}{3}\pi r^2 h$.
- Wenn die gemeinsame Grundfläche der Kegel an der Stelle x liegt, betragen deren Grundkreisradien jeweils $r=f(x)$.
- Bestimmen Sie x im betrachteten Intervall so, dass V(x) maximal wird. Berechnen Sie aus der ermittelten Maximalstelle das maximale Volumen der Sicherheitszellen.
- Bestimmen Sie den Anteil des so ermittelten Volumens am Gesamtvolumen aus Teilaufgabe b.

### Teilaufgabe d

- Die Gasmenge, die sich hinter der Stelle d befindet, lässt sich über das Integral

$$\int_0^d \pi f(x)^2\,dx$$

berechnen.

## Lösung

a) Definitionsbereich:

$f_{a;\,b}$ ist für alle x definiert, für die der Radikand des Wurzelterms $b - x \geq 0$ ist, also für alle $x \in \mathbb{R}$ mit $x \leq b$. Also gilt $\mathbb{D} = ]-\infty;\, b]$.

Nullstellen:

$$f_{a;\,b}(x) = a \cdot x \cdot \sqrt{b-x} = 0 \quad \Leftrightarrow \quad x = b \ \vee \ x = 0 \ \vee \ a = 0$$

Wegen $a, b > 0$ sind die Nullstellen von $f_{a;\,b}$ also $x = b$ und $x = 0$.

Eine notwendige Bedingung dafür, dass an der Stelle x ein lokales Extremum vorliegt, lautet $f'_{a;\,b}(x) = 0$. Die Auswertung dieser Bedingung mit dem Rechner liefert:

$$x = \frac{2 \cdot b}{3} \ \vee \ a = 0$$

| | |
|---|---|
| $f(a,b,x):=a\cdot x\cdot\sqrt{b-x}$ | Fertig |
| $\text{solve}(\sqrt{b-x}\geq 0,x)$ | $x-b\leq 0$ |
| $\text{solve}(f(a,b,x)=0,x)$ | $x=b$ or $x=0$ or $a=0$ |
| $f1(a,b,x):=\frac{d}{dx}(f(a,b,x))$ | Fertig |
| $\text{solve}(f1(a,b,x)=0,x)$ | $x=\frac{2\cdot b}{3}$ or $a=0$ |

Damit kann wegen $a > 0$ nur an der Stelle $x = \frac{2 \cdot b}{3}$ ein lokales Extremum vorliegen.

Da für alle $a, b > 0$

$$f''_{a;\,b}\left(\frac{2 \cdot b}{3}\right) = \frac{-3 \cdot \sqrt{3} \cdot a}{2 \cdot \sqrt{b}} < 0$$

gilt, liegt an dieser Stelle ein lokales Maximum mit dem Funktionswert

$$f_{a;\,b}\left(\frac{2 \cdot b}{3}\right) = \frac{2 \cdot \sqrt{3} \cdot a \cdot b^{\frac{3}{2}}}{9}$$

vor.

| | |
|---|---|
| $f2(a,b,x):=\frac{d}{dx}(f1(a,b,x))$ | Fertig |
| $f2\left(a,b,\frac{2\cdot b}{3}\right)$ | $\frac{-3\cdot a\cdot\sqrt{3}}{2\cdot\sqrt{b}}$ |
| $f\left(a,b,\frac{2\cdot b}{3}\right)$ | $\frac{2\cdot a\cdot b^{\frac{3}{2}}\cdot\sqrt{3}}{9}$ |

Das den geschlossenen Rotationskörper erzeugende Graphenstück muss das von den Nullstellen von $f_{a;\,b}$ begrenzte sein. Betrachtet wird hier also die Funktion $f_{a;\,b}$ auf dem Intervall $[0;\, b]$ mit der Intervalllänge b, die der Länge des Luftschiffs entspricht. Damit gilt $b = 60$.

Die Bedingung, dass der maximale Durchmesser des Luftschiffs 15 m betragen soll, bedeutet, dass das lokale Maximum von $f_{a;\,b}$ den Wert 7,5 haben muss. Es folgt also mit obigem Ergebnis:

$$f_{a;\,60}\left(\frac{2 \cdot 60}{3}\right) = \frac{2 \cdot a \cdot 60^{\frac{3}{2}} \cdot \sqrt{3}}{9} = 7{,}5$$

$$\Leftrightarrow \quad a = \frac{3\sqrt{5}}{160} \approx 0{,}042$$

| | |
|---|---|
| $\text{solve}\left(f\left(a,60,\frac{2\cdot 60}{3}\right)=7.5,a\right)$ | $a=0.041926$ |

b) Maßstabgetreue Zeichnung des Längsschnittes:

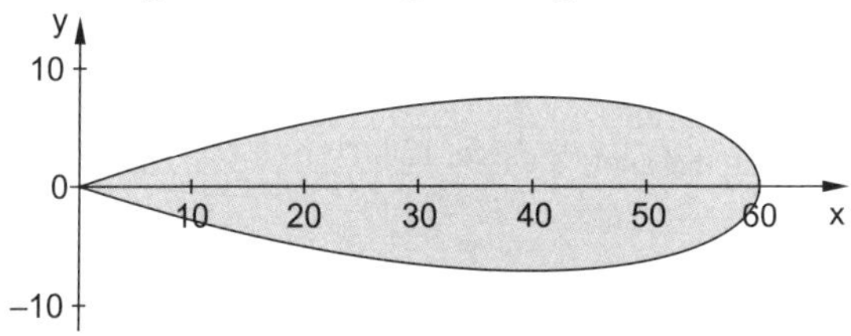


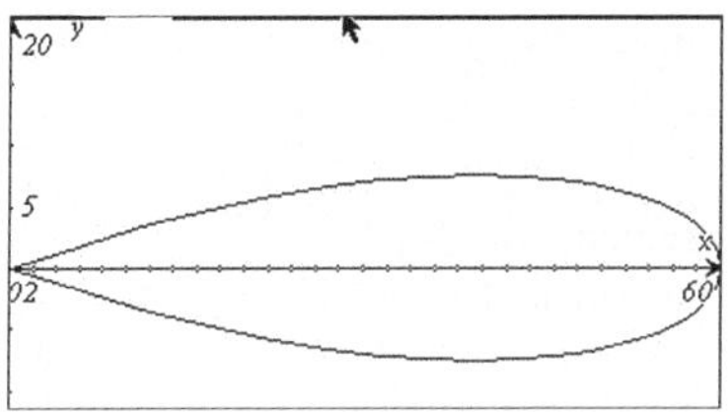


Zur Bestimmung des Volumens wird das Rotationsintegral berechnet:

$$V = \int_0^{60} \pi(f_{0,042;\,60}(x))^2\,dx \approx 5\,985{,}11$$

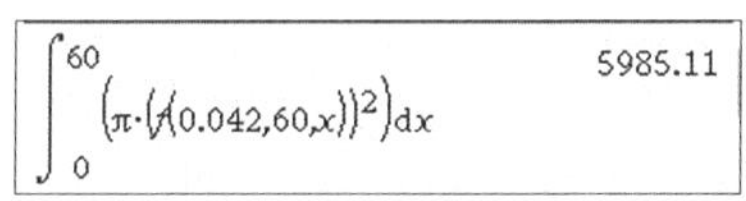


Da eine Längeneinheit einem Meter entspricht, entspricht eine Volumeneinheit einem Kubikmeter. Damit beträgt das Volumen des Luftschiffs ungefähr 6 000 $m^3$.

c) Sei ab jetzt $f = f_{0,042;\,60}$ und $x \in [0; 60]$ die Stelle, an der die gemeinsame Kegelgrundfläche liegt. Dann berechnet sich das Volumen des linken Kegels als $\frac{1}{3}\pi f(x)^2 \cdot x$ und das Volumen des rechten Kegels als $\frac{1}{3}\pi f(x)^2 \cdot (60-x)$.
Das Gesamtvolumen V beider Kegel zusammen in Abhängigkeit von der Wahl der Stelle x ist damit eine Funktion V mit:

$$V(x) = \frac{1}{3}\pi f(x)^2 \cdot x + \frac{1}{3}\pi f(x)^2 \cdot (60-x) = 60 \cdot \frac{1}{3}\pi f(x)^2 = 20\pi f(x)^2$$

Von dieser Funktion ist die Stelle des globalen Maximums auf dem Intervall [0; 60] zu bestimmen. Die Kandidaten für lokale Extremstellen findet man über die notwendige Bedingung
$V'(x) = 0 \;\Leftrightarrow\; x = 0 \vee x = 40.$

Wegen $V''(40) \approx -13{,}3 < 0$ liegt an der Stelle $x = 40$ ein lokales Maximum von V vor.

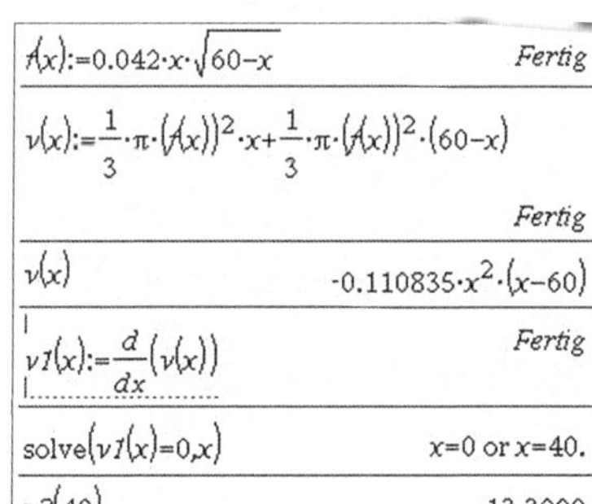

An dieser Stelle liegt wegen
$V(0) = V(60) = 0$
auch das globale Maximum von V im Intervall [0; 60]. Damit liegt die gesuchte Stelle an der Stelle $x = 40$, an der auch f maximal ist, also an der Stelle des größten Luftschiffdurchmessers.

$v(0)$ 0.
$v(60)$ 0.
$\frac{v(40)}{5985.11}$ 0.592593

Der maximal mit den Sicherheitszellen ausfüllbare Anteil des Luftschiffvolumens beträgt damit

$$\frac{V(40)}{5\,985{,}11} \approx \frac{3\,546{,}73}{5\,985{,}11} \approx 59{,}3\,\%.$$

Man kann natürlich auch eleganter argumentieren:
$V(x) = 20\pi f(x)^2$ wird an der Stelle maximal, an der auch die Funktion f ihr Maximum hat, da die Funktion $g(x) = x^2$ für $x > 0$ streng monoton steigt und die Funktion f im Intervall [0; 60] keine negativen Werte annimmt. Damit liegt die gesuchte Stelle an der dicksten Stelle des Luftschiffs und es folgt nach Teilaufgabe a

$$x = \frac{2 \cdot 60}{3} = 40.$$

d) Die zu bestimmende Stelle d soll das Volumen des Luftschiffs in zwei Hälften teilen. Zu bestimmen ist also eine Stelle d so, dass

$$\int_0^d \pi f(x)^2\,dx = \frac{1}{2} \cdot 5\,985{,}11$$

ist.

$\int_0^d (\pi \cdot (f(x))^2)dx = \frac{1}{2} \cdot 5985.11$
$-0.001385 \cdot d^3 \cdot (d-80) = 2992.56$
solve$(-0.0013854423602331 \cdot d^3 \cdot (d-80) = 29$…
$d=36.8563$ or $d=74.8489$

Die Lösungen dieser Gleichung lauten $d_1 \approx 36{,}86$ und $d_2 \approx 74{,}85$.

Da die zweite Lösung nicht im Intervall [0; 60] liegt, muss die Kabinenmitte 36,86 m vom hinteren Ende des Luftschiffs entfernt liegen.

## Schleswig-Holstein – Kernfach Mathematik
## 2012 – Aufgabe 1: Analysis

Die Wirkstoffmenge des Schmerzmedikaments DOLOROSA im Blutkreislauf wird innerhalb der ersten sechs Stunden nach der Einnahme des Medikaments in einer ersten Modellierung vereinfacht mittels einer ganzrationalen Funktion f dritten Grades beschrieben.
Dabei werden die Werte der t-Achse als Zeit in Stunden nach der Einnahme, die Funktionswerte f(t) als Menge des Wirkstoffes im Blut in mg aufgefasst.

a) Aus den Testdaten von Probanden, die vor Einnahme von DOLOROSA keinen Wirkstoff im Blut hatten, geht hervor, dass sich eine Stunde nach der Einnahme des Medikaments 125 mg des Wirkstoffes im Blut befinden. Nach einer weiteren Stunde wird die maximale Wirkstoffmenge gemessen, und nach insgesamt sechs Stunden ist der Wirkstoff vollständig abgebaut.

- Die Abbildungen unten zeigen vier Funktionsgraphen. Geben Sie sowohl den zur Funktion f als auch den zur Ableitungsfunktion f' gehörenden Graphen an und begründen Sie Ihre Auswahl kurz.

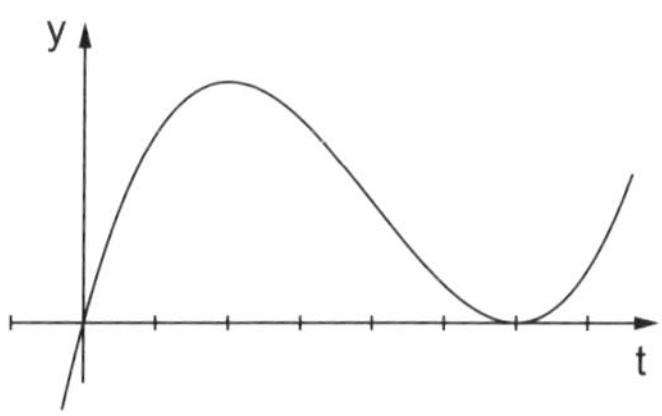


Abb. 1

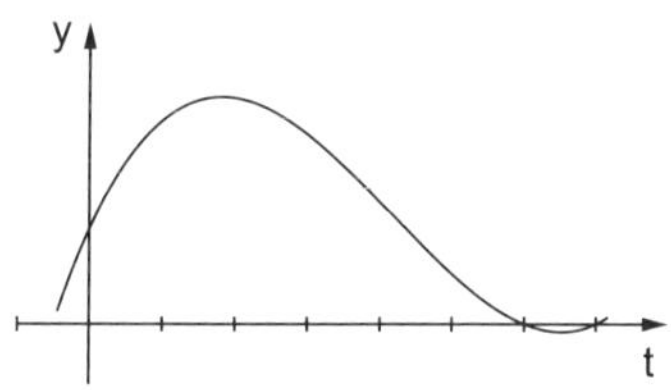


Abb. 2

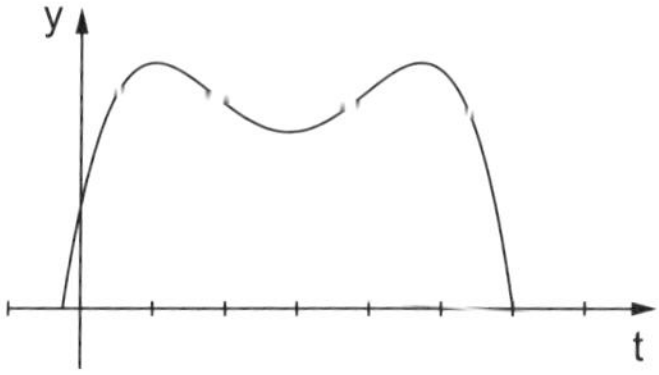


Abb. 3

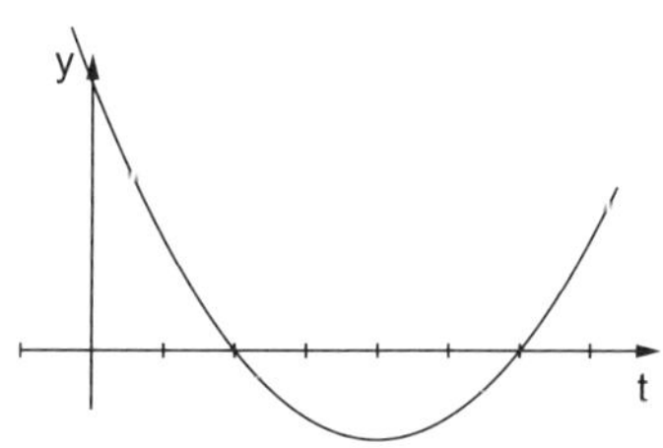


Abb. 4

- Leiten Sie begründet aus den gegebenen Daten eine Funktionsgleichung für f her. 10 P

Verwenden Sie im Folgenden die Funktionsgleichung $f(t) = 5t^3 - 60t^2 + 180t$.

b) • Untersuchen Sie den Graphen der Funktion f auf Wendepunkte und interpretieren Sie das Ergebnis im Sachzusammenhang.

• Berechnen Sie, wie groß die Zunahmerate der Wirkstoffmenge eine Stunde nach der Einnahme des Medikaments ist. 6 P

c) Ab dem Zeitpunkt $t = 2$ lässt sich der weitere Verlauf der Wirkstoffmenge im Blut besser durch eine Funktion g der Funktionenschar $g_{a,k}(t) = k \cdot (t - a) \cdot e^{-t}$ (für $t \geq 2$, k und a sind reelle Zahlen mit $k \neq 0$) beschreiben.

• Bestimmen Sie diejenige Funktion g der Funktionenschar $g_{a,k}$, deren Graph denselben Hochpunkt wie der Graph von f besitzt.

Verwenden Sie im Folgenden die Funktionsgleichung $g(t) = 160 \cdot e^2 \cdot (t - 1) \cdot e^{-t}$.

• Ermitteln Sie mithilfe der Stammfunktionen von f und g den Inhalt der gesamten Fläche zwischen dem Graphen zu f und der t-Achse über dem Intervall [0; 2] und dem Graphen zu g und der t-Achse über dem Intervall [2; 10]. 11 P

d) Betrachten Sie die Funktionenschar $h_a$ mit $h_a(t) = a \cdot (t - a) \cdot e^{-t}$ und $a > 0$. Zeigen Sie, dass der Graph zu $h_1$ keinen der anderen Graphen der Funktionenschar rechtwinklig schneidet. 3 P

## Hinweise und Tipps

### Teilaufgabe a

- Überprüfen Sie die im Text vorgegebenen Bedingungen mit denen in den Abbildungen.
- Welchen Wert muss die Funktion zu Beginn der Einnahme haben?
- Betrachten Sie auch die Maximalstelle.
- Welchen Wert muss die Ableitungsfunktion an der Maximalstelle haben?
- Es handelt sich bei der gesuchten Funktion um eine Polynomfunktion mit $f(t)=at^3+bt^2+ct+d$.
- Aus den gegebenen Daten zur Funktion können Sie vier Bedingungen an die Funktion ableiten.
- Übersetzen Sie die Informationen „kein Wirkstoff vor der Einnahme", „nach einer Stunde ist 125 mg Wirkstoff im Blut", „nach zwei Stunden ist die maximale Wirkstoffmenge" und „nach sechs Stunden ist der Wirkstoff abgebaut" in die Symbolsprache der Mathematik.
- Stellen Sie damit ein Gleichungssystem auf und bestimmen Sie anschließend die Parameter.

### Teilaufgabe b

- Bestimmen Sie zunächst die Ableitungen der Funktion.
- Benutzen Sie dabei die Summen- und die Faktorregel.
- Die notwendige und hinreichende Bedingung für die Existenz einer Wendestelle ist $f''(t)=0$ und $f'''(t)\neq 0$.
- Eine Wendestelle gibt in diesem Zusammenhang den Zeitpunkt der maximalen Abnahmerate des Medikaments an.
- Die Zunahmerate der Wirkstoffmenge wird durch die erste Ableitung wiedergegeben.
- Bestimmen Sie die erste Ableitungsfunktion der Funktion.
- Bestimmen Sie nun $f'(1)$.

### Teilaufgabe c

- Die gesuchte Funktion g der Funktionenschar muss an der Stelle $t=2$ die gleichen Eigenschaften wie f haben.
- Es muss gelten $g(2)=160$.
- Es muss gelten $g'(2)=0$.
- Bestimmen Sie die Ableitungsfunktion der Funktionenschar. Denken Sie daran, die Parameter a und k als Konstanten beim Ableiten zu betrachten.
- Benutzen Sie dabei die Produkt- und die Kettenregel.
- Denken Sie an die Kettenregel bei zusammengesetzten Funktionen.

- Es gilt allgemein $(e^{ax})' = ae^{ax}$ und in diesem Fall $(e^{-t})' = -e^{-t}$.
- Aus den beiden Bedingungen folgen die Parameter $a = 1$ und $k = 160e^2$.
- Durch das Integral über die Funktion f im nun bestimmten Intervall [0; 2] erhält man den Flächeninhalt.
- Die Funktion ist stets nicht negativ, deshalb braucht man keine Betragsstriche.
- Die Funktion g ist ebenfalls im Intervall [2; 10] nicht negativ (warum?).
- Der Funktionsterm von g ist ein Produkt, deshalb ist hier die partielle Integration hilfreich.
- Es gilt nach geeigneter Wahl von u und v' die Gleichheit $\int uv' = uv - \int u'v$.
- Wählen Sie $u(t) = t - 1$ und $v'(t) = e^{-t}$.
- Benutzen Sie die Integrationsregeln, insbesondere auch $\int ae^x\,dx = a\int e^x\,dx$.
- Für den Gesamtflächeninhalt gilt $A_f + A_g$.

**Teilaufgabe d**

- Bestimmen Sie zunächst den möglichen Schnittpunkt der Funktionenschar $h_a$ mit $h_1$.
- Bestimmen Sie diesen durch das Gleichsetzen von $h_1(t) = h_a(t)$.
- Sie erhalten die Schnittpunkte an der Stelle $t = 1 + a$, für $a \neq 1$.
- Betrachten Sie die Ableitungen der beiden Funktionen.
- Eine Funktion hat am Schnittpunkt eine waagerechte Tangente.
- Welchen Wert müsste dann die andere Funktion an der Stelle besitzen, wenn der zugehörige Graph senkrecht dazu sein soll?

## Lösung

a) Nur die Abbildung 1 kann die Funktion f darstellen, da sie der einzige Funktionsgraph ist, der zum Zeitpunkt $t=0$ den Wert 0 aufweist. Ebenfalls ist hier an der Stelle 2 ein Maximum zu erkennen und an der Stelle 6 ist der Wert null, da der Wirkstoff dann vollständig abgebaut ist. Die zur Abbildung 1 gehörige Ableitungsfunktion f' wird durch die vierte Abbildung dargestellt, da sowohl beim Maximum als auch beim Minimum von f an den Stellen 2 bzw. 6 die Ableitungsfunktion f' jeweils den Wert null annehmen muss, was sie offenbar laut der Zeichnung tut.

Die in Abbildung 1 dargestellte Funktion kann durch eine Polynomfunktion dritten Grades beschrieben werden. Es sind also reelle Parameter a, b, c und d so zu finden, dass die im Text gestellten Bedingungen von der Funktion f mit der Gleichung $f(t)=at^3+bt^2+ct+d$ erfüllt werden. Als Bedingungen und deren mathematische Übersetzung wird notiert:

| | |
|---|---|
| (1) Kein Wirkstoff vor der Einnahme: | $f(0)=0$ |
| (2) Nach einer Stunde ist 125 mg Wirkstoff im Blut: | $f(1)=125$ |
| (3) Nach zwei Stunden ist die maximale Wirkstoffmenge: | $f'(2)=0$ |
| (4) Nach sechs Stunden ist der Wirkstoff abgebaut: | $f(6)=0$ |

Als Ableitungsfunktion von f erhält man $f'(t)=3at^2+2bt^1+c$. Es ergeben sich nun folgende Gleichungen:

Aus (1) folgt: $f(0)=a\cdot 0^3+b\cdot 0^2+c\cdot 0+d=0$, also ist $d=0$

Aus (2) folgt: $f(1)=a\cdot 1^3+b\cdot 1^2+c\cdot 1+d=a+b+c+d=125$

Aus (3) folgt: $f'(2)=3a\cdot 2^2+2b\cdot 2^1+c=12a+4b+c=0$

Aus (4) folgt: $f(6)=a\cdot 6^3+b\cdot 6^2+c\cdot 6+d=0$

Berücksichtigt man $d=0$ und dividiert Gleichung (4) durch 6, so ergibt sich das Gleichungssystem:

$$\begin{aligned} a+\ \ b+c&=125\\ 12a+4b+c&=0\\ 6^2a+6b+c&=0 \end{aligned}$$

Dies ist gleichwertig mit

$$\begin{aligned} a+\ \ b+c&=125\\ 11a+3b\quad&=-125\\ 35a+5b\quad&=-125 \end{aligned}$$

und damit:

$$\begin{aligned} a+\ \ b+c&=125\\ 55a+15b\quad&=-125\cdot 5\\ 105a+15b\quad&=-125\cdot 3 \end{aligned}$$

Hieraus erhält man nacheinander $a=5$, $b=-60$ und $c=180$.
Daraus ergibt sich die Funktion f zu $f(t)=5t^3-60t^2+180t$.
Den Definitionsbereich legt man laut Aufgabenstellung sinnvollerweise im Intervall [0; 6] fest, da die Modellierung innerhalb der ersten sechs Stunden nach Einnahme geschieht.

b) Die notwendige und hinreichende Bedingung für die Existenz einer Wendestelle ist $f''(t)=0$ und $f'''(t)\neq 0$. Für die entsprechenden Ableitungen gilt:
$f''(t)=30t-120$ und $f'''(t)=30\neq 0$
Also folgt nacheinander:
$f''(t)=0 \;\Leftrightarrow\; 30t-120=0 \;\Leftrightarrow\; t=4$
Da $f''(4)=0$ und $f'''(4)\neq 0$ gilt, liegt also an der Stelle $t=4$ ein Wendepunkt mit den Koordinaten $W(4\,|\,f(4))=W(4\,|\,80)$ vor. Im Kontext der Aufgabenstellungen liegt an der Stelle $t=4$, also vier Stunden nach der Einnahme des Medikaments, die größte Abnahmerate des Wirkstoffes DOLOROSA im Blut vor.

In diesem Sachzusammenhang entspricht die Zunahmerate nach einer Stunde dem Wert der ersten Ableitung an der Stelle 1, zu bestimmen ist also $f'(1)$. Die Ableitungsfunktion $f'$ von $f$ lautet $f'(t)=15t^2-120t+180$. Hierfür errechnet man an der Stelle 1 den Wert $f'(1)=15-120+180=75$. Somit beträgt die Zunahmerate des Wirkstoffes im Blut $75\,\frac{mg}{h}$.

c) Die gesuchte Funktion g muss an der Stelle $t=2$ dieselben Eigenschaften wie die Funktion f besitzen. Deshalb müssen wie für f auch für g die Gleichungen $g(2)=160$ und $g'(2)=0$ gelten. Diese Bedingungen führen zu folgenden Gleichungen:
(1) $g_{a,k}(2)=f(2)=160$
(2) $g'_{a,k}(2)=0$
Für $g'_{a,k}$ gilt nach Anwendung von Produkt- und Kettenregel:
$$g'_{a,k}(t)=k\cdot\left(1\cdot e^{-t}+(-1)\cdot(t-a)\cdot e^{-t}\right)=k\cdot\left(e^{-t}-(t-a)\cdot e^{-t}\right)=k\cdot e^{-t}\cdot(1-t+a)$$
Nach (2) gilt damit:
$$g'_{a,k}(2)=k\cdot e^{-2}\cdot(1-2+a)=k\cdot e^{-2}\cdot(-1+a)=0$$
Da nach Voraussetzung $k\neq 0$ und $e^{-2}$ ebenfalls nicht null ist, muss $-1+a=0$, also $a=1$ gelten. Hierfür liefert (1):
$g_{1,k}(2)=k\cdot(2-1)\cdot e^{-2}=160$, also $k=160\cdot e^2$
Somit ergibt sich die Funktion g zu $g(t)=160e^2\cdot(t-1)\cdot e^{-t}$ für $t\geq 2$.

Im Intervall $[0;\,2]$ ist f stets nicht negativ. Deshalb braucht man keine Betragsstriche. Für den Flächeninhalt gilt somit:
$$A_f(t)=\int_0^2 f(t)\,dt=\int_0^2 (5t^3-60t^2+180t)\,dt$$
$$=\left[\frac{5}{4}t^4-20t^3+90t^2\right]_0^2$$
$$=\left(\frac{5}{4}2^4-20\cdot 2^3+90\cdot 2^2\right)-\left(\frac{5}{4}\cdot 0^4-20\cdot 0^3+90\cdot 0^2\right)$$
$$=20-160+360=220$$

Auch die Funktion g ist im Intervall [2; 10] nicht negativ, da g als Produkt lauter positiver Faktoren stets größer null ist, deshalb muss man auch hier keine zusätzlichen Betrachtungen anstellen. Da der Integrationsterm ein Produkt darstellt, bietet sich die partielle Integration an. Mit geeignet gewählten u, v' gilt der Ausdruck:

$$\int uv' = uv - \int u'v$$

Man wählt $u(t) = t - 1$ bzw. $v'(t) = e^{-t}$ und erhält damit $u'(t) = 1$ bzw. $v(t) = -e^{-t}$. Insgesamt ergibt sich nunmehr:

$$A_g(t) = \int_2^{10} g(t)\,dt = \int_2^{10} \left(160e^2 \cdot (t-1) \cdot e^{-t}\right) dt = 160e^2 \int_2^{10} \left((t-1) \cdot e^{-t}\right) dt$$

$$= 160e^2 \left( \left[(t-1) \cdot (-e^{-t})\right]_2^{10} - \int_2^{10} 1 \cdot (-e^{-t})\,dt \right) = 160e^2 \left[(1-t) \cdot e^{-t} - e^{-t}\right]_2^{10}$$

$$= 160e^2 \left[e^{-t} \cdot (1-t-1)\right]_2^{10} = 160e^2 \left[e^{-t} \cdot (-t)\right]_2^{10} = -160e^2 \left[e^{-t} \cdot t\right]_2^{10}$$

$$= -160e^2 \left(e^{-10} \cdot 10 - e^{-2} \cdot 2\right) \approx 319{,}46$$

Insgesamt ergibt sich ein Flächeninhalt von: $A_f + A_g \approx 220 + 319{,}46 = 539{,}46$

d) Zunächst bestimmt man einen möglichen Schnittpunkt an der Stelle t der beiden Funktionen durch das Gleichsetzen, es folgt $h_1(t) = h_a(t)$. Damit sind gleichwertig:

$$\begin{aligned}
h_1(t) = h_a(t) \quad &\Leftrightarrow \quad (t-1) \cdot e^{-t} = a \cdot (t-a) \cdot e^{-t}, && a \in \mathbb{R}_{>0} \setminus \{1\} \\
&\underset{e^{-t} \neq 0}{\Leftrightarrow} \quad t - 1 = a \cdot (t-a), && a \in \mathbb{R}_{>0} \setminus \{1\} \\
&\Leftrightarrow \quad t - at = 1 - a^2, && a \in \mathbb{R}_{>0} \setminus \{1\} \\
&\Leftrightarrow \quad t(1-a) = (1-a)(1+a), && a \in \mathbb{R}_{>0} \setminus \{1\} \\
&\Leftrightarrow \quad t = 1 + a && a \in \mathbb{R}_{>0} \setminus \{1\}
\end{aligned}$$

Also befindet sich der Schnittpunkt an der Stelle $t = 1 + a$. Man bestimmt nun den Wert der jeweiligen ersten Ableitung an dieser Stelle. Es gilt:

$$h_1'(t) = \left((t-1) \cdot e^{-t}\right)' = 1 \cdot e^{-t} + (-1) \cdot (t-1) \cdot e^{-t}$$

$$= e^{-t} - (t-1) \cdot e^{-t} = e^{-t} \cdot (1 - (t-1)) = e^{-t} \cdot (2-t)$$

$$\Rightarrow \quad h_1'(1+a) = e^{-1-a} \cdot (1-a) \quad \text{für } a \in \mathbb{R}_{>0} \setminus \{1\}$$

Ferner gilt:

$$h_a'(t) = \left(a \cdot (t-a) \cdot e^{-t}\right)' = a \cdot \left(1 \cdot e^{-t} + (-1) \cdot (t-a) \cdot e^{-t}\right)$$

$$= a \cdot \left(e^{-t} - (t-a) \cdot e^{-t}\right) = a \cdot e^{-t} \cdot (1 - t + a)$$

$$\Rightarrow \quad h_a'(1+a) = a \cdot e^{-1-a} \cdot (1 - (1+a) + a) = a \cdot e^{-1-a} \cdot 0 = 0 \quad \text{für } a \in \mathbb{R}_{>0} \setminus \{1\}$$

Letzteres Ergebnis zeigt, dass bei $h_a$ am Schnittpunkt zur Stelle t eine waagerechte Tangente vorliegt. Sollte hier $h_1$ rechtwinklig $h_a$ schneiden, müsste eine zur y-Achse parallele Tangente vorliegen.
Bei $h_1$ ist allerdings an dieser Stelle der Ableitungs-Term $e^{-1-a} \cdot (1-a)$ für alle $a \in \mathbb{R}_{>0} \setminus \{1\}$ stets definiert und endlich.

## Schleswig-Holstein – Kernfach Mathematik
## 2012 – Aufgabe 2: Analysis

Für ein Dentallabor soll zu Werbezwecken ein Firmenlogo entwickelt werden, das die Form des sichtbaren Teiles eines Backenzahns hat. Der Umriss wird durch einen Teil des Graphen einer ganzrationalen Funktion f modelliert, die für $x \in \mathbb{R}$ durch die Funktionsgleichung

$$f(x) = -\frac{1}{8}x^4 + \frac{1}{2}x^2 + 4$$

gegeben ist. Eine Längeneinheit entspricht dabei 1 m.

a) - Begründen Sie, dass der Graph der Funktion f achsensymmetrisch zur y-Achse ist, und zeigen Sie, dass $x_1 = 2\sqrt{2}$ eine Nullstelle von f ist.
   - Das Labor hat für die Anfertigung des Logos eine Bedingung vorgegeben: Der Höhenunterschied zwischen Hochpunkt und Tiefpunkt des Logos soll genau 0,5 m betragen. Zeigen Sie, dass die Modellierung mit der Funktion f diese Bedingung erfüllt.
   - Skizzieren Sie den Graphen der Funktion f im Intervall [–3; 3]. 9 P

b) Das Logo soll aus einer Kunststoffplatte gefräst werden.
   - Berechnen Sie den minimalen Flächeninhalt A einer trapezförmigen Kunststoffplatte, wenn deren Unterkante die x-Achse ist und die Platte seitlich durch die Tangenten in den Nullstellen der modellierenden Funktion begrenzt wird.
   [Kontrolle: $A \approx 23{,}07\ m^2$]
   - Bestimmen Sie den prozentualen Materialverlust bei der Herstellung des Logos. 10 P

c) Innerhalb des Logos soll der Name des Dentallabors in einem Rechteck erscheinen. Bestimmen Sie die Breite dieses Rechtecks so, dass dessen Flächeninhalt maximal ist. 8 P

d) Das Firmenlogo soll nun durch eine Zahnwurzel zu einem vollständigen Zahn, ähnlich der Abbildung unten, ergänzt werden. Die Zahnwurzel, also der nicht sichtbare untere Teil des Zahnes, soll durch eine ganzrationale Funktion p vierten Grades modelliert werden.
Begründen Sie, dass keine Funktion p vierten Grades gefunden werden kann, sodass die Graphen von f und p knickfrei ineinander übergehen.

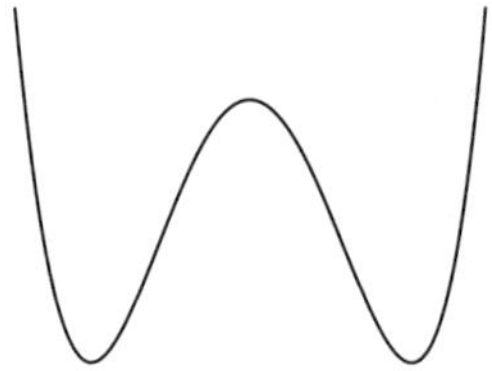

3 P

## Hinweise und Tipps

### Teilaufgabe a

- Welche Bedingung liegt bei einer achsensymmetrischen Funktion vor?
- Eine Funktion ist genau dann achsensymmetrisch zur y-Achse, wenn für alle reellen x gilt $f(x) = f(-x)$.
- Für eine reelle Nullstelle $x_1$ muss $f(x_1) = 0$ gelten.
- Bestimmen Sie die Hoch- und Tiefpunkte der Funktion, die zugehörigen Funktionswerte geben den Höhenunterschied an.
- Bestimmen Sie mithilfe der Ableitungsregeln die erste und zweite Ableitung.
- Die notwendige und hinreichende Bedingung für die Existenz solcher Punkte ist $f'(x) = 0$ und $f''(x) \neq 0$.
- Beachten Sie, dass ein Produkt genau dann null ist, wenn einer der Faktoren null ist.
- Beachten Sie, dass die Gleichung $x^2 = 2$ zwei Lösungen hat.
- Überprüfen Sie die ermittelten Stellen anhand der zweiten Ableitung und geben Sie die Art der Punkte an.
- Denken Sie bei der Skizze an die Achsensymmetrie der Funktion.

### Teilaufgabe b

- Zeichnen Sie die Tangenten an die Funktion bei den beiden Nullstellen.
- Denken Sie daran, dass die zur x-Achse parallele Seite die Hochpunkte berührt.
- Aufgrund der Symmetrie von f brauchen Sie nur die eine Hälfte des Trapezes zu betrachten.
- Für den Flächeninhalt eines Trapezes mit parallelen Seitenlängen a, b und der Höhe h gilt die Gleichung $A_T(a, b, h) = \frac{1}{2} \cdot h \cdot (a + b)$.
- Die minimale Höhe wird durch den Hochpunkt bestimmt, also gilt $h = 4{,}5$.
- Die untere Seite a „endet“ an der Nullstelle, hat somit die Länge $2\sqrt{2}$.
- Die Länge der parallelen Seite b ergibt sich aus der 1. Koordinate des Schnittpunktes der Tangente mit der Seite b, die auf der Geraden $y = 4{,}5$ liegt.
- Bestimmen Sie die Tangentengleichung, also eine lineare Funktion $t(x) = mx + v$.
- Bestimmen Sie darin m durch den Term $f'(2\sqrt{2})$.
- Der Punkt $(2\sqrt{2} \mid 0)$ liegt ebenfalls auf der Tangente, erfüllt also daher die Gleichung $t(2\sqrt{2}) = 0$. Damit erhalten Sie v.
- Für die Länge der Seite b gilt dann $b = \frac{13}{8}\sqrt{2}$.
- Der Materialverlust beim Herstellen des Zahn-Logos ist der Teil der Kunststoffplatte, der „weggeschnitten“ wird oder „übrig“ bleibt.
- Bestimmen Sie dafür den benötigten Flächeninhalt des Logos und ziehen diesen vom Inhalt der Trapezfläche ab.

- Bestimmen Sie also zunächst den Flächeninhalt $A_f$ unterhalb der Funktion f und oberhalb der x-Achse im Intervall $[0; 2\sqrt{2}]$ mithilfe der Integralrechnung.

**Teilaufgabe c**

- Skizzieren Sie ein Rechteck in das Zahn-Logo.
- Setzen Sie voraus, dass die „oberen Ecken" des Rechteckes Punkte der Funktion sind (nicht notwendig, aber zum Verständnis sinnvoll).
- Der gesuchte maximale Flächeninhalt ist lediglich von der Breite abhängig, d. h., der Flächeninhalt wird durch die Funktion $A(x) = 2x \cdot f(x) = -\frac{1}{4}x^5 + x^3 + 8x$ beschrieben, für den Definitionsbereich gilt $0 \leq x \leq 2\sqrt{2}$.
- Den größten Flächeninhalt können Sie bequem durch die Ableitungsfunktionen bestimmen.
- Die notwendige und hinreichende Bedingung für die Existenz von Extrempunkten ist $A'(x) = 0$ und $A''(x) \neq 0$.
- Beachten Sie den Definitionsbereich der Funktion.
- Damit ein Maximum vorliegt, muss die zweite Ableitung an der zu untersuchenden Stelle kleiner als null sein.
- Berücksichtigen Sie abschließend auch die Werte an den Rändern des Definitionsbereiches.
- Die Höhe des Rechteckes ergibt sich aus $f(2) = 4$.
- Da für alle x aus dem Definitionsbereich die Funktionswerte $\leq 4$ sind, liegt das Rechteck wie gefordert innerhalb des Logos.

**Teilaufgabe d**

- Skizzieren Sie beide Zahnteile.
- Betrachten Sie die „nicht passenden" Übergänge der beiden Teile an den Nullstellen.
- Welche Steigungen liegen jeweils vor?
- An den Nullstellen kann es bei ganzrationalen Funktionen keine senkrechten Tangenten geben. Begründen Sie!

## Lösung

a) Eine Funktion ist genau dann achsensymmetrisch zur y-Achse, wenn für alle reellen x gilt f(x) = f(–x). Es gilt:

$$f(-x) = -\frac{1}{8}\cdot(-x)^4 + \frac{1}{2}\cdot(-x)^2 + 4 = -\frac{1}{8}\cdot x^4 + \frac{1}{2}\cdot x^2 + 4 = f(x)$$

Daher ist die Funktion achsensymmetrisch.

Für eine Nullstelle x gilt f(x) = 0. Nun folgt:

$$f(2\sqrt{2}) = -\frac{1}{8}\cdot(2\sqrt{2})^4 + \frac{1}{2}\cdot(2\sqrt{2})^2 + 4 = -\frac{1}{8}\cdot 2^6 + \frac{1}{2}\cdot 2^3 + 4 = -2^3 + 2^2 + 4 = 0$$

Also hat f an Stelle $2\sqrt{2}$ eine Nullstelle.

Zunächst werden die Hoch- und Tiefpunkte der Funktion f bestimmt.
Die Ableitungen ergeben sich durch die Anwendung der Ableitungsregeln.
Es gilt:

$$f'(x) = -\frac{1}{2}x^3 + x \quad \text{und} \quad f''(x) = -\frac{3}{2}x^2 + 1$$

Die notwendige und hinreichende Bedingung für die Existenz solcher Punkte ist $f'(x) = 0$ und $f''(x) \neq 0$. Es sind gleichwertig:

$$f'(x) = 0 \quad \Leftrightarrow \quad -\frac{1}{2}x^3 + x = 0 \quad \Leftrightarrow \quad x\cdot\left(-\frac{1}{2}x^2 + 1\right) = 0$$

Dieses Produkt ist null, wenn x = 0 oder $\left(-\frac{1}{2}x^2 + 1\right) = 0$ ist.

Es gilt also x = 0 oder $x^2 = 2$, d. h. x = 0 oder $x = \sqrt{2}$ oder $x = -\sqrt{2}$.
Die zweite Ableitung ist für diese Stellen ungleich null, daher liegen Hoch- und Tiefpunkte tatsächlich vor. Für x = 0 ist die zweite Ableitung von f größer als null, daher liegt an dieser Stelle ein Tiefpunkt vor. In den beiden anderen Fällen ist der Wert der zweiten Ableitung von f jeweils –2, also kleiner als null, daher gehören zu diesen Stellen zwei Hochpunkte. Die Funktionswerte an diesen Stellen errechnen sich durch:

$$f(0) = -\frac{1}{8}\cdot 0^4 + \frac{1}{2}\cdot 0^2 + 4 = 4 \quad \text{und}$$

$$f(\sqrt{2}) = f(-\sqrt{2}) = -\frac{1}{8}\cdot(\sqrt{2})^4 + \frac{1}{2}\cdot(\sqrt{2})^2 + 4 = -\frac{1}{8}\cdot 4 + \frac{1}{2}\cdot 2 + 4 = -\frac{1}{2} + 1 + 4 = \frac{9}{2}$$

Der Höhenunterschied zwischen den Extrempunkten beträgt daher tatsächlich 0,5 m, denn es gilt:

$$f(\sqrt{2}) - f(0) = \frac{9}{2} - 4 = \frac{1}{2}$$

Die Nullstellen werden bei $|x| = 2\sqrt{2}$, die Hochpunkte bei $(-\sqrt{2}\,|\,4{,}5)$ bzw. $(\sqrt{2}\,|\,4{,}5)$ und der Tiefpunkt bei $(0\,|\,4)$ eingetragen.

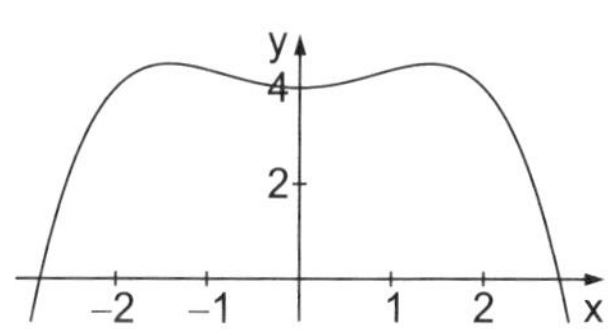

b) Für den Flächeninhalt eines Trapezes mit parallelen Seitenlängen a, b und der Höhe h gilt die Gleichung:

$$A_T(a, b, h) = \frac{1}{2} \cdot h \cdot (a + b)$$

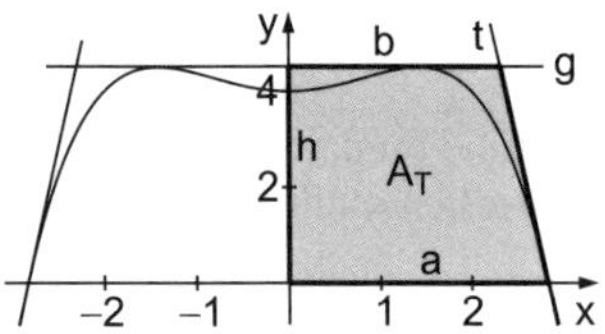


Aufgrund der Symmetrie wird nur die eine Hälfte des Trapezes betrachtet (siehe Zeichnung). Die minimale Höhe wird durch den Hochpunkt bestimmt, also gilt $h = 4{,}5$. Die „untere" Seite wird nach Aufgabenstellung durch die Nullstelle bestimmt, also gilt $a = 2\sqrt{2}$.

Für die Berechnung der letzen fehlenden Größe b muss man den Schnittpunkt der Tangente t (an der Nullstelle) mit der zur x-Achse parallelen Geraden g durch den Punkt $(2 \mid 4{,}5)$ berechnen.

Die Steigung der Tangente ergibt sich aus dem Wert der ersten Ableitung an der Nullstelle, das ist $f'(2\sqrt{2})$. Es gilt:

$$f'(2\sqrt{2}) = -\frac{1}{2} \cdot (2\sqrt{2})^3 + 2\sqrt{2} = \sqrt{2}(-8 + 2) = -6\sqrt{2}$$

Damit ergibt sich die Geradengleichung der Tangenten zu:

$$t(x) = -6\sqrt{2} \cdot x + v$$

Da der Punkt $(2\sqrt{2} \mid 0)$ ebenfalls zur Geraden gehört, folgt:

$$t(2\sqrt{2}) = -6\sqrt{2} \cdot 2\sqrt{2} + v = 0 \quad \Rightarrow \quad v = 24$$

Damit ergibt sich die Tangentengleichung als:

$$t(x) = -6\sqrt{2} \cdot x + 24$$

Der gesuchte Schnittpunkt folgt nun aus der Gleichung $g = t(x)$, also

$$4{,}5 = -6\sqrt{2} \cdot x + 24,$$

woraus sofort die Stelle $x = \frac{13}{8}\sqrt{2}$ folgt. Damit ergibt sich nun die Länge:

$$b = \frac{13}{8}\sqrt{2}$$

Für den gesuchten Trapezinhalt gilt nun:

$$\begin{aligned} 2 \cdot A_T &= 2 \cdot \frac{1}{2} \cdot h \cdot (a + b) = h \cdot (a + b) \\ &= 4{,}5 \cdot \left(2\sqrt{2} + \frac{13}{8}\sqrt{2}\right) = \frac{261}{16}\sqrt{2} \approx 23{,}07 \end{aligned}$$

Daraus ergibt sich eine Minimalgröße der Platte von $23{,}07\ m^2$.

Für die Beantwortung des zweiten Auftrages geht man folgendermaßen vor: Zunächst wird der Flächeninhalt $A_f$ unterhalb der Funktion f und oberhalb der x-Achse im Intervall $[0; 2\sqrt{2}]$ mithilfe der Integralrechnung bestimmt. Anschließend subtrahiert man aufgrund der Symmetrie $2 \cdot A_f$ von der eben berechneten Plattengröße $2 \cdot A_T$ und erhält somit den Materialverlust. Dividiert man diesen durch $2 \cdot A_T$, erhält man schließlich den prozentualen Verlust.

Für den Flächeninhalt $A_f$ unterhalb der Funktion f gilt:

$$2 \cdot A_f = 2 \cdot \int_0^{2\sqrt{2}} f(x)\,dx = 2 \cdot \int_0^{2\sqrt{2}} \left(-\frac{1}{8}x^4 + \frac{1}{2}x^2 + 4\right) dx$$

$$= 2 \cdot \left[-\frac{1}{40}x^5 + \frac{1}{6}x^3 + 4x\right]_0^{2\sqrt{2}} = \frac{224}{15}\sqrt{2} \approx 21{,}12$$

Der Flächenverlust in Prozent beträgt also:

$$\left(\frac{261}{16} \cdot \sqrt{2} - \frac{224}{15} \cdot \sqrt{2}\right) : \frac{261}{16} \cdot \sqrt{2} \approx 8{,}5\,\%$$

c) Für den Flächeninhalt A des Rechteckes wird das Produkt aus der Breite 2x und der Höhe f(x) gebildet (wobei stillschweigend vorausgesetzt wird, dass die oberen Eckpunkte des Rechtecks Punkte des Graphen der Funktion f sind).

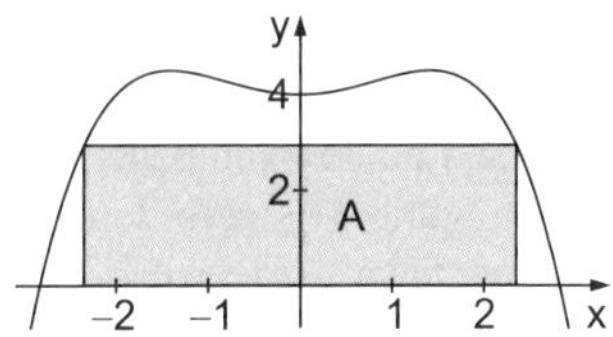


Es gilt also

$$A(x) = 2x \cdot f(x) = -\frac{1}{4}x^5 + x^3 + 8x$$

mit dem Definitionsbereich $0 \le x \le 2\sqrt{2}$. Der rechte Rand ist gerade die Nullstelle von f.

Gesucht ist nun der maximale Flächeninhalt von A. Dazu betrachtet man die Ableitungsfunktionen von A. Für die ersten beiden Ableitungen gilt mit den üblichen Regeln:

$$A'(x) = -\frac{5}{4}x^4 + 3x^2 + 8 \quad \text{und} \quad A''(x) = -5x^3 + 6x$$

Die notwendige und hinreichende Bedingung für die Existenz von Extrempunkten ist $A'(x) = 0$ und $A''(x) \neq 0$. Es sind gleichwertig:

$$\begin{aligned}
A'(x) = 0 \quad &\Leftrightarrow \quad -\frac{5}{4}x^4 + 3x^2 + 8 = 0 \\
&\Leftrightarrow \quad x^4 - \frac{12}{5}x^2 - \frac{32}{5} = 0 \\
&\Leftrightarrow \quad \left(x^2 + \frac{8}{5}\right)(x^2 - 4) = 0 \\
&\Leftrightarrow \quad x^2 = 4 \qquad \Big|\ \text{wegen } x^2 + \frac{8}{5} > 0 \\
&\Leftrightarrow \quad x = 2 \ \text{ oder } \ x = -2
\end{aligned}$$

Nur $x = 2$ liegt im Definitionsbereich der Funktion A. Für die zweite Ableitung gilt hierfür $A''(2) = -28 < 0$.
Also liegt bei der Flächenfunktion A an der Stelle $x = 2$ ein Maximum vor. An den Rändern des Definitionsbereiches ist jeweils der Flächeninhalt gleich null (vergleiche oben).

Die Höhe des Rechteckes ergibt sich aus $f(2)=4$. Da für alle x aus dem Definitionsbereich die Funktionswerte $\leq 4$ sind, liegt das Rechteck wie gefordert innerhalb des Logos.

Insgesamt hat der Flächeninhalt eine maximale Breite von $2 \cdot (2\text{ m}) = 4\text{ m}$ und der größtmögliche Flächeninhalt misst $16\text{ m}^2$.

d) Man nimmt an, dass sich die beiden Zahnteile, Backenzahn oben und Wurzel unten, wie in der Abbildung an den Nullstellen „verbinden" sollen. Schon aus der Zeichnung ist ersichtlich, dass dies ohne Knick nicht zu realisieren sein wird.

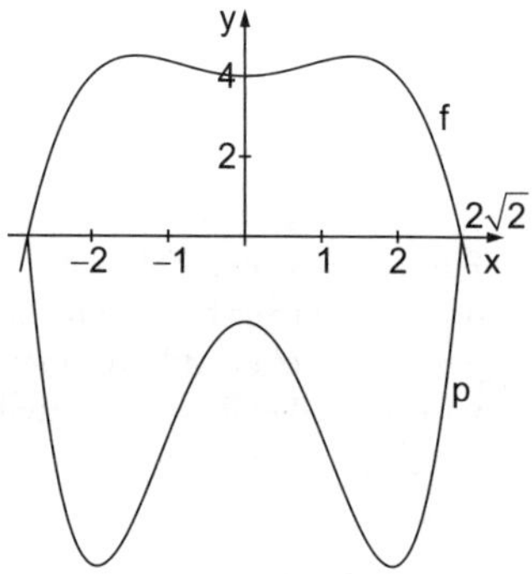


Wegen $f'(2\sqrt{2}) = -6\sqrt{2} < 0$ hat die Funktion f an der Nullstelle $2\sqrt{2}$ eine negative Steigung. Die geforderte Funktion p hat aber nach Kurvenverlauf offenbar eine nicht negative, d. h. $p'(2\sqrt{2}) > 0$. Also muss beim Übergang von p zu f ein „Knick" entstehen.

Alternativ könnte man auch so argumentieren: Ohne „Knick" müssten beide Funktionen an der Nullstelle eine senkrechte Tangente haben, was aber bei allen ganzrationalen Funktionen (unabhängig vom Grad der Funktion) stets nicht der Fall ist, insbesondere da sie auf ganz $\mathbb{R}$ stets einen endlichen Steigungswert haben.

## Schleswig-Holstein – Kernfach Mathematik
## 2012 – Aufgabe 3: Analytische Geometrie

Ein Körper ist aus einer Pyramide und einem aufgesetzten Pyramidenstumpf mit quadratischer Deckfläche zusammengesetzt. Zum Pyramidenstumpf gehören die Eckpunkte $E(6{,}5\,|\,4\,|\,4)$ und $F(4\,|\,6{,}5\,|\,4)$. Die Pyramide besitzt die Spitze $T(4\,|\,4\,|\,0{,}5)$. Bekannt sind ferner die Punkte $A(8\,|\,4\,|\,3)$, $B(4\,|\,8\,|\,3)$ und $C(0\,|\,4\,|\,3)$.

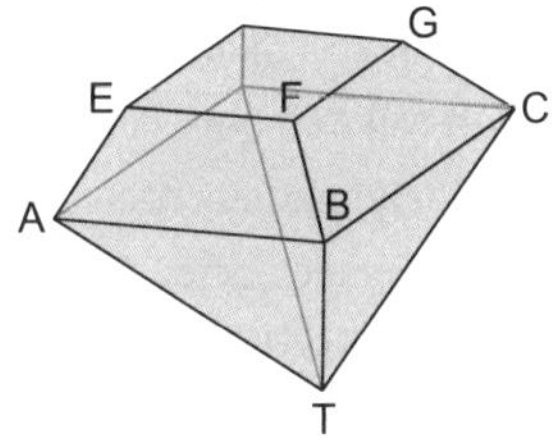


a) • Zeigen Sie rechnerisch, dass das Dreieck ABC gleichschenklig und rechtwinklig ist.

• Bestimmen Sie die Koordinaten des Punktes D so, dass das Viereck ABCD ein Quadrat ist, und berechnen Sie den Mittelpunkt P einer Diagonalen.

• Der Pyramidenstumpf ist durch Abtrennen einer Pyramide entstanden. Berechnen Sie die Koordinaten der ehemaligen Pyramidenspitze S.

• Zeigen Sie, dass $\overrightarrow{EF} = \frac{5}{8} \cdot \overrightarrow{AB}$ gilt, und berechnen Sie die Koordinaten des Punktes G.

• Ermitteln Sie eine Gleichung der Ebene $E_{ABT}$ in Koordinatenform und berechnen Sie den Schnittwinkel zwischen den Ebenen $E_{ABT}$ und $E_{ABC}$.
[Kontrolle: $E_{ABT}$: $5x_1 + 5x_2 - 8x_3 = 36$] 18 P

b) In dem Körper befindet sich eine Kugel K mit dem Mittelpunkt $M(4\,|\,4\,|\,2{,}5)$ und dem Radius 1,4.

• Untersuchen Sie, ob es gemeinsame Punkte der Ebene $E_{ABT}$ mit der Kugel K gibt.

• Ermitteln Sie den Mittelpunkt $M^*$ und den Radius $r_S$ des Schnittkreises der Kugel K mit der Ebene $E_{ABC}$. 9 P

c) Eine Kugel mit dem Radius 1,4 „fällt“ so in die Pyramide, dass sie alle vier Seitenflächen berührt.
Beschreiben Sie möglichst detailliert ein Verfahren, mit dem Sie den neuen Kugelmittelpunkt M' berechnen können. Die Rechnung ist nicht erforderlich. 3 P

## Hinweise und Tipps

### Teilaufgabe a

- Bestimmen Sie die Vektoren $\overrightarrow{AB}$ und $\overrightarrow{BC}$ aus den angegebenen Punkten und berechnen Sie anschließend die Längen der Dreiecksseiten.
- Nutzen Sie das Skalarprodukt $\overrightarrow{AB} \circ \overrightarrow{BC}$. Was bedeutet der Wert?
- Der Ortsvektor zum Punkt D lässt sich mithilfe von $\overrightarrow{OD} = \overrightarrow{OA} + \overrightarrow{BC}$ berechnen.
- Der Mittelpunkt einer Strecke $\overline{AC}$ ergibt sich durch $M(\overline{AC}) = \frac{1}{2}(\overrightarrow{OA} + \overrightarrow{OC})$.
- Welche Geraden erzeugen die Pyramidenspitze?
- Verlängern Sie die Strecken $\overline{AE}$, $\overline{BF}$, $\overline{CG}$ und $\overline{DH}$ zur Spitze.
- Stellen Sie zwei der vier möglichen Geradengleichungen auf und setzen Sie diese gleich.
- Wenn Sie die so erhaltenen Parameter in eine der beiden Geradengleichungen einsetzen, erhalten Sie den gesuchten Punkt S.
- Bestimmen Sie den Vektor $\overrightarrow{EF}$, um die geforderte Gleichung zu überprüfen.
- Nutzen Sie die eben erhaltene Beziehung der Vektoren $\overrightarrow{EF}$ und $\overrightarrow{AB}$, um den Punkt G zu bestimmen. Es gilt $\overrightarrow{OG} = \overrightarrow{OF} + \overrightarrow{FG}$.
- Bestimmen Sie mithilfe des Vektorprodukts aus $\overrightarrow{AB} \times \overrightarrow{BT}$ einen Normalenvektor der Ebene durch die Punkte A, B und T.
- Bestimmen Sie dann aus der Normalenform die Koordinatengleichung $\vec{n} \circ \vec{x} = d$, mit $d = \vec{a} \circ \vec{n}$.
- Bestimmen Sie auf gleiche Weise einen Normalenvektor der Ebene wahlweise durch drei der Punkte A, B, C oder D.
- Der eingeschlossene Winkel $\alpha$ zwischen den Ebenen $E_{ABC}$ und $E_{ABT}$ lässt sich nun unter Verwendung der Normalenvektoren $\vec{n}$ und $\vec{v}$ mit folgendem Ausdruck bestimmen:
  $$\cos(\alpha) = \frac{|\vec{n} \circ \vec{v}|}{|\vec{n}| \cdot |\vec{v}|}$$

### Teilaufgabe b

- Überlegen Sie sich, wann eine Kugel gemeinsame Punkte mit einer Ebene hat. Überlegen Sie auch, welche geometrische Figur dann entsteht.
- Betrachten Sie den Abstand des Mittelpunktes von der Kugel zur Ebene $E_{ABT}$.
- Ist der Abstand größer als der Radius, so wird die Kugel die Ebene nicht schneiden.
- Berechnen Sie den Abstand durch $d = |\vec{n}_0 \circ (\overrightarrow{OM} - \overrightarrow{OA})|$, wobei A ein Ebenenpunkt, $\vec{n}_0$ der Normaleneinheitsvektor und M der Mittelpunkt der Kugel ist.
- Offenbar schneidet nun die Kugel die Ebene durch die Punkte A, B und C. Die Schnittfigur ist ein Kreis, dessen Mittelpunkt M* und Radius $r_S$ gesucht sind.
- Veranschaulichen Sie sich die Situation.

- Die Verbindungsgerade g vom Mittelpunkt des Schnittkreises und dem Kugelmittelpunkt ist stets senkrecht zur zugehörigen Ebene des Schnittkreises.
- Bestimmen Sie die Geradengleichung zur Geraden g. Nutzen Sie dabei den Normalenvektor der Ebene als Richtungsvektor der Geraden.
- Durch die Lage der Punkte A, B und C kann man ohne Rechnung auf die dritte Koordinate des Mittelpunktes schließen. Wie heißt sie?
- Nutzen Sie zur Bestimmung des Radius der Kugel den Satz des Pythagoras.

**Teilaufgabe c**

- Fertigen Sie eine Skizze zur Situation an. Wählen Sie dazu eine Querschnittszeichnung, die senkrecht zur Deckfläche und durch den Mittelpunkt der Strecke $\overline{AB}$ geht.
- Zeichnen Sie den Kreis (als Querschnitt der fallenden Kugel) und tragen Sie den Berührpunkt mit der Seitenfläche ein.
- Bedenken Sie, dass der Kugelradius immer senkrecht auf der Seitenfläche steht.
- Die drei Punkte Berührpunkt, Mittelpunkt und T bilden ein spezielles Dreieck.
- Sie können einen weiteren (und damit alle) Winkel des Dreiecks bestimmen.
- Sind zwei Winkelgrößen und eine Länge einer Seite gegeben, können Sie mit dem Sinussatz alle weiteren Längen bestimmen.
- Der Sinussatz lautet mit den üblichen Bezeichnungen:

$$\frac{a}{\sin(\alpha)} = \frac{b}{\sin(\beta)} = \frac{c}{\sin(\gamma)}$$

- Der Abstand von T zum Mittelpunkt der Kugel ist die Länge einer Dreiecksseite.
- Alternativ zu diesen Hinweisen können Sie auch zur Mittelpunktsbestimmung die Hesse'sche Normalenform der Ebene $E_{ABT}$ nutzen, welche mit den üblichen Buchstaben $E_{ABT}$: $\vec{n}_0 \circ (\vec{x} - \vec{p}) = 0$ lautet. Nun gibt $d = |\vec{n}_0 \circ (\vec{x} - \overrightarrow{OP})|$ den Abstand eines jeden Punktes X von der Ebene $E_{ABT}$ an.

## Lösung

a) Es wird gezeigt, dass die Seiten $\overline{AB}$ und $\overline{BC}$ dieselbe Länge haben und sich zwischen diesen beiden Seiten ein rechter Winkel befindet.
Es gilt für die Länge der Strecken bzw. Länge der Vektoren:

$$|AB| = |\overrightarrow{AB}| = \left|\begin{pmatrix}4\\8\\3\end{pmatrix} - \begin{pmatrix}8\\4\\3\end{pmatrix}\right| = \left|\begin{pmatrix}-4\\4\\0\end{pmatrix}\right| = \sqrt{(-4)^2 + 4^2 + 0^2} = \sqrt{32} = 4\sqrt{2}$$

$$|BC| = |\overrightarrow{BC}| = \left|\begin{pmatrix}0\\4\\3\end{pmatrix} - \begin{pmatrix}4\\8\\3\end{pmatrix}\right| = \left|\begin{pmatrix}-4\\-4\\0\end{pmatrix}\right| = \sqrt{(-4)^2 + (-4)^2 + 0^2} = \sqrt{32} = 4\sqrt{2}$$

Für das Skalarprodukt gilt:

$$\overrightarrow{AB} \circ \overrightarrow{BC} = \begin{pmatrix} -4 \\ 4 \\ 0 \end{pmatrix} \circ \begin{pmatrix} -4 \\ -4 \\ 0 \end{pmatrix} = 16 + (-16) + 0 = 0$$

Also ist das Dreieck ABC rechtwinklig im Punkt B.

Der vierte Eckpunkt D des Quadrates ergibt sich durch die Rechnung:

$$\overrightarrow{OD} = \overrightarrow{OA} + \overrightarrow{BC} = \begin{pmatrix} 8 \\ 4 \\ 3 \end{pmatrix} + \begin{pmatrix} -4 \\ -4 \\ 0 \end{pmatrix} = \begin{pmatrix} 4 \\ 0 \\ 3 \end{pmatrix}$$

Also lautet der Punkt D(4 | 0 | 3).

**Alternativ**, aber aufwendiger, ließe sich der Punkt D als Schnittpunkt der Parallelen zu den Seiten $\overline{AB}$ bzw. $\overline{BC}$ durch die Punkte C bzw. A berechnen.

Den Mittelpunkt der Diagonalen erhält man durch:

$$M(\overline{AC}) = \frac{1}{2}(\overrightarrow{OA} + \overrightarrow{OC}) = \frac{1}{2}\begin{pmatrix} 8 \\ 8 \\ 6 \end{pmatrix} = \begin{pmatrix} 4 \\ 4 \\ 3 \end{pmatrix} \text{ oder}$$

$$M(\overline{BD}) = \frac{1}{2}(\overrightarrow{OB} + \overrightarrow{OD}) = \frac{1}{2}\begin{pmatrix} 8 \\ 8 \\ 6 \end{pmatrix} = \begin{pmatrix} 4 \\ 4 \\ 3 \end{pmatrix}$$

Der Mittelpunkt der Diagonalen hat also die Koordinaten P(4 | 4 | 3).

Betrachtet man die Geraden zu den Seiten $\overline{AE}$, $\overline{BF}$, $\overline{CG}$ und $\overline{DH}$ (wobei H der vierte Quadratpunkt von EFGH ist), so entsteht aus dem Pyramidenstumpf die vollständige Pyramide. Offenbar lässt sich die Spitze der Pyramide dann als Schnittpunkt der vier Geraden berechnen, wobei es reicht, dies für zwei Geraden zu machen.
Für die Geradengleichungen der Seiten $\overline{AE}$ und $\overline{BF}$ gilt mit reellen Parameters r und s:

$$g(AE)\colon\ \vec{x} = \overrightarrow{OA} + r \cdot \overrightarrow{AE} = \begin{pmatrix} 8 \\ 4 \\ 3 \end{pmatrix} + r \cdot \begin{pmatrix} -1{,}5 \\ 0 \\ 1 \end{pmatrix} \text{ und}$$

$$g(BF)\colon\ \vec{x} = \overrightarrow{OB} + s \cdot \overrightarrow{BF} = \begin{pmatrix} 4 \\ 8 \\ 3 \end{pmatrix} + s \cdot \begin{pmatrix} 0 \\ -1{,}5 \\ 1 \end{pmatrix}$$

Den Schnittpunkt erhält man durch das Gleichsetzen der beiden Geraden, was zu einem Gleichungssystem führt.
Der Schnitt $g(AE) \cap g(BF)$ führt zu

$$\begin{pmatrix} 8 \\ 4 \\ 3 \end{pmatrix} + r \cdot \begin{pmatrix} -1{,}5 \\ 0 \\ 1 \end{pmatrix} = \begin{pmatrix} 4 \\ 8 \\ 3 \end{pmatrix} + s \cdot \begin{pmatrix} 0 \\ -1{,}5 \\ 1 \end{pmatrix}$$

und dies zum Gleichungssystem:

$$8-1{,}5r=4$$
$$4=8-1{,}5s$$
$$3+r=3+s$$

Aus den ersten beiden Gleichungen ergeben sich unmittelbar dieselben Werte $r=s=\frac{8}{3}$, die auch die dritte Gleichung erfüllen. Damit ergeben sich die Koordinaten aus

$$\overrightarrow{OS}=\begin{pmatrix}8\\4\\3\end{pmatrix}+\frac{8}{3}\cdot\begin{pmatrix}-1{,}5\\0\\1\end{pmatrix}=\begin{pmatrix}4\\4\\\frac{17}{3}\end{pmatrix} \Rightarrow S\left(4\,\middle|\,4\,\middle|\,\frac{17}{3}\right)$$

Betrachtet man die entsprechenden Vektoren

$$\overrightarrow{AB}=\begin{pmatrix}-4\\4\\0\end{pmatrix} \text{ und } \overrightarrow{EF}=\begin{pmatrix}4\\6{,}5\\4\end{pmatrix}-\begin{pmatrix}6{,}5\\4\\4\end{pmatrix}=\begin{pmatrix}-2{,}5\\2{,}5\\0\end{pmatrix}=\begin{pmatrix}\frac{-20}{8}\\\frac{20}{8}\\0\end{pmatrix}=\frac{5}{8}\cdot\begin{pmatrix}-4\\4\\0\end{pmatrix},$$

so folgt daraus die Behauptung $\overrightarrow{EF}=\frac{5}{8}\cdot\overrightarrow{AB}$.

Nach Voraussetzung ist auch die Deckfläche quadratisch, also das Viereck EFGH ein zu ABCD „paralleles“ Quadrat, d. h., entsprechende Seiten sind parallel. Daher gilt wie eben auch $\overrightarrow{FG}=\frac{5}{8}\cdot\overrightarrow{BC}$, also gilt damit:

$$\overrightarrow{OG}=\overrightarrow{OF}+\overrightarrow{FG}=\overrightarrow{OF}+\frac{5}{8}\cdot\overrightarrow{BC}=\begin{pmatrix}4\\6{,}5\\4\end{pmatrix}+\frac{5}{8}\begin{pmatrix}-4\\-4\\0\end{pmatrix}=\begin{pmatrix}1{,}5\\4\\4\end{pmatrix}$$

Daher hat der Punkt G die Koordinaten $G(1{,}5\,|\,4\,|\,4)$.

Mithilfe des Vektorprodukts wird ein Normalenvektor zur Ebene durch die Punkte A, B und T ermittelt. Mit den die Ebene $E_{ABT}$ aufspannenden linear unabhängigen Vektoren $\overrightarrow{AB}$ und $\overrightarrow{BT}$ erhält man

$$\overrightarrow{AB}\times\overrightarrow{BT}=\begin{pmatrix}4\\-4\\0\end{pmatrix}\times\begin{pmatrix}0\\-4\\2{,}5\end{pmatrix}=\begin{pmatrix}10\\10\\-16\end{pmatrix}=2\cdot\begin{pmatrix}5\\5\\-8\end{pmatrix}$$

und damit als einen Normalenvektor:

$$\vec{n}=\begin{pmatrix}5\\5\\-8\end{pmatrix}$$

Aus der Normalenform einer Ebenengleichung erhält man damit die Koordinatenform durch $\vec{n}\circ\vec{x}=d$, mit $d=\vec{a}\circ\vec{n}$, in diesem Fall:

$$E_{ABT}\colon \begin{pmatrix}5\\5\\-8\end{pmatrix}\circ\begin{pmatrix}x_1\\x_2\\x_3\end{pmatrix}=\overrightarrow{OA}\circ\begin{pmatrix}5\\5\\-8\end{pmatrix}=\begin{pmatrix}8\\4\\3\end{pmatrix}\circ\begin{pmatrix}5\\5\\-8\end{pmatrix}=40+20-24=36, \text{ also}$$

$$E_{ABT}\colon 5x_1+5x_2-8x_3=36$$

Wie oben erhält man einen Normalenvektor zur Ebene $E_{ABC}$ durch die Punkte A, B und C durch das Vektorprodukt aus $\overrightarrow{AB}$ und $\overrightarrow{BC}$, also

$$\overrightarrow{AB}\times\overrightarrow{BC}=\begin{pmatrix}4\\-4\\0\end{pmatrix}\times\begin{pmatrix}-4\\-4\\0\end{pmatrix}=\begin{pmatrix}0\\0\\-32\end{pmatrix}=(-32)\cdot\begin{pmatrix}0\\0\\1\end{pmatrix},\ \text{sodass } \vec{v}=\begin{pmatrix}0\\0\\1\end{pmatrix} \text{ einen Normalen-}$$

vektor von $E_{ABC}$ darstellt.

Der Schnittwinkel zwischen den Ebenen $E_{ABC}$ und $E_{ABT}$ kann nun mithilfe des Skalarprodukts für den kleineren Winkel zwischen den beiden Normalenvektoren der Ebenen $E_{ABC}$ und $E_{ABT}$ bestimmt werden. Es gilt:

$$\cos(\alpha)=\frac{|\vec{n}\circ\vec{v}|}{|\vec{n}|\cdot|\vec{v}|}=\frac{\left|\begin{pmatrix}5\\5\\-8\end{pmatrix}\circ\begin{pmatrix}0\\0\\1\end{pmatrix}\right|}{\sqrt{114}\cdot\sqrt{1}}=\frac{|-8|}{\sqrt{114\cdot 1}}\approx 0{,}749$$

Damit ergibt sich eine Winkelgröße von ca. 41,47°.

b) Eine Kugel hat genau dann gemeinsame Punkte mit einer Ebene, wenn die Kugel die Ebene schneidet. Das ist genau dann der Fall, wenn der Abstand vom Mittelpunkt der Kugel zur Ebene kleiner oder gleich dem Kugelradius ist. Es muss also der Abstand des Punktes M zur Ebene $E_{ABT}$ bestimmt werden.

Mit einem Normaleneinheitsvektor (Aufgabenteil a) und dem Punkt A dieser Ebene folgt für den Abstand d:

$$d=|\vec{n}_0\circ(\overrightarrow{OM}-\overrightarrow{OA})|=\left|\frac{1}{\sqrt{114}}\begin{pmatrix}5\\5\\-8\end{pmatrix}\circ\left(\begin{pmatrix}4\\4\\2{,}5\end{pmatrix}-\begin{pmatrix}8\\4\\3\end{pmatrix}\right)\right|=\left|\frac{1}{\sqrt{114}}\begin{pmatrix}5\\5\\-8\end{pmatrix}\circ\begin{pmatrix}-4\\0\\-0{,}5\end{pmatrix}\right|$$

$$=\left|\frac{-16}{\sqrt{114}}\right|\approx 1{,}4985$$

Offenbar ist der Abstand größer als der Radius der Kugel, deshalb schneidet die Kugel die Ebene nicht.

Die Kugel K schneidet nun offenbar die Ebene $E_{ABC}$ und erzeugt damit als Schnittobjekt einen Kreis. Die Verbindungsgerade g vom Mittelpunkt des Schnittkreises und dem Kugelmittelpunkt ist stets senkrecht zur zugehörigen Ebene des Schnittkreises.

Die Gerade g kann mithilfe des Normalenvektors $\vec{v}$ der Ebene $E_{ABC}$ als Richtungsvektor und dem Mittelpunkt M der Kugel K als Geradenpunkt bestimmt werden. Es ergibt sich als Gleichung mit einem reellen Parameter t:

$$g\colon\ \vec{x}=\begin{pmatrix}4\\4\\2{,}5\end{pmatrix}+t\cdot\begin{pmatrix}0\\0\\1\end{pmatrix}$$

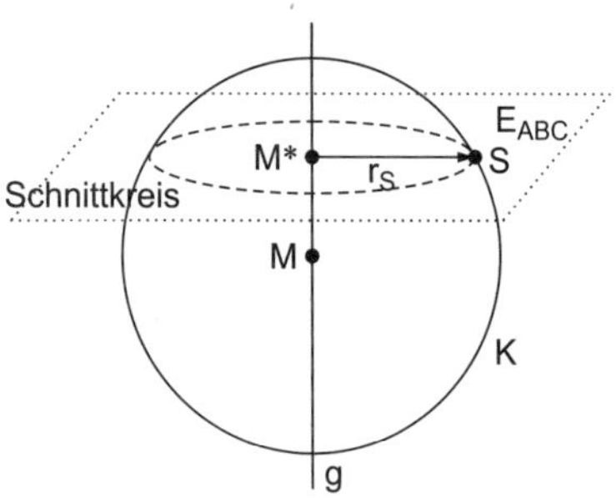

Aufgrund des Normalenvektors $\vec{v}$ der Ebene $E_{ABC}$ folgt für die dritte Koordinate eines jeden Punktes der Ebene sofort $x_3 = 3$ (dies folgt auch schon allein aus der Sichtung der dritten Koordinaten der Punkte A, B und C!); dies führt von der Geradengleichung von g zur Gleichung $x_3 = 3 = 2{,}5 + t$, was unmittelbar auf $t = \frac{1}{2}$ führt. Dies wiederum ergibt den gesuchten Mittelpunkt $M^*(4|4|3)$.

Aufgrund der Lage der Geraden g, der Zahlenbeschaffenheit des Normalenvektors, des Mittelpunktes M und der dritten Koordinate hätte man auch ohne jegliche Rechnung den Mittelpunkt $M^*(4|4|3)$ angeben können. Ebenso hätte man diesen aus rein geometrischen Überlegungen sofort als Diagonalenschnittpunkt P des Quadrates ABCD von Teilaufgabe a als M* identifizieren können.

Da – wie oben erwähnt – die Gerade g senkrecht zur Ebene $E_{ABC}$ ist, liegt ein rechtwinkliges Dreieck MSM* mit rechtem Winkel bei M* vor. Daher liefert der Satz des Pythagoras die Gleichung

$|MS|^2 = |MM^*|^2 + |M^*S|^2$ mit den gegebenen Größen $1{,}4^2 = 0{,}5^2 + r_S^2$, woraus $1{,}4^2 - 0{,}5^2 = r_S^2$ und damit $r_S^2 = \frac{171}{100}$ folgt. Der positive Wert für $r_S$ ergibt dabei ca. 1,31.

c) Eine Querschnittsskizze soll die Situation veranschaulichen. Die „fallende" Kugel rutscht solange in den Pyramidenstumpf, bis sie an den Seitenflächen zu stoppen kommt.

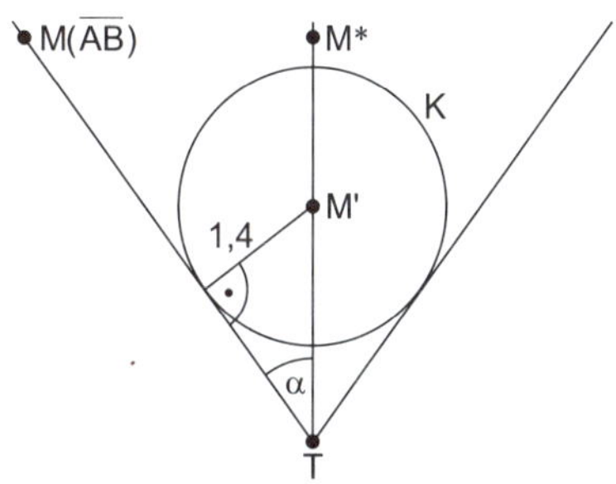


Die Seitenflächen der Pyramide sind dann die Tangentialflächen der Kugel (hier in der Skizze sind sie Tangenten an den Kreis) und stehen damit senkrecht auf dem Radius. Daher ist ein rechtwinkliges Dreieck zu erkennen. Man kann nun den Schnittwinkel der Geraden TM* und $TM(\overline{AB})$ bestimmen (da auch M' auf der Geraden durch T und M* liegen muss). $M(\overline{AB})$ ist dabei der Mittelpunkt der Seite $\overline{AB}$. Mit der so erhaltenen Winkelgröße $\alpha$ lassen sich nun mithilfe des Sinussatzes alle fehlenden Seitenlängen bequem berechnen, insbesondere $|TM'|$.

Damit kann schließlich auch der gesuchte Mittelpunkt M' bestimmt werden.

Zur Mittelpunktsbestimmung bietet sich hier auch die Hesse'sche Normalenform der Ebene $E_{ABT}$ an, welche mit den üblichen Buchstaben $E_{ABT}$: $\vec{n}_0 \circ (\vec{x} - \vec{p}) = 0$ lautet. Nun gibt $d = \left|\vec{n}_0 \circ (\vec{x} - \overrightarrow{OP})\right|$ den Abstand eines jeden Punktes X von der Ebene $E_{ABT}$ an. Wählt man darin für den Abstand nun 1,4 und setzt die Menge aller Geradenpunkte von g, also die rechte Seite der Geradengleichung von g aus Teilaufgabe b, ein, so erhält man alle Punkte von g, die zur Ebene einen Abstand von 1,4 haben.

## Schleswig-Holstein – Kernfach Mathematik
## 2012 – Aufgabe 4: Analytische Geometrie

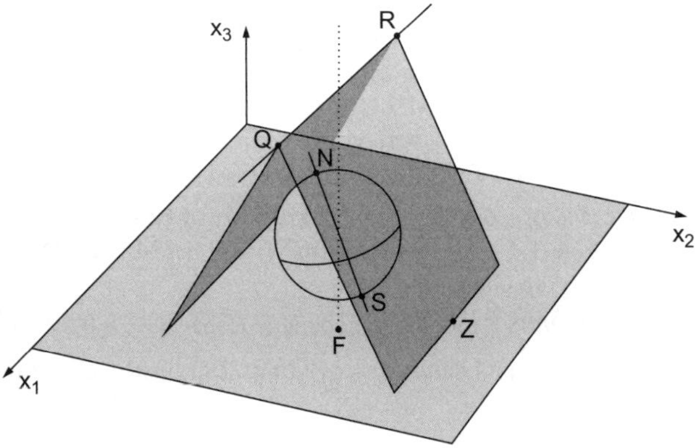


Ähnlich wie auf Schloss Gottorf wird auf einem Ausstellungsgelände ein begehbarer Globus mit dem Mittelpunkt $M(5\,|\,4{,}4\,|\,2{,}8)$ und dem Durchmesser $d = 4{,}1$ m installiert.
Die durch den Kugelnordpol N und den Kugelsüdpol S verlaufende Drehachse ist gegenüber der Senkrechten geneigt.
Der Erdboden liegt in der $x_1x_2$-Ebene. Auf ihm liegt lotrecht unter dem Kugelmittelpunkt der Punkt $F(5\,|\,4{,}4\,|\,0)$.
Eine Längeneinheit entspricht 1 Meter.
Geben Sie Ihre Ergebnisse auf 2 Nachkommastellen gerundet an.

a)
- Geben Sie eine Kugelgleichung an, die den Globus beschreibt, und berechnen Sie, in welcher Höhe über dem Erdboden sich der unterste Punkt des Globus befindet.
- Die Drehachse durchstößt den Globus im Nordpol $N(5\,|\,3{,}56\,|\,4{,}67)$. Bestimmen Sie eine Gleichung der Geraden a, auf der die Drehachse liegt.

  [Eine mögliche Lösung lautet a: $\vec{x} = \begin{pmatrix} 5 \\ 4{,}4 \\ 2{,}8 \end{pmatrix} + t \cdot \begin{pmatrix} 0 \\ 0{,}84 \\ -1{,}87 \end{pmatrix}$.]
- Berechnen Sie den Punkt P, in dem die Gerade a den Erdboden schneidet.
- Berechnen Sie, um welchen Winkel $\alpha$ die Drehachse gegenüber der Senkrechten geneigt ist.
- Ermitteln Sie eine Gleichung der Äquatorialebene in Koordinatenform.
  [Zur Kontrolle: Eine mögliche Lösung ist $E_Ä: -0{,}84x_2 + 1{,}87x_3 = 1{,}54$.] 11 P

b) Als Schutz kann ein Dach über den Globus gesetzt werden (siehe Abbildung). Die Enden des Dachfirstes sind $Q(8\,|\,4{,}4\,|\,8)$ und $R(2\,|\,4{,}4\,|\,8)$. Der Punkt $Z(5\,|\,8{,}4\,|\,0)$ liegt auf der Dachfläche, die in der Dachebene $E_D$ liegt.

- Zeigen Sie, dass der Mittelpunkt des Dachfirstes und die Punkte M und F auf einer Geraden liegen.
- Berechnen Sie den Abstand e der Dachebene $E_D$ zum Globus.
- Bestimmen Sie den Punkt T der Dachebene $E_D$, der dem Globus am nächsten liegt.
  [Kontrolle: Das Dach liegt in der Ebene $E_D$: $2x_2 + x_3 = 16{,}8$.] 14 P

c) Für jedes $k \in \mathbb{R}$ ist mit $E_k$: $8x_2 + (k - 4{,}4)x_3 = 8k$ eine Ebene $E_k$ gegeben.

- Zeigen Sie, dass jede Ebene $E_k$ die Punkte Q und R enthält.
- Es gibt Punkte, die in keiner der Ebenen $E_k$ enthalten sind. Bestimmen Sie einen solchen Punkt. 5 P

## Hinweise und Tipps

### Teilaufgabe a

- Die allgemeine Kugelgleichung mit Mittelpunkt M und Radius r lautet K: $[\vec{x} - \overrightarrow{OM}]^2 = r^2$. Bedenken Sie dabei, dass der Durchmesser gegeben ist.
- Um die Höhe des Globus über dem Erdboden zu ermitteln, bestimmen Sie den Abstand des Kugelmittelpunktes vom Erdboden und bilden dann die Differenz mit dem Radius.
- Der Abstand des Kugelmittelpunktes ist aus seinen Koordinaten direkt ablesbar, Sie brauchen also nicht rechnen.
- Um die Geradengleichung der Drehachse zu bestimmen, benötigen Sie zwei auf der Geraden liegende Punkte, wobei der Nordpol N in der Aufgabenstellung gegeben ist. Welcher Punkt liegt noch auf der Drehachse? Er ist auch gegeben.
- Um den Schnittpunkt P der Drehachse a mit dem Erdboden zu ermitteln, können Sie wie üblich die Routine „Gerade schneidet Ebene“ in Gang setzen. In diesem Fall vereinfacht folgende Überlegung die Rechnung: Sie wissen, dass die dritte Koordinate des Punktes P den Wert null haben muss (warum?). Daher können Sie in der eben bestimmten Geradengleichung auch diese Koordinate null setzen und erhalten so den Wert für den reellen Parameter. Mit diesem Parameter erhalten Sie sofort die beiden übrigen Koordinaten.
- Suchen Sie zwei passende Richtungsvektoren $\vec{a}$ und $\vec{b}$ der beiden Geraden.
- Benutzen Sie zur Winkelbestimmung die bekannte Gleichung:

$$\cos(\alpha) = \frac{\vec{a} \circ \vec{b}}{|\vec{a}| \cdot |\vec{b}|}$$

- Sicher ist der Kugelmittelpunkt M ein Punkt der gesuchten Äquatorialebene.
- Aus der Normalenform einer Ebenengleichung erhalten Sie die Koordinatenform durch $\vec{n} \circ \vec{x} = d$, mit $d = \overrightarrow{OM} \circ \vec{n}$ und einem Normalenvektor sowie einem Punkt der Ebene.

**Teilaufgabe b**

- Den Mittelpunkt des Dachfirstes erhalten Sie durch $M(\overline{QR}) = \frac{1}{2}(\overrightarrow{OQ} + \overrightarrow{OR})$.
- Ermitteln Sie die Verbindungsgerade der Punkte M und F wie üblich durch $g(MF): \vec{x} = \overrightarrow{OM} + s \cdot \overrightarrow{MF}$ mit $s \in \mathbb{R}$.
- Damit der Dachfirstmittelpunkt auf g(MF) liegt, muss es eine reelle Zahl r derart geben, dass g(MF) damit den Punkt erzeugt.
- Auch ohne die Bestimmung von r kann man zu der Einsicht gelangen, dass die drei Punkte auf einer Geraden liegen müssen: Schauen Sie sich einmal die Koordinatenwerte der Punkte genau an, worin unterscheiden Sie sich, worin nicht.
- Einen Normalenvektor $\vec{n}$ von $E_D$ erhalten Sie bequem durch das Vektorprodukt zweier linear unabhängiger und die Ebene aufspannende Vektoren. Wählen Sie zum Beispiel $\overrightarrow{ZQ}$ und $\overrightarrow{ZR}$ als Vektoren.
- Berechnen Sie nun den Abstand des Kugelmittelpunktes zur Ebene, z. B. durch den Ausdruck $d = \left| \frac{\vec{n}}{|\vec{n}|} \circ \overrightarrow{ZM} \right|$. Durch den gegebenen Radius erhalten Sie den Abstand e.
- Um den der Kugel am nächsten liegenden Punkt der Dachebene zu ermitteln, bestimmen Sie diejenige Gerade h, die durch M verläuft und senkrecht zur Dachebene ist. Der Schnittpunkt dieser Senkrechten h mit der Dachebene ist der Punkt T.
- Ermitteln Sie eine Koordinatenform der Ebene (einen Normalenvektor haben Sie bereits).
- Ermitteln Sie eine Geradengleichung h. Hierbei kann der Normalenvektor als Richtungsvektor benutzt werden.
- Bilden Sie $h \cap E_D$, lösen Sie also $h = E_D$.
- Setzen Sie die dabei erhaltenen Koordinaten in die Koordinatenform der Dachebene ein.

**Teilaufgabe c**

- Setzen Sie die Koordinaten der Punkte Q und R in die Ebenenschar mit dem reellen Parameter ein und kontrollieren Sie, ob Sie das Resultat 8k erhalten.
- Müssen Sie eigentlich beide Punkte einsetzen? Schauen Sie sich die Koordinaten von Q und R und die auftretenden Koordinaten in der Ebenenschar genau an.
- Konstruieren Sie einen Punkt $X(x_1 \mid x_2 \mid x_3)$ so, dass er nicht in der Ebenenschar sein kann. Dabei wird er sicher nicht von der ersten Koordinate abhängen; warum nicht?
- Formen Sie die auftretende Gleichung $8x_2 + (k-4{,}4)x_3 = 8k$ so um, dass der Parameter k eliminiert werden kann. Welche Wahl müssen Sie dabei für die dritte Koordinate treffen?

## Lösung

a) Die allgemeine Kugelgleichung mit Mittelpunkt M und Radius r lautet:

$K:\ [\vec{x}-\overrightarrow{OM}]^2 = r^2$

Hier ergibt sich der Radius $r = \frac{d}{2} = 2{,}05$ m, also lautet die Kugelgleichung:

$$K: \left[\vec{x} - \begin{pmatrix} 5 \\ 4{,}4 \\ 2{,}8 \end{pmatrix}\right]^2 = 2{,}05^2$$

Zur Bestimmung der minimalen Höhe Globus-Fußboden braucht man nur die Differenz zwischen dem Radius r der Kugel und dem Abstand des Mittelpunktes von der Ebene, gegeben durch die dritte Koordinate, berechnen. Der gesuchte Abstand beträgt also:

$x_3 - r = 2{,}8\text{ m} - 2{,}05\text{ m} = 0{,}75\text{ m} = 75\text{ cm}$

Die Drehachse des Globus muss auch durch den Mittelpunkt M gehen. Deshalb liegen sowohl der Kugelnordpol N als auch der Mittelpunkt auf der Drehachse. Somit kann man die Gleichung der Geraden a mit reellem t angeben, sie lautet:

$$g(MN) = a:\ \vec{x} = \overrightarrow{OM} + r \cdot \overrightarrow{MN} = \begin{pmatrix} 5 \\ 4{,}4 \\ 2{,}8 \end{pmatrix} + t \cdot \left(\begin{pmatrix} 5 \\ 3{,}56 \\ 4{,}67 \end{pmatrix} - \begin{pmatrix} 5 \\ 4{,}4 \\ 2{,}8 \end{pmatrix}\right) = \begin{pmatrix} 5 \\ 4{,}4 \\ 2{,}8 \end{pmatrix} + t \cdot \begin{pmatrix} 0 \\ -0{,}84 \\ 1{,}87 \end{pmatrix}$$

Der Schnittpunkt der Geraden a mit der $x_1x_2$-Ebene hat in der dritten Koordinate den Wert 0. Also ergibt sich aus der Geradengleichung bezüglich der dritten Komponente die Gleichung $0 = 2{,}8 + t \cdot 1{,}87$, was auf $t = -\frac{2{,}8}{1{,}87}$ führt. Setzt man dieses t in die Geradengleichung ein, so erhält man den Durchstoßpunkt P von a mit dem Erdboden, also der $x_1x_2$-Ebene zu:

$$\overrightarrow{OP} = \begin{pmatrix} 5 \\ 4{,}4 \\ 2{,}8 \end{pmatrix} + \left(-\frac{2{,}8}{1{,}87}\right) \cdot \begin{pmatrix} 0 \\ -0{,}84 \\ 1{,}87 \end{pmatrix} \approx \begin{pmatrix} 5 \\ 5{,}66 \\ 0 \end{pmatrix} \Rightarrow P(5\,|\,5{,}66\,|\,0)$$

Es werden die beiden Geraden „Drehachse a“ und „Senkrechte zum Erdboden durch den Mittelpunkt M“ betrachtet. Der Winkel zwischen diesen beiden sich schneidenden Geraden wird mithilfe der jeweiligen Richtungsvektoren bestimmt.

Ein Richtungsvektor der Drehachse a wurde eben bestimmt, er lautet $\begin{pmatrix} 0 \\ -0{,}84 \\ 1{,}87 \end{pmatrix}$. Ein Richtungsvektor der zur $x_1x_2$-Ebene Senkrechten ist $\begin{pmatrix} 0 \\ 0 \\ 1 \end{pmatrix}$.

Der Winkel lässt sich nun bestimmen durch:

$$\cos(\alpha) = \frac{\begin{pmatrix} 0 \\ 0 \\ 1 \end{pmatrix} \circ \begin{pmatrix} 0 \\ -0{,}84 \\ 1{,}87 \end{pmatrix}}{\sqrt{1} \cdot \sqrt{(-0{,}84)^2 + 1{,}87^2}} = \frac{1{,}87}{2{,}05} \Rightarrow \alpha = \cos^{-1}\left(\frac{1{,}87}{2{,}05}\right) \approx 24{,}19°$$

Natürlich kann auch der Nebenwinkel von $\alpha$ durch $180° - 24{,}19° = 155{,}81°$ als Neigung angegeben werden.

Der Mittelpunkt M der Kugel ist ein Punkt der Äquatorialebene E. Als einen Normalenvektor kann man abermals den eben benutzen Richtungsvektor der Drehachse a benutzen. Aus der Normalenform einer Ebenengleichung erhält man hiermit die Koordinatenform durch $\vec{n} \circ \vec{x} = d$, mit $d = \overrightarrow{OM} \circ \vec{n}$, in diesem Fall:

$$E: \begin{pmatrix} 0 \\ -0{,}84 \\ 1{,}87 \end{pmatrix} \circ \begin{pmatrix} x_1 \\ x_2 \\ x_3 \end{pmatrix} = \overrightarrow{OM} \circ \begin{pmatrix} 0 \\ -0{,}84 \\ 1{,}87 \end{pmatrix} = \begin{pmatrix} 5 \\ 4{,}4 \\ 2{,}8 \end{pmatrix} \circ \begin{pmatrix} 0 \\ -0{,}84 \\ 1{,}87 \end{pmatrix}$$

$$= 4{,}4 \cdot (-0{,}84) + 2{,}8 \cdot 1{,}87 = 1{,}54$$

$$\Rightarrow \quad E_{ABT}: -0{,}84x_2 + 1{,}87x_3 = 1{,}54$$

b) Den Mittelpunkt der Strecke $\overline{QR}$ erhält man durch die Rechnung:

$$M(\overline{QR}) = \frac{1}{2}(\overrightarrow{OQ} + \overrightarrow{OR}) = \frac{1}{2}\begin{pmatrix} 10 \\ 8{,}8 \\ 16 \end{pmatrix} = \begin{pmatrix} 5 \\ 4{,}4 \\ 8 \end{pmatrix}$$

Also hat der Mittelpunkt des Dachfirstes die Koordinaten $(5\,|\,4{,}4\,|\,8)$. Die Verbindungsgerade g durch die Punkte M und F mit reellem Parameter s lautet:

$$g(MF):\ \vec{x} = \overrightarrow{OM} + s \cdot \overrightarrow{MF} = \begin{pmatrix} 5 \\ 4{,}4 \\ 2{,}8 \end{pmatrix} + s \cdot \left( \begin{pmatrix} 5 \\ 4{,}4 \\ 0 \end{pmatrix} - \begin{pmatrix} 5 \\ 4{,}4 \\ 2{,}8 \end{pmatrix} \right) = \begin{pmatrix} 5 \\ 4{,}4 \\ 2{,}8 \end{pmatrix} + s \cdot \begin{pmatrix} 0 \\ 0 \\ -2{,}8 \end{pmatrix}$$

Mit $s = \frac{8 - 2{,}8}{-2{,}8}$ erfüllt der Mittelpunkt $M(\overline{QR})$ die Geradengleichung, liegt also auf g(MF).

Auch gänzlich ohne Rechnung lässt sich dieses Resultat allein bei der Betrachtung der Koordinatenwerte erreichen. Alle drei Punkte stimmen in den ersten beiden Koordinaten überein, sodass auf der Senkrechten (Lotfußgeraden) neben dem Mittelpunkt der Kugel auch $M(\overline{QR})$ liegt. Dieser Punkt liegt dann geometrisch „höher“ als die Punkte M und F.

Zur Bestimmung des gesuchten Abstandes wird zunächst eine Normalenform der Ebenengleichung (Dachebene $E_D$) aufgestellt. Dazu werden die linear unabhängigen Richtungsvektoren $\overrightarrow{ZQ}$ und $\overrightarrow{ZR}$ verwendet. Man erhält durch das Vektorprodukt dieser beiden einen Normalenvektor. Hierfür ergibt sich:

$$\overrightarrow{ZQ} \times \overrightarrow{ZR} = \begin{pmatrix} 3 \\ -4 \\ 8 \end{pmatrix} \times \begin{pmatrix} -3 \\ -4 \\ 8 \end{pmatrix} = \begin{pmatrix} 0 \\ -48 \\ -24 \end{pmatrix} = -24 \cdot \begin{pmatrix} 0 \\ 2 \\ 1 \end{pmatrix} \quad \Rightarrow \quad \text{Normalenvektor } \vec{n} = \begin{pmatrix} 0 \\ 2 \\ 1 \end{pmatrix}$$

Nun wird der Abstand des Kugelmittelpunktes M zur Ebene $E_D$ berechnet:

$$d = \left| \frac{\vec{n}}{|\vec{n}|} \circ \overrightarrow{ZM} \right| = \left| \frac{1}{\sqrt{5}} \cdot \begin{pmatrix} 0 \\ 2 \\ 1 \end{pmatrix} \circ \begin{pmatrix} 0 \\ -4 \\ 2{,}8 \end{pmatrix} \right| = \left| \frac{-5{,}2}{\sqrt{5}} \right| \approx 2{,}33$$

Somit ergibt sich aus der Differenz von d und Kugelradius r der gesuchte Abstand e von der Dachebene zum Globus zu (vergleiche Skizze):

$e = d - r = 2{,}33\ \text{m} - 2{,}05\ \text{m} = 0{,}28\ \text{m} = 28\ \text{cm}$

Es wird die durch M und zur Ebene $E_D$ senkrecht verlaufende Gerade h bestimmt. Der Schnittpunkt von h und $E_D$ wird der Punkt T sein, offenbar ist er am nächsten an der Kugel.

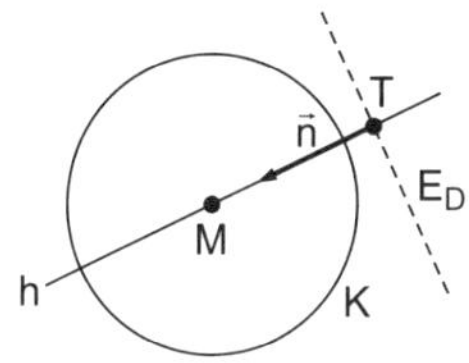


Ein Richtungsvektor der gesuchten Geraden h ist der eben bestimmte Normalenvektor $\vec{n} = \begin{pmatrix} 0 \\ 2 \\ 1 \end{pmatrix}$.

Somit ergibt sich mit dem Mittelpunkt M die Geradengleichung für h mit reellem Parameter t zu:h:

$$\vec{x} = \overrightarrow{OM} + t \cdot \vec{n} = \begin{pmatrix} 5 \\ 4,4 \\ 2,8 \end{pmatrix} + t \cdot \begin{pmatrix} 0 \\ 2 \\ 1 \end{pmatrix}$$

Eine Koordinatenform der Dachebene erhält man durch:

$$E_D: \begin{pmatrix} 0 \\ 2 \\ 1 \end{pmatrix} \circ \begin{pmatrix} x_1 \\ x_2 \\ x_3 \end{pmatrix} = \overrightarrow{OQ} \circ \begin{pmatrix} 0 \\ 2 \\ 1 \end{pmatrix} = \begin{pmatrix} 8 \\ 4,4 \\ 8 \end{pmatrix} \circ \begin{pmatrix} 0 \\ 2 \\ 1 \end{pmatrix} = 8,8 + 8 = 16,8 \quad \Rightarrow \quad E_D\colon 2x_2 + x_3 = 16,8$$

Um nun den gemeinsamen Schnittpunkt T von h und der Dachebene zu erhalten, bildet man $h \cap E_D$, also $h = E_D$. Für die einzelnen Koordinaten von h gilt $x_1 = 5$, $x_2 = 4,4 + 2t$ und $x_3 = 2,8 + t$. Setzt man diese Koordinaten in die Koordinatenform der Dachebene ein, erhält man die Gleichung (mit der Lösung):

$$2 \cdot (4,4 + 2t) + 2,8 + t = 16,8 \quad \Leftrightarrow \quad 5t = 5,2 \quad \Leftrightarrow \quad t = \frac{5,2}{5} = 1,04$$

Somit gilt nach Einsetzung von t für den Ortsvektor $\overrightarrow{OT}$:

$$\overrightarrow{OT} = \begin{pmatrix} 5 \\ 4,4 \\ 2,8 \end{pmatrix} + 1,04 \cdot \begin{pmatrix} 0 \\ 2 \\ 1 \end{pmatrix} = \begin{pmatrix} 5 \\ 6,48 \\ 3,84 \end{pmatrix}$$

T hat also die Koordinaten $(5 \mid 6,48 \mid 3,84)$.

c) Sei k eine reelle Zahl. Es werden die Koordinaten der Punkte Q und R in die Koordinatenform der gegebenen Ebenengleichung eingesetzt. Erfüllt das (beliebige) k die Gleichung, so liegen die Punkte in der Ebene $E_k$. Da die Ebene $E_k$ von $x_1$ unabhängig ist und Q und R in der zweiten und dritten Koordinate übereinstimmen, erhält man nur eine zu überprüfende Gleichung. Es gilt:

$$8 \cdot x_2 + (k - 4,4) \cdot x_3 = 8 \cdot 4,4 + (k - 4,4) \cdot 8 = 8 \cdot 4,4 + 8 \cdot k - 4,4 \cdot 8 = 8 \cdot k$$

Damit liegen die Punkte Q und R in der (allgemeinen) Ebene $E_k$.

Damit ein Punkt $X(x_1 \mid x_2 \mid x_3)$ **nicht** in der Ebene $E_k$ liegt, müssen die Koordinaten so gewählt werden, dass sie die Gleichung für **kein** reelles k erfüllen. Dabei ist jetzt schon bekannt, dass $x_1$ frei wählbar ist.

Die Gleichung lautet:

$$8 \cdot x_2 + (k - 4,4) \cdot x_3 = 8 \cdot k$$

Wählt man hierin $x_3 = 8$, so sieht man, dass die freie Variable k auf beiden Seiten gekürzt werden kann. Nun wählt man $x_2$, sodass sich eine falsche Aussage ergibt.

Es gilt für $x_3 = 8$:

$$
\begin{aligned}
8 \cdot x_2 + (k - 4{,}4) \cdot 8 = 8 \cdot k \quad &\Leftrightarrow \quad 8 \cdot x_2 + 8 \cdot k - 8 \cdot 4{,}4 = 8 \cdot k \\
&\Leftrightarrow \quad 8 \cdot x_2 - 8 \cdot 4{,}4 = 0 \\
&\Leftrightarrow \quad 8 \cdot x_2 = 8 \cdot 4{,}4 \\
&\Leftrightarrow \quad x_2 = 4{,}4
\end{aligned}
$$

Damit der Punkt X(„frei wählbar“ $|\, x_2 \,|$ 8) nun **nicht** in $E_k$ liegt, wähle man:
$x_2 \neq 4{,}4$

Konkret liegt z. B. der Punkt X(1 | 4 | 8) in keiner der Ebenen $E_k$.

## Schleswig-Holstein – Kernfach Mathematik
## 2012 – Aufgabe 5: Stochastik

**Vorbemerkung:** Führen Sie stets geeignete Zufallsvariablen und Namen für Ereignisse ein. Machen Sie auch Angaben über die Verteilung der jeweiligen Zufallsvariablen.

Nach einer Veröffentlichung zur Unfallstatistik beruhten im Jahr 2009 378 000 Unfälle mit Personenschaden im Straßenverkehr auf einem Fehlverhalten der Fahrzeugführer/innen. Der Großteil hiervon, nämlich 260 000 Unfälle, hatte dabei ein Fehlverhalten eines Pkw-Fahrers/einer Pkw-Fahrerin als Ursache. Bei den oben genannten 378 000 Unfällen war das häufigste festgestellte Fehlverhalten eine nicht angepasste Geschwindigkeit, die in 57 000 Fällen ermittelt wurde. 40 000 dieser Verstöße wurden dabei von Pkw-Fahrern/Pkw-Fahrerinnen begangen.

a)
- Erstellen Sie aus den Daten eine vollständig ausgefüllte Vierfeldertafel mit auf vier Nachkommastellen gerundeten relativen Häufigkeiten. Bezeichnen Sie mit G das Ereignis „Die Ursache für den Unfall ist eine nicht angepasste Geschwindigkeit", A kennzeichne das Ereignis „Die Person fuhr einen Pkw".
- Berechnen Sie die Wahrscheinlichkeit, dass ein von einem/einer zufällig auszuwählenden Pkw-Fahrer/Pkw-Fahrerin verursachter Unfall eine nicht angepasste Geschwindigkeit als Ursache hatte. 5 P

b) Im Jahr 2009 wurden etwa 190 000 Personen wegen Straftaten im Straßenverkehr verurteilt. In 54 % dieser Fälle ging es dabei um Alkoholdelikte. 85 % der verurteilten Personen, die alkoholisiert waren, waren zudem männlich. Für eine Aufklärungskampagne sollen die Straftaten, in denen es um Alkoholdelikte ging, genauer untersucht werden.
- Geben Sie an, wie viele Männer 2009 wegen Alkoholvergehen im Straßenverkehr verurteilt wurden.
- Berechnen Sie die Wahrscheinlichkeit, dass unter 50 zufällig auszuwählenden Personen, die wegen Alkoholvergehen im Straßenverkehr verurteilt wurden, genau 43 Männer sind.
- Berechnen Sie mit einem Näherungsverfahren die Wahrscheinlichkeit dafür, dass unter 500 zufällig auszuwählenden Personen, die wegen Alkoholvergehen im Straßenverkehr verurteilt wurden, mindestens 420 Männer sind.
- Bestimmen Sie, wie viele Fälle von Verurteilungen aufgrund von Alkoholdelikten im Straßenverkehr man mindestens auswählen müsste, um mit einer Wahrscheinlichkeit von über 95 % wenigstens eine Frau zu finden. 12 P

c) Bei etwa 4,4 % der Unfälle, die im Jahr 2009 einen Personenschaden zur Folge hatten, war Alkoholeinfluss die Unfallursache. Die mit der Aufklärungskampagne von Aufgabenteil b beauftragte Agentur behauptet, dass sich nach der Durchführung eines Probedurchlaufs in einem repräsentativen Landkreis der Anteil der unter Alkoholeinfluss verursachten Unfälle mit Personenschaden reduziert haben soll.
Entwickeln Sie einen Hypothesentest mit dem Ziel, die Behauptung der Agentur über eine Stichprobe von 450 Unfällen mit Personenschaden auf einem Signifikanzniveau von 1 % zu bestätigen. Geben Sie die dazugehörige Entscheidungsregel an. 10 P

d) Die angesprochene Aufklärungskampagne sollte vor allem junge Verkehrsteilnehmer/innen (bis 25 Jahre) ansprechen. Eine repräsentative Umfrage nach dem Probedurchlauf ergab das folgende Ergebnis:
- 45 % der befragten Personen hatten von der Kampagne gehört und waren höchstens 25 Jahre alt.
- 10 % derjenigen, die von der Kampagne gehört hatten, waren älter als 25 Jahre.
- 40 % derjenigen, die nicht von der Kampagne gehört hatten, waren älter als 25 Jahre.

Zeigen Sie, dass drei Viertel der befragten Personen in dieser Umfrage höchstens 25 Jahre alt waren. 3 P

**Tabelle zur Normalverteilung:**
**Werte der Gauß'schen Integralfunktion Φ**

| z | Φ(−z) | Φ(z) |
|---|---|---|
| 0,01 | 0,4960 | 0,5040 |
| 0,02 | 0,4920 | 0,5080 |
| 0,03 | 0,4880 | 0,5120 |
| 0,04 | 0,4840 | 0,5160 |
| 0,05 | 0,4801 | 0,5199 |
| 0,06 | 0,4761 | 0,5239 |
| 0,07 | 0,4721 | 0,5279 |
| 0,08 | 0,4681 | 0,5319 |
| 0,09 | 0,4641 | 0,5359 |
| 0,10 | 0,4602 | 0,5398 |
| 0,11 | 0,4562 | 0,5438 |
| 0,12 | 0,4522 | 0,5478 |
| 0,13 | 0,4483 | 0,5517 |
| 0,14 | 0,4443 | 0,5557 |
| 0,15 | 0,4404 | 0,5596 |
| 0,16 | 0,4364 | 0,5636 |
| 0,17 | 0,4325 | 0,5675 |
| 0,18 | 0,4286 | 0,5714 |
| 0,19 | 0,4247 | 0,5753 |
| 0,20 | 0,4207 | 0,5793 |
| 0,21 | 0,4168 | 0,5832 |
| 0,22 | 0,4129 | 0,5871 |
| 0,23 | 0,4090 | 0,5910 |
| 0,24 | 0,4052 | 0,5948 |
| 0,25 | 0,4013 | 0,5987 |
| 0,26 | 0,3974 | 0,6026 |
| 0,27 | 0,3936 | 0,6064 |
| 0,28 | 0,3897 | 0,6103 |
| 0,29 | 0,3859 | 0,6141 |
| 0,30 | 0,3821 | 0,6179 |
| 0,31 | 0,3783 | 0,6217 |
| 0,32 | 0,3745 | 0,6255 |
| 0,33 | 0,3707 | 0,6293 |
| 0,34 | 0,3669 | 0,6331 |
| 0,35 | 0,3632 | 0,6368 |
| 0,36 | 0,3594 | 0,6406 |
| 0,37 | 0,3557 | 0,6443 |
| 0,38 | 0,3520 | 0,6480 |
| 0,39 | 0,3483 | 0,6517 |
| 0,40 | 0,3446 | 0,6554 |

| z | Φ(−z) | Φ(z) |
|---|---|---|
| 0,41 | 0,3409 | 0,6591 |
| 0,42 | 0,3372 | 0,6628 |
| 0,43 | 0,3336 | 0,6664 |
| 0,44 | 0,3300 | 0,6700 |
| 0,45 | 0,3264 | 0,6736 |
| 0,46 | 0,3228 | 0,6772 |
| 0,47 | 0,3192 | 0,6808 |
| 0,48 | 0,3156 | 0,6844 |
| 0,49 | 0,3121 | 0,6879 |
| **0,50** | 0,3085 | 0,6915 |
| 0,51 | 0,3050 | 0,6950 |
| 0,52 | 0,3015 | 0,6985 |
| 0,53 | 0,2981 | 0,7019 |
| 0,54 | 0,2946 | 0,7054 |
| 0,55 | 0,2912 | 0,7088 |
| 0,56 | 0,2877 | 0,7123 |
| 0,57 | 0,2843 | 0,7157 |
| 0,58 | 0,2810 | 0,7190 |
| 0,59 | 0,2776 | 0,7224 |
| 0,60 | 0,2743 | 0,7257 |
| 0,61 | 0,2709 | 0,7291 |
| 0,62 | 0,2676 | 0,7324 |
| 0,63 | 0,2643 | 0,7357 |
| 0,64 | 0,2611 | 0,7389 |
| 0,65 | 0,2578 | 0,7422 |
| 0,66 | 0,2546 | 0,7454 |
| 0,67 | 0,2514 | 0,7486 |
| 0,68 | 0,2483 | 0,7517 |
| 0,69 | 0,2451 | 0,7549 |
| 0,70 | 0,2420 | 0,7580 |
| 0,71 | 0,2389 | 0,7611 |
| 0,72 | 0,2358 | 0,7642 |
| 0,73 | 0,2327 | 0,7673 |
| 0,74 | 0,2296 | 0,7704 |
| 0,75 | 0,2266 | 0,7734 |
| 0,76 | 0,2236 | 0,7764 |
| 0,77 | 0,2206 | 0,7794 |
| 0,78 | 0,2177 | 0,7823 |
| 0,79 | 0,2148 | 0,7852 |
| 0,80 | 0,2119 | 0,7881 |

| z | Φ(−z) | Φ(z) |
|---|---|---|
| 0,81 | 0,2090 | 0,7910 |
| 0,82 | 0,2061 | 0,7939 |
| 0,83 | 0,2033 | 0,7967 |
| 0,84 | 0,2005 | 0,7995 |
| 0,85 | 0,1977 | 0,8023 |
| 0,86 | 0,1949 | 0,8051 |
| 0,87 | 0,1922 | 0,8078 |
| 0,88 | 0,1894 | 0,8106 |
| 0,89 | 0,1867 | 0,8133 |
| 0,90 | 0,1841 | 0,8159 |
| 0,91 | 0,1814 | 0,8186 |
| 0,92 | 0,1788 | 0,8212 |
| 0,93 | 0,1762 | 0,8238 |
| 0,94 | 0,1736 | 0,8264 |
| 0,95 | 0,1711 | 0,8289 |
| 0,96 | 0,1685 | 0,8315 |
| 0,97 | 0,1660 | 0,8340 |
| 0,98 | 0,1635 | 0,8365 |
| 0,99 | 0,1611 | 0,8389 |
| **1,00** | 0,1587 | 0,8413 |
| 1,01 | 0,1562 | 0,8438 |
| 1,02 | 0,1539 | 0,8461 |
| 1,03 | 0,1515 | 0,8485 |
| 1,04 | 0,1492 | 0,8508 |
| 1,05 | 0,1469 | 0,8531 |
| 1,06 | 0,1446 | 0,8554 |
| 1,07 | 0,1423 | 0,8577 |
| 1,08 | 0,1401 | 0,8599 |
| 1,09 | 0,1379 | 0,8621 |
| 1,10 | 0,1357 | 0,8643 |
| 1,11 | 0,1335 | 0,8665 |
| 1,12 | 0,1314 | 0,8686 |
| 1,13 | 0,1292 | 0,8708 |
| 1,14 | 0,1271 | 0,8729 |
| 1,15 | 0,1251 | 0,8749 |
| 1,16 | 0,1230 | 0,8770 |
| 1,17 | 0,1210 | 0,8790 |
| 1,18 | 0,1190 | 0,8810 |
| 1,19 | 0,1170 | 0,8830 |
| 1,20 | 0,1151 | 0,8849 |

| z | Φ(−z) | Φ(z) |
|---|---|---|
| 1,21 | 0,1131 | 0,8869 |
| 1,22 | 0,1112 | 0,8888 |
| 1,23 | 0,1093 | 0,8907 |
| 1,24 | 0,1075 | 0,8925 |
| 1,25 | 0,1056 | 0,8944 |
| 1,26 | 0,1038 | 0,8962 |
| 1,27 | 0,1020 | 0,8980 |
| 1,28 | 0,1003 | 0,8997 |
| 1,29 | 0,0985 | 0,9015 |
| 1,30 | 0,0968 | 0,9032 |
| 1,31 | 0,0951 | 0,9049 |
| 1,32 | 0,0934 | 0,9066 |
| 1,33 | 0,0918 | 0,9082 |
| 1,34 | 0,0901 | 0,9099 |
| 1,35 | 0,0885 | 0,9115 |
| 1,36 | 0,0869 | 0,9131 |
| 1,37 | 0,0853 | 0,9147 |
| 1,38 | 0,0838 | 0,9162 |
| 1,39 | 0,0823 | 0,9177 |
| 1,40 | 0,0808 | 0,9192 |
| 1,41 | 0,0793 | 0,9207 |
| 1,42 | 0,0778 | 0,9222 |
| 1,43 | 0,0764 | 0,9236 |
| 1,44 | 0,0749 | 0,9251 |
| 1,45 | 0,0735 | 0,9265 |
| 1,46 | 0,0721 | 0,9279 |
| 1,47 | 0,0708 | 0,9292 |
| 1,48 | 0,0694 | 0,9306 |
| 1,49 | 0,0681 | 0,9319 |
| **1,50** | 0,0668 | 0,9332 |
| 1,51 | 0,0655 | 0,9345 |
| 1,52 | 0,0643 | 0,9357 |
| 1,53 | 0,0630 | 0,9370 |
| 1,54 | 0,0618 | 0,9382 |
| 1,55 | 0,0606 | 0,9394 |
| 1,56 | 0,0594 | 0,9406 |
| 1,57 | 0,0582 | 0,9418 |
| 1,58 | 0,0571 | 0,9429 |
| 1,59 | 0,0559 | 0,9441 |
| 1,60 | 0,0548 | 0,9452 |

| z | Φ(−z) | Φ(z) |
|---|---|---|
| 1,61 | 0,0537 | 0,9463 |
| 1,62 | 0,0526 | 0,9474 |
| 1,63 | 0,0516 | 0,9484 |
| 1,64 | 0,0505 | 0,9495 |
| 1,65 | 0,0495 | 0,9505 |
| 1,66 | 0,0485 | 0,9515 |
| 1,67 | 0,0475 | 0,9525 |
| 1,68 | 0,0465 | 0,9535 |
| 1,69 | 0,0455 | 0,9545 |
| 1,70 | 0,0446 | 0,9554 |
| 1,71 | 0,0436 | 0,9564 |
| 1,72 | 0,0427 | 0,9573 |
| 1,73 | 0,0418 | 0,9582 |
| 1,74 | 0,0409 | 0,9591 |
| 1,75 | 0,0401 | 0,9599 |
| 1,76 | 0,0392 | 0,9608 |
| 1,77 | 0,0384 | 0,9616 |
| 1,78 | 0,0375 | 0,9625 |
| 1,79 | 0,0367 | 0,9633 |
| 1,80 | 0,0359 | 0,9641 |
| 1,81 | 0,0351 | 0,9649 |
| 1,82 | 0,0344 | 0,9656 |
| 1,83 | 0,0336 | 0,9664 |
| 1,84 | 0,0329 | 0,9671 |
| 1,85 | 0,0322 | 0,9678 |
| 1,86 | 0,0314 | 0,9686 |
| 1,87 | 0,0307 | 0,9693 |
| 1,88 | 0,0301 | 0,9699 |
| 1,89 | 0,0294 | 0,9706 |
| 1,90 | 0,0287 | 0,9713 |
| 1,91 | 0,0281 | 0,9719 |
| 1,92 | 0,0274 | 0,9726 |
| 1,93 | 0,0268 | 0,9732 |
| 1,94 | 0,0262 | 0,9738 |
| 1,95 | 0,0256 | 0,9744 |
| 1,96 | 0,0250 | 0,9750 |
| 1,97 | 0,0244 | 0,9756 |
| 1,98 | 0,0239 | 0,9761 |
| 1,99 | 0,0233 | 0,9767 |
| **2,00** | 0,0228 | 0,9772 |

| z | Φ(−z) | Φ(z) |
|---|---|---|
| 2,01 | 0,0222 | 0,9778 |
| 2,02 | 0,0217 | 0,9783 |
| 2,03 | 0,0212 | 0,9788 |
| 2,04 | 0,0207 | 0,9793 |
| 2,05 | 0,0202 | 0,9798 |
| 2,06 | 0,0197 | 0,9803 |
| 2,07 | 0,0192 | 0,9808 |
| 2,08 | 0,0188 | 0,9812 |
| 2,09 | 0,0183 | 0,9817 |
| 2,10 | 0,0179 | 0,9821 |
| 2,11 | 0,0174 | 0,9826 |
| 2,12 | 0,0170 | 0,9830 |
| 2,13 | 0,0166 | 0,9834 |
| 2,14 | 0,0162 | 0,9838 |
| 2,15 | 0,0158 | 0,9842 |
| 2,16 | 0,0154 | 0,9846 |
| 2,17 | 0,0150 | 0,9850 |
| 2,18 | 0,0146 | 0,9854 |
| 2,19 | 0,0143 | 0,9857 |
| 2,20 | 0,0139 | 0,9861 |
| 2,21 | 0,0136 | 0,9864 |
| 2,22 | 0,0132 | 0,9868 |
| 2,23 | 0,0129 | 0,9871 |
| 2,24 | 0,0125 | 0,9875 |
| 2,25 | 0,0122 | 0,9878 |
| 2,26 | 0,0119 | 0,9881 |
| 2,27 | 0,0116 | 0,9884 |
| 2,28 | 0,0113 | 0,9887 |
| 2,29 | 0,0110 | 0,9890 |
| 2,30 | 0,0107 | 0,9893 |
| 2,31 | 0,0104 | 0,9896 |
| 2,32 | 0,0102 | 0,9898 |
| 2,33 | 0,0099 | 0,9901 |
| 2,34 | 0,0096 | 0,9904 |
| 2,35 | 0,0094 | 0,9906 |
| 2,36 | 0,0091 | 0,9909 |
| 2,37 | 0,0089 | 0,9911 |
| 2,38 | 0,0087 | 0,9913 |
| 2,39 | 0,0084 | 0,9916 |
| 2,40 | 0,0082 | 0,9918 |

| z | Φ(−z) | Φ(z) |
|---|---|---|
| 2,41 | 0,0080 | 0,9920 |
| 2,42 | 0,0078 | 0,9922 |
| 2,43 | 0,0075 | 0,9925 |
| 2,44 | 0,0073 | 0,9927 |
| 2,45 | 0,0071 | 0,9929 |
| 2,46 | 0,0069 | 0,9931 |
| 2,47 | 0,0068 | 0,9932 |
| 2,48 | 0,0066 | 0,9934 |
| 2,49 | 0,0064 | 0,9936 |
| **2,50** | 0,0062 | 0,9938 |
| 2,51 | 0,0060 | 0,9940 |
| 2,52 | 0,0059 | 0,9941 |
| 2,53 | 0,0057 | 0,9943 |
| 2,54 | 0,0055 | 0,9945 |
| 2,55 | 0,0054 | 0,9946 |
| 2,56 | 0,0052 | 0,9948 |
| 2,57 | 0,0051 | 0,9949 |
| 2,58 | 0,0049 | 0,9951 |
| 2,59 | 0,0048 | 0,9952 |
| 2,60 | 0,0047 | 0,9953 |
| 2,61 | 0,0045 | 0,9955 |
| 2,62 | 0,0044 | 0,9956 |
| 2,63 | 0,0043 | 0,9957 |
| 2,64 | 0,0041 | 0,9959 |
| 2,65 | 0,0040 | 0,9960 |
| 2,66 | 0,0039 | 0,9961 |
| 2,67 | 0,0038 | 0,9962 |
| 2,68 | 0,0037 | 0,9963 |
| 2,69 | 0,0036 | 0,9964 |
| 2,70 | 0,0035 | 0,9965 |
| 2,71 | 0,0034 | 0,9966 |
| 2,72 | 0,0033 | 0,9967 |
| 2,73 | 0,0032 | 0,9968 |
| 2,74 | 0,0031 | 0,9969 |
| 2,75 | 0,0030 | 0,9970 |
| 2,76 | 0,0029 | 0,9971 |
| 2,77 | 0,0028 | 0,9972 |
| 2,78 | 0,0027 | 0,9973 |
| 2,79 | 0,0026 | 0,9974 |
| 2,80 | 0,0026 | 0,9974 |

| z | Φ(−z) | Φ(z) |
|---|---|---|
| 2,81 | 0,0025 | 0,9975 |
| 2,82 | 0,0024 | 0,9976 |
| 2,83 | 0,0023 | 0,9977 |
| 2,84 | 0,0023 | 0,9977 |
| 2,85 | 0,0022 | 0,9978 |
| 2,86 | 0,0021 | 0,9979 |
| 2,87 | 0,0021 | 0,9979 |
| 2,88 | 0,0020 | 0,9980 |
| 2,89 | 0,0019 | 0,9981 |
| 2,90 | 0,0019 | 0,9981 |
| 2,91 | 0,0018 | 0,9982 |
| 2,92 | 0,0018 | 0,9982 |
| 2,93 | 0,0017 | 0,9983 |
| 2,94 | 0,0016 | 0,9984 |
| 2,95 | 0,0016 | 0,9984 |
| 2,96 | 0,0015 | 0,9985 |
| 2,97 | 0,0015 | 0,9985 |
| 2,98 | 0,0014 | 0,9986 |
| 2,99 | 0,0014 | 0,9986 |
| **3,00** | 0,0013 | 0,9987 |

## Hinweise und Tipps

### Teilaufgabe a

- Berechnen Sie aus den absoluten Häufigkeiten entsprechende relative Häufigkeiten.
- Interpretieren Sie die relativen Häufigkeiten, die sich aus den Daten im Text bestimmen lassen.
- Die gesuchte Wahrscheinlichkeit ist eine bedingte Wahrscheinlichkeit, sie lässt sich als Quotient zweier Werte der Vierfeldertafel berechnen.

### Teilaufgabe b

- Bestimmen Sie zunächst die Anzahl der Verurteilungen wegen Straftaten im Straßenverkehr aufgrund von Alkoholdelikten.
- Betrachten Sie die binomialverteilte Zufallsgröße „Anzahl der Männer unter den wegen Alkoholdelikten verurteilten Personen".
- Überlegen Sie, ob die Zufallsgröße auch näherungsweise als normalverteilt angesehen werden kann.
- Arbeiten Sie im letzten Aufgabenteil mit dem Gegenereignis und nutzen Sie die Formel für die Binomialverteilung.
- Lösen Sie die entsprechende Ungleichung nach n auf.

### Teilaufgabe c

- Überlegen Sie, was durch den Test bestätigt werden soll.
- Formulieren Sie die Nullhypothese so, dass ein Verwerfen dieser Hypothese die gewünschte Bestätigung liefert.
- Betrachten Sie die Zufallsgröße „Anzahl der Unfälle mit Personenschaden, bei denen Alkohol eine Unfallursache war".
- Testen Sie die Hypothese einseitig und bestimmen Sie den Verwerfungsbereich. Nähern Sie die Verteilung dabei durch die Normalverteilung.

### Teilaufgabe d

- Erstellen Sie aus den Angaben des Textes ein zweistufiges Baumdiagramm.
- Die Behauptung folgt dann aus der Addition zweier Pfadwahrscheinlichkeiten (bzw. -häufigkeiten).

## Lösung

a) Aus den gegebenen Daten erhält man die folgende Vierfeldertafel mit relativen Häufigkeiten (auf vier Nachkommastellen gerundet):

| | A | $\overline{A}$ | Gesamt |
|---|---|---|---|
| G | 0,1058 | 0,0450 | 0,1508 |
| $\overline{G}$ | 0,5820 | 0,2672 | 0,8492 |
| Gesamt | 0,6878 | 0,3122 | 1,0000 |

Die gesuchte Wahrscheinlichkeit ist eine bedingte Wahrscheinlichkeit, die sich dann wie folgt berechnen lässt:

$$P_A(G) = \frac{P(A \cap G)}{P(A)} \approx \frac{0,1058}{0,6878} \approx 0,1538 = 15,38\ \%$$

b) $190\,000 \cdot 0,54 \cdot 0,85 = 87\,210$
87 210 Männer wurden im Jahr 2009 wegen eines Alkoholdelikts im Straßenverkehr verurteilt.

X beschreibt die Anzahl der Männer unter den wegen Alkoholdelikten verurteilten 50 Personen. Es handelt sich um eine binomialverteilte Zufallsgröße mit den Parametern $n = 50$, $p = 0,85$.
Für die gesuchte Wahrscheinlichkeit folgt dann

$$P(X = 43) = \binom{50}{43} \cdot 0,85^{43} \cdot 0,15^{7} \approx 0,1575 = 15,75\ \%.$$

X beschreibt jetzt die Anzahl der Männer unter den wegen Alkoholdelikten verurteilten 500 Personen. Mit $n = 500$, $p = 0,85$ folgt $\mu = 500 \cdot 0,85 = 425$ und $\sigma^2 = 500 \cdot 0,85 \cdot 0,15 = 63,75 > 9$. Die Laplace-Bedingung für die Näherung durch die Normalverteilung ist also erfüllt.

$$P(X \geq 420) = 1 - P(X \leq 419) \approx 1 - \Phi\left(\frac{419 + 0,5 - 425}{\sqrt{63,75}}\right)$$

$$\approx 1 - \Phi(-0,69) \approx 1 - 0,2451 = 0,7549 = 75,49\ \%$$

n sei die Anzahl der wegen Alkoholdelikten verurteilten Personen. Y beschreibt die Anzahl der Frauen unter diesen Personen. Y ist binomialverteilt mit den Parametern n und $p = 0{,}15$.

$$P(Y \geq 1) > 0{,}95$$
$$1 - P(Y = 0) > 0{,}95$$
$$P(Y = 0) < 0{,}05$$
$$\binom{n}{0} \cdot 0{,}15^0 \cdot 0{,}85^n < 0{,}05$$
$$0{,}85^n < 0{,}05$$
$$n \cdot \ln(0{,}85) < \ln(0{,}05)$$
$$n > \frac{\ln(0{,}05)}{\ln(0{,}85)} \approx 18{,}43$$

Es müssen also mindestens 19 Fälle ausgewählt werden.

c) Es soll bestätigt werden, dass bei weniger als 4,4 % der Unfälle mit Personenschaden Alkohol als Unfallursache zu beobachten ist. Daher wird das Gegenteil als zu testende Nullhypothese angenommen: $H_0$: $p \geq 0{,}044$
Die Nullhypothese wird verworfen, wenn unter den 450 Unfällen relativ wenige unter Alkoholeinfluss zustande kamen. Als Verwerfungsbereich wird daher $V = [0; k]$ gewählt (linksseitiger Test).

Die Zufallsvariable $X_p$ beschreibt die Anzahl der Unfälle mit Personenschäden, bei denen Alkohol eine Unfallursache war. $X_p$ wird als binomialverteilt mit den Parametern $n = 450$ und $p \geq 0{,}044$ angenommen.

Für den Verwerfungsbereich ist nun das größte natürliche $k \in [0; 450]$ so zu bestimmen, dass für alle $p \geq 0{,}044$ die Ungleichung $P(X_p \leq k) \leq 0{,}01$ erfüllt ist.

Wegen $P(X_p \leq k) \leq P(X_{0,044} \leq k)$ für $p \geq 0{,}044$ ist dies gleichbedeutend mit der Aufgabe, das größte natürliche $k \in [0; 450]$ so zu bestimmen, dass die Ungleichung $P(X_{0,044} \leq k) \leq 0{,}01$ erfüllt ist.

Wegen $\sigma^2 = 450 \cdot 0{,}044 \cdot 0{,}956 = 18{,}9288 > 9$ ist die Laplace-Bedingung für die Näherung durch die Normalverteilung für $X_{0,044}$ erfüllt. Mit $\mu = 450 \cdot 0{,}044 = 19{,}8$ folgt:

$$P(X_{0,044} \leq k) \approx \Phi\left(\frac{k + 0{,}5 - 19{,}8}{\sqrt{18{,}9288}}\right) \leq 0{,}01$$
$$\frac{k + 0{,}5 - 19{,}8}{\sqrt{18{,}9288}} \leq -2{,}33$$
$$k + 0{,}5 - 19{,}8 \leq -2{,}33 \cdot \sqrt{18{,}9288}$$
$$k \leq -2{,}33 \cdot \sqrt{18{,}9288} - 0{,}5 + 19{,}8 \approx 9{,}16$$

Der Verwerfungsbereich lautet daher $V = [0; 9]$.

Sind unter den Unfällen also höchstens neun unter Alkoholeinfluss zustande gekommen, so würde man der Behauptung der Agentur Glauben schenken.

d) Es kennzeichne J das Ereignis „Die befragte Person war höchstens 25 Jahre alt" und K kennzeichne das Ereignis „Die befragte Person hatte von der Kampagne gehört". Die jeweiligen Gegenereignisse werden mit $\overline{J}$ beziehungsweise $\overline{K}$ bezeichnet. Gesucht ist dann P(J).

Aus den Angaben erhält man das folgende Baumdiagramm:

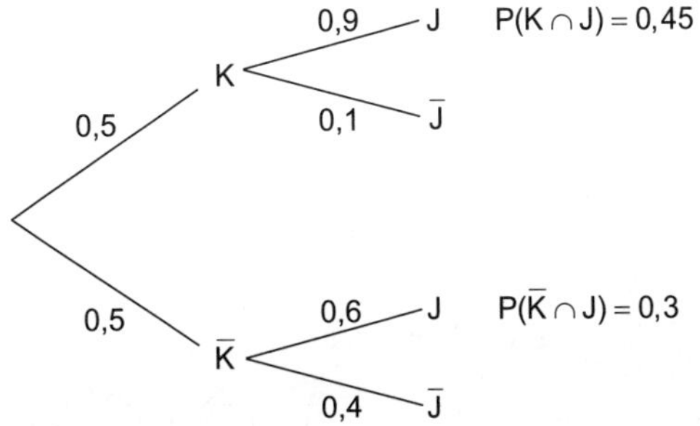


Daraus folgt $P(J) = P(K \cap J) + P(\overline{K} \cap J) = 0{,}75.$

## Schleswig-Holstein – Kernfach Mathematik
## 2012 – Aufgabe 6: Stochastik

**Vorbemerkung:** Führen Sie stets geeignete Zufallsvariablen und Namen für Ereignisse ein. Machen Sie auch Angaben über die Verteilung der jeweiligen Zufallsvariablen.

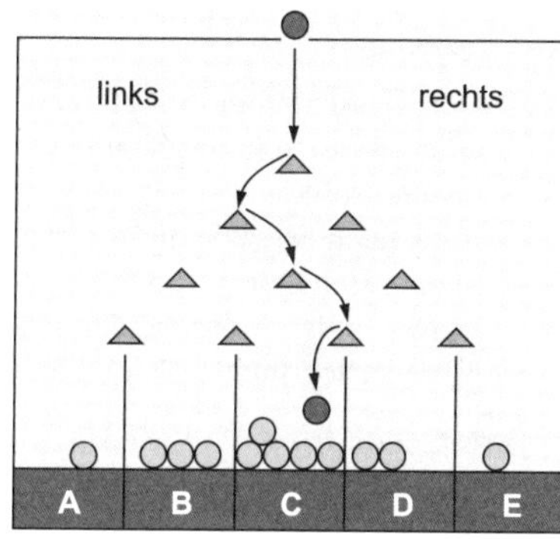


Für ein Schulfest plant eine Klasse einen Glücksspielstand mit einem Galton-Brett. In diesem Galton-Brett sind nach nebenstehendem Muster Stifte so eingelassen, dass sie in untereinander liegenden Reihen immer um den halben Stiftabstand gegeneinander versetzt sind.
Wird das Brett mit der Grundseite exakt horizontal gehalten, so werden Kugeln, die vertikal von oben eingeworfen werden, auf jedem der tiefer liegenden Stifte jeweils mit der Wahrscheinlichkeit $p = 0{,}5$ nach rechts bzw. nach links abgelenkt, um dann auf die tiefer liegenden Stifte oder die Auffangbehälter A, B, C, D und E zu treffen.

a) • Die Tabelle gibt die Wahrscheinlichkeiten an, mit denen eine eingeworfene Kugel in die jeweiligen Auffangbehälter fällt.

| Behälter | A | B | C | D | E |
|---|---|---|---|---|---|
| Wahrscheinlichkeit | $\frac{1}{16}$ | $\frac{1}{4}$ | $\frac{3}{8}$ | $\frac{1}{4}$ | $\frac{1}{16}$ |

Begründen Sie die Werte für die Behälter A und B.

• Leichtes Verbiegen des Stifts links außen in der vierten Reihe (von oben) führt dazu, dass die Wahrscheinlichkeit dafür, dass eine eingeworfene Kugel im Auffangbehälter A landet, $\frac{1}{32}$ beträgt.
Ermitteln Sie die Wahrscheinlichkeit, mit der dieser verbogene Stift die Kugeln nach links ablenkt.

• Durch leichtes Schrägstellen des Original-Bretts wird erreicht, dass sich die Ablenkwahrscheinlichkeiten aller Stifte in gleicher Weise verändern.
Berechnen Sie den Erwartungswert für die Anzahl der Kugeln im Auffangbehälter C beim Einwerfen von 256 Kugeln, wenn alle Stifte jetzt mit den Wahrscheinlichkeiten $p_{\text{links}} = \frac{1}{4}$ und $p_{\text{rechts}} = \frac{3}{4}$ ablenken. 9 P

b) Das exakt horizontal stehende Galton-Brett (1. Tabelle aus Aufgabenteil a) möchte die Klasse für ein Glücksspiel nutzen. Nach Einwurf jeweils nur einer Kugel sollen bei einem Einsatz des Spielers von 1 € je nach Auftreffen der Kugel in den Auffangbehältern die folgenden Beträge ausgezahlt werden:

| Behälter | A | B | C | D | E |
|---|---|---|---|---|---|
| Auszahlung | 3 € | 1,20 € | 0 € | 1,20 € | 3 € |

- Berechnen Sie den zu erwartenden Verlust oder Gewinn des Spielers pro Spiel.
- Der Klassenlehrer drängt auf eine Änderung der Spielregeln, da bei Glücksspielen in der Schule weder Gewinne noch Verluste erzielt werden sollten.
  Berechnen Sie, wie die Auszahlung bei den Ergebnissen „Kugel landet in dem Behälter A“ und „Kugel landet in dem Behälter E“ geändert werden müssen. Bei beiden Ergebnissen sollen die Auszahlungen aus Symmetriegründen gleich groß sein. 7 P

c) Das Galton-Brett wird wieder exakt horizontal aufgestellt.

- Berechnen Sie mithilfe der Binomialverteilung die Wahrscheinlichkeit, dass beim Einwurf von 50 Kugeln 16 oder 17 Kugeln in den Behälter C fallen.
- Zeigen Sie, dass die eben berechnete Wahrscheinlichkeit auch näherungsweise mit der Normalverteilung bestimmt werden kann, und führen Sie die Rechnung durch.
- Bestimmen Sie, wie viele Kugeln man mindestens einwerfen muss, damit die Wahrscheinlichkeit, dass der Behälter A leer bleibt, kleiner als 7 % ist. 11 P

d) Bei einem schräg aufgestellten Galton-Brett mit n Stiftreihen sei $p_A$ die Wahrscheinlichkeit dafür, dass eine eingeworfene Kugel in Auffangbehälter A fällt, $p_B$ sei die entsprechende Wahrscheinlichkeit für Behälter B. Außerdem gelte $p_B = 3 \cdot n \cdot p_A$.
Berechnen Sie, mit welcher Wahrscheinlichkeit die Stifte die Kugel nach links ablenken. 3 P

# Tabelle zur Normalverteilung: Werte der Gauß'schen Integralfunktion Φ

| z | Φ(−z) | Φ(z) |
|---|---|---|
| 0,01 | 0,4960 | 0,5040 |
| 0,02 | 0,4920 | 0,5080 |
| 0,03 | 0,4880 | 0,5120 |
| 0,04 | 0,4840 | 0,5160 |
| 0,05 | 0,4801 | 0,5199 |
| 0,06 | 0,4761 | 0,5239 |
| 0,07 | 0,4721 | 0,5279 |
| 0,08 | 0,4681 | 0,5319 |
| 0,09 | 0,4641 | 0,5359 |
| 0,10 | 0,4602 | 0,5398 |
| 0,11 | 0,4562 | 0,5438 |
| 0,12 | 0,4522 | 0,5478 |
| 0,13 | 0,4483 | 0,5517 |
| 0,14 | 0,4443 | 0,5557 |
| 0,15 | 0,4404 | 0,5596 |
| 0,16 | 0,4364 | 0,5636 |
| 0,17 | 0,4325 | 0,5675 |
| 0,18 | 0,4286 | 0,5714 |
| 0,19 | 0,4247 | 0,5753 |
| 0,20 | 0,4207 | 0,5793 |
| 0,21 | 0,4168 | 0,5832 |
| 0,22 | 0,4129 | 0,5871 |
| 0,23 | 0,4090 | 0,5910 |
| 0,24 | 0,4052 | 0,5948 |
| 0,25 | 0,4013 | 0,5987 |
| 0,26 | 0,3974 | 0,6026 |
| 0,27 | 0,3936 | 0,6064 |
| 0,28 | 0,3897 | 0,6103 |
| 0,29 | 0,3859 | 0,6141 |
| 0,30 | 0,3821 | 0,6179 |
| 0,31 | 0,3783 | 0,6217 |
| 0,32 | 0,3745 | 0,6255 |
| 0,33 | 0,3707 | 0,6293 |
| 0,34 | 0,3669 | 0,6331 |
| 0,35 | 0,3632 | 0,6368 |
| 0,36 | 0,3594 | 0,6406 |
| 0,37 | 0,3557 | 0,6443 |
| 0,38 | 0,3520 | 0,6480 |
| 0,39 | 0,3483 | 0,6517 |
| 0,40 | 0,3446 | 0,6554 |

| z | Φ(−z) | Φ(z) |
|---|---|---|
| 0,41 | 0,3409 | 0,6591 |
| 0,42 | 0,3372 | 0,6628 |
| 0,43 | 0,3336 | 0,6664 |
| 0,44 | 0,3300 | 0,6700 |
| 0,45 | 0,3264 | 0,6736 |
| 0,46 | 0,3228 | 0,6772 |
| 0,47 | 0,3192 | 0,6808 |
| 0,48 | 0,3156 | 0,6844 |
| 0,49 | 0,3121 | 0,6879 |
| **0,50** | 0,3085 | 0,6915 |
| 0,51 | 0,3050 | 0,6950 |
| 0,52 | 0,3015 | 0,6985 |
| 0,53 | 0,2981 | 0,7019 |
| 0,54 | 0,2946 | 0,7054 |
| 0,55 | 0,2912 | 0,7088 |
| 0,56 | 0,2877 | 0,7123 |
| 0,57 | 0,2843 | 0,7157 |
| 0,58 | 0,2810 | 0,7190 |
| 0,59 | 0,2776 | 0,7224 |
| 0,60 | 0,2743 | 0,7257 |
| 0,61 | 0,2709 | 0,7291 |
| 0,62 | 0,2676 | 0,7324 |
| 0,63 | 0,2643 | 0,7357 |
| 0,64 | 0,2611 | 0,7389 |
| 0,65 | 0,2578 | 0,7422 |
| 0,66 | 0,2546 | 0,7454 |
| 0,67 | 0,2514 | 0,7486 |
| 0,68 | 0,2483 | 0,7517 |
| 0,69 | 0,2451 | 0,7549 |
| 0,70 | 0,2420 | 0,7580 |
| 0,71 | 0,2389 | 0,7611 |
| 0,72 | 0,2358 | 0,7642 |
| 0,73 | 0,2327 | 0,7673 |
| 0,74 | 0,2296 | 0,7704 |
| 0,75 | 0,2266 | 0,7734 |
| 0,76 | 0,2236 | 0,7764 |
| 0,77 | 0,2206 | 0,7794 |
| 0,78 | 0,2177 | 0,7823 |
| 0,79 | 0,2148 | 0,7852 |
| 0,80 | 0,2119 | 0,7881 |

| z | Φ(−z) | Φ(z) |
|---|---|---|
| 0,81 | 0,2090 | 0,7910 |
| 0,82 | 0,2061 | 0,7939 |
| 0,83 | 0,2033 | 0,7967 |
| 0,84 | 0,2005 | 0,7995 |
| 0,85 | 0,1977 | 0,8023 |
| 0,86 | 0,1949 | 0,8051 |
| 0,87 | 0,1922 | 0,8078 |
| 0,88 | 0,1894 | 0,8106 |
| 0,89 | 0,1867 | 0,8133 |
| 0,90 | 0,1841 | 0,8159 |
| 0,91 | 0,1814 | 0,8186 |
| 0,92 | 0,1788 | 0,8212 |
| 0,93 | 0,1762 | 0,8238 |
| 0,94 | 0,1736 | 0,8264 |
| 0,95 | 0,1711 | 0,8289 |
| 0,96 | 0,1685 | 0,8315 |
| 0,97 | 0,1660 | 0,8340 |
| 0,98 | 0,1635 | 0,8365 |
| 0,99 | 0,1611 | 0,8389 |
| **1,00** | 0,1587 | 0,8413 |
| 1,01 | 0,1562 | 0,8438 |
| 1,02 | 0,1539 | 0,8461 |
| 1,03 | 0,1515 | 0,8485 |
| 1,04 | 0,1492 | 0,8508 |
| 1,05 | 0,1469 | 0,8531 |
| 1,06 | 0,1446 | 0,8554 |
| 1,07 | 0,1423 | 0,8577 |
| 1,08 | 0,1401 | 0,8599 |
| 1,09 | 0,1379 | 0,8621 |
| 1,10 | 0,1357 | 0,8643 |
| 1,11 | 0,1335 | 0,8665 |
| 1,12 | 0,1314 | 0,8686 |
| 1,13 | 0,1292 | 0,8708 |
| 1,14 | 0,1271 | 0,8729 |
| 1,15 | 0,1251 | 0,8749 |
| 1,16 | 0,1230 | 0,8770 |
| 1,17 | 0,1210 | 0,8790 |
| 1,18 | 0,1190 | 0,8810 |
| 1,19 | 0,1170 | 0,8830 |
| 1,20 | 0,1151 | 0,8849 |

| z | Φ(−z) | Φ(z) |
|---|---|---|
| 1,21 | 0,1131 | 0,8869 |
| 1,22 | 0,1112 | 0,8888 |
| 1,23 | 0,1093 | 0,8907 |
| 1,24 | 0,1075 | 0,8925 |
| 1,25 | 0,1056 | 0,8944 |
| 1,26 | 0,1038 | 0,8962 |
| 1,27 | 0,1020 | 0,8980 |
| 1,28 | 0,1003 | 0,8997 |
| 1,29 | 0,0985 | 0,9015 |
| 1,30 | 0,0968 | 0,9032 |
| 1,31 | 0,0951 | 0,9049 |
| 1,32 | 0,0934 | 0,9066 |
| 1,33 | 0,0918 | 0,9082 |
| 1,34 | 0,0901 | 0,9099 |
| 1,35 | 0,0885 | 0,9115 |
| 1,36 | 0,0869 | 0,9131 |
| 1,37 | 0,0853 | 0,9147 |
| 1,38 | 0,0838 | 0,9162 |
| 1,39 | 0,0823 | 0,9177 |
| 1,40 | 0,0808 | 0,9192 |
| 1,41 | 0,0793 | 0,9207 |
| 1,42 | 0,0778 | 0,9222 |
| 1,43 | 0,0764 | 0,9236 |
| 1,44 | 0,0749 | 0,9251 |
| 1,45 | 0,0735 | 0,9265 |
| 1,46 | 0,0721 | 0,9279 |
| 1,47 | 0,0708 | 0,9292 |
| 1,48 | 0,0694 | 0,9306 |
| 1,49 | 0,0681 | 0,9319 |
| **1,50** | 0,0668 | 0,9332 |
| 1,51 | 0,0655 | 0,9345 |
| 1,52 | 0,0643 | 0,9357 |
| 1,53 | 0,0630 | 0,9370 |
| 1,54 | 0,0618 | 0,9382 |
| 1,55 | 0,0606 | 0,9394 |
| 1,56 | 0,0594 | 0,9406 |
| 1,57 | 0,0582 | 0,9418 |
| 1,58 | 0,0571 | 0,9429 |
| 1,59 | 0,0559 | 0,9441 |
| 1,60 | 0,0548 | 0,9452 |

| z | Φ(−z) | Φ(z) |
|---|---|---|
| 1,61 | 0,0537 | 0,9463 |
| 1,62 | 0,0526 | 0,9474 |
| 1,63 | 0,0516 | 0,9484 |
| 1,64 | 0,0505 | 0,9495 |
| 1,65 | 0,0495 | 0,9505 |
| 1,66 | 0,0485 | 0,9515 |
| 1,67 | 0,0475 | 0,9525 |
| 1,68 | 0,0465 | 0,9535 |
| 1,69 | 0,0455 | 0,9545 |
| 1,70 | 0,0446 | 0,9554 |
| 1,71 | 0,0436 | 0,9564 |
| 1,72 | 0,0427 | 0,9573 |
| 1,73 | 0,0418 | 0,9582 |
| 1,74 | 0,0409 | 0,9591 |
| 1,75 | 0,0401 | 0,9599 |
| 1,76 | 0,0392 | 0,9608 |
| 1,77 | 0,0384 | 0,9616 |
| 1,78 | 0,0375 | 0,9625 |
| 1,79 | 0,0367 | 0,9633 |
| 1,80 | 0,0359 | 0,9641 |
| 1,81 | 0,0351 | 0,9649 |
| 1,82 | 0,0344 | 0,9656 |
| 1,83 | 0,0336 | 0,9664 |
| 1,84 | 0,0329 | 0,9671 |
| 1,85 | 0,0322 | 0,9678 |
| 1,86 | 0,0314 | 0,9686 |
| 1,87 | 0,0307 | 0,9693 |
| 1,88 | 0,0301 | 0,9699 |
| 1,89 | 0,0294 | 0,9706 |
| 1,90 | 0,0287 | 0,9713 |
| 1,91 | 0,0281 | 0,9719 |
| 1,92 | 0,0274 | 0,9726 |
| 1,93 | 0,0268 | 0,9732 |
| 1,94 | 0,0262 | 0,9738 |
| 1,95 | 0,0256 | 0,9744 |
| 1,96 | 0,0250 | 0,9750 |
| 1,97 | 0,0244 | 0,9756 |
| 1,98 | 0,0239 | 0,9761 |
| 1,99 | 0,0233 | 0,9767 |
| **2,00** | 0,0228 | 0,9772 |

| z | Φ(−z) | Φ(z) |
|---|---|---|
| 2,01 | 0,0222 | 0,9778 |
| 2,02 | 0,0217 | 0,9783 |
| 2,03 | 0,0212 | 0,9788 |
| 2,04 | 0,0207 | 0,9793 |
| 2,05 | 0,0202 | 0,9798 |
| 2,06 | 0,0197 | 0,9803 |
| 2,07 | 0,0192 | 0,9808 |
| 2,08 | 0,0188 | 0,9812 |
| 2,09 | 0,0183 | 0,9817 |
| 2,10 | 0,0179 | 0,9821 |
| 2,11 | 0,0174 | 0,9826 |
| 2,12 | 0,0170 | 0,9830 |
| 2,13 | 0,0166 | 0,9834 |
| 2,14 | 0,0162 | 0,9838 |
| 2,15 | 0,0158 | 0,9842 |
| 2,16 | 0,0154 | 0,9846 |
| 2,17 | 0,0150 | 0,9850 |
| 2,18 | 0,0146 | 0,9854 |
| 2,19 | 0,0143 | 0,9857 |
| 2,20 | 0,0139 | 0,9861 |
| 2,21 | 0,0136 | 0,9864 |
| 2,22 | 0,0132 | 0,9868 |
| 2,23 | 0,0129 | 0,9871 |
| 2,24 | 0,0125 | 0,9875 |
| 2,25 | 0,0122 | 0,9878 |
| 2,26 | 0,0119 | 0,9881 |
| 2,27 | 0,0116 | 0,9884 |
| 2,28 | 0,0113 | 0,9887 |
| 2,29 | 0,0110 | 0,9890 |
| 2,30 | 0,0107 | 0,9893 |
| 2,31 | 0,0104 | 0,9896 |
| 2,32 | 0,0102 | 0,9898 |
| 2,33 | 0,0099 | 0,9901 |
| 2,34 | 0,0096 | 0,9904 |
| 2,35 | 0,0094 | 0,9906 |
| 2,36 | 0,0091 | 0,9909 |
| 2,37 | 0,0089 | 0,9911 |
| 2,38 | 0,0087 | 0,9913 |
| 2,39 | 0,0084 | 0,9916 |
| 2,40 | 0,0082 | 0,9918 |

| z | Φ(−z) | Φ(z) |
|---|---|---|
| 2,41 | 0,0080 | 0,9920 |
| 2,42 | 0,0078 | 0,9922 |
| 2,43 | 0,0075 | 0,9925 |
| 2,44 | 0,0073 | 0,9927 |
| 2,45 | 0,0071 | 0,9929 |
| 2,46 | 0,0069 | 0,9931 |
| 2,47 | 0,0068 | 0,9932 |
| 2,48 | 0,0066 | 0,9934 |
| 2,49 | 0,0064 | 0,9936 |
| **2,50** | 0,0062 | 0,9938 |
| 2,51 | 0,0060 | 0,9940 |
| 2,52 | 0,0059 | 0,9941 |
| 2,53 | 0,0057 | 0,9943 |
| 2,54 | 0,0055 | 0,9945 |
| 2,55 | 0,0054 | 0,9946 |
| 2,56 | 0,0052 | 0,9948 |
| 2,57 | 0,0051 | 0,9949 |
| 2,58 | 0,0049 | 0,9951 |
| 2,59 | 0,0048 | 0,9952 |
| 2,60 | 0,0047 | 0,9953 |
| 2,61 | 0,0045 | 0,9955 |
| 2,62 | 0,0044 | 0,9956 |
| 2,63 | 0,0043 | 0,9957 |
| 2,64 | 0,0041 | 0,9959 |
| 2,65 | 0,0040 | 0,9960 |
| 2,66 | 0,0039 | 0,9961 |
| 2,67 | 0,0038 | 0,9962 |
| 2,68 | 0,0037 | 0,9963 |
| 2,69 | 0,0036 | 0,9964 |
| 2,70 | 0,0035 | 0,9965 |
| 2,71 | 0,0034 | 0,9966 |
| 2,72 | 0,0033 | 0,9967 |
| 2,73 | 0,0032 | 0,9968 |
| 2,74 | 0,0031 | 0,9969 |
| 2,75 | 0,0030 | 0,9970 |
| 2,76 | 0,0029 | 0,9971 |
| 2,77 | 0,0028 | 0,9972 |
| 2,78 | 0,0027 | 0,9973 |
| 2,79 | 0,0026 | 0,9974 |
| 2,80 | 0,0026 | 0,9974 |

| z | Φ(−z) | Φ(z) |
|---|---|---|
| 2,81 | 0,0025 | 0,9975 |
| 2,82 | 0,0024 | 0,9976 |
| 2,83 | 0,0023 | 0,9977 |
| 2,84 | 0,0023 | 0,9977 |
| 2,85 | 0,0022 | 0,9978 |
| 2,86 | 0,0021 | 0,9979 |
| 2,87 | 0,0021 | 0,9979 |
| 2,88 | 0,0020 | 0,9980 |
| 2,89 | 0,0019 | 0,9981 |
| 2,90 | 0,0019 | 0,9981 |
| 2,91 | 0,0018 | 0,9982 |
| 2,92 | 0,0018 | 0,9982 |
| 2,93 | 0,0017 | 0,9983 |
| 2,94 | 0,0016 | 0,9984 |
| 2,95 | 0,0016 | 0,9984 |
| 2,96 | 0,0015 | 0,9985 |
| 2,97 | 0,0015 | 0,9985 |
| 2,98 | 0,0014 | 0,9986 |
| 2,99 | 0,0014 | 0,9986 |
| **3,00** | 0,0013 | 0,9987 |

## Hinweise und Tipps

### Teilaufgabe a

- Überlegen Sie, welche Wege die Kugel nehmen kann, um in den Behältern A bzw. B zu landen.
- Entwickeln Sie zu dem Glücksspiel ein passendes Baumdiagramm, das die möglichen Wege der Kugeln zeigt.
- Stellen Sie einen Zusammenhang zur Binomialverteilung her.
- Passen Sie das Baumdiagramm so an, dass nun der verbogene Stift entsprechend berücksichtigt ist.
- Bestimmen Sie beim letzten Aufgabenteil von a zunächst die Wahrscheinlichkeit dafür, dass eine Kugel im Behälter C landet.

### Teilaufgabe b

- Erstellen Sie eine Tabelle, die die möglichen Auszahlungsbeträge bzw. Gewinne und die Wahrscheinlichkeiten, mit denen diese auftreten, zeigt.
- Benutzen Sie dann die allgemeine Formel für den Erwartungswert einer Zufallsgröße (Summe aus den Produkten der Werte der Zufallsgröße und zugehörigen Wahrscheinlichkeiten).
- Bei einem fairen Spiel muss der Gewinn sowohl für den Spieler als auch für den Spielanbieter null sein.

### Teilaufgabe c

- Betrachten Sie die binomialverteilte Zufallsgröße mit den Parametern $n = 50$ und $p = \frac{3}{8}$. Prüfen Sie, ob diese Verteilung die Laplace-Bedingung erfüllt.
- Arbeiten Sie im letzten Aufgabenteil mit dem Gegenereignis und nutzen Sie die Formel für die Binomialverteilung.
- Lösen Sie die entsprechende Ungleichung nach n auf.

### Teilaufgabe d

- Geben Sie Terme an, mit denen man aus n und der unbekannten Ablenkwahrscheinlichkeit $p_L$ die Wahrscheinlichkeiten $p_A$ bzw. $p_B$ berechnen kann, mit denen die Kugel in Behälter A bzw. B fällt.
- Setzen Sie diese Terme in die in der Aufgabe genannte Bedingung ein.

## Lösung

a) Um in den Behälter A zu fallen, muss die Kugel viermal nach links und keinmal nach rechts abgelenkt werden. Jede Ablenkung nach links erfolgt mit der Wahrscheinlichkeit $\frac{1}{2}$. Es ist dann

$$p_A = \left(\frac{1}{2}\right)^4 = \frac{1}{16}.$$

Um in den Behälter B zu fallen, muss die Kugel genau einmal nach rechts und dreimal nach links abgelenkt werden. Dies ist auf vier verschiedene Arten möglich. Es ist

$$p_B = 4 \cdot \frac{1}{2} \cdot \left(\frac{1}{2}\right)^3 = \frac{1}{4}.$$

Nun ist $p_A = \frac{1}{32}$. Ist $p_L$ die Wahrscheinlichkeit, mit der der defekte Stift nach links ablenkt, so gilt:

$$p_A = \frac{1}{32} = \left(\frac{1}{2}\right)^3 \cdot p_L \quad \Leftrightarrow \quad p_L = \frac{1}{4}$$

Die Ablenkwahrscheinlichkeit nach links ist 25 %.

$p_C$ sei die Wahrscheinlichkeit, dass eine Kugel in Auffangbehälter C fällt, $E_C$ der Erwartungswert der Anzahl der in diesen Behälter fallenden Kugeln bei 256 Einwürfen.

$$E_C = p_C \cdot 256 = \binom{4}{2} \cdot \frac{1}{4} \cdot \frac{1}{4} \cdot \frac{3}{4} \cdot \frac{3}{4} \cdot 256 = 6 \cdot \frac{9}{256} \cdot 256 = 54$$

b) Die Zufallsvariable X beschreibt die Höhe des Gewinns des Spielers bei einem Spiel.

| Behälter | A | B | C | D | E |
|---|---|---|---|---|---|
| Auszahlung | 3,00 € | 1,20 € | 0,00 € | 1,20 € | 3,00 € |
| Gewinn | 2,00 € | 0,20 € | –1,00 € | 0,20 € | 2,00 € |
| Wahrscheinlichkeit | $\frac{1}{16}$ | $\frac{1}{4}$ | $\frac{3}{8}$ | $\frac{1}{4}$ | $\frac{1}{16}$ |

Berechnung des Erwartungswertes:

$$E(X) = \frac{1}{16} \cdot 2 + \frac{1}{4} \cdot 0{,}2 + \frac{3}{8} \cdot (-1) + \frac{1}{4} \cdot 0{,}2 + \frac{1}{16} \cdot 2 = -\frac{1}{40} = -0{,}025$$

Es ergibt sich ein mittlerer Verlust von 2,5 ct pro Spiel.

Sei G der bei den Ergebnissen „Kugel fällt in Behälter A" oder „Kugel fällt in Behälter E" erzielte Gewinn. Dann gilt für ein faires Spiel:

$$\frac{1}{16}\cdot G+\frac{1}{4}\cdot 0,2-\frac{3}{8}\cdot 1+\frac{1}{4}\cdot 0,2+\frac{1}{16}\cdot G=0 \quad\Rightarrow\quad G=2,20$$

Weil der Einsatz von 1 € berücksichtigt werden muss, müssen die Auszahlungsbeträge für die Behälter A und E nun jeweils 3,20 € betragen.

**Alternativ** kann man natürlich auch statt mit den Gewinnen gleich mit den Auszahlungsbeträgen rechnen. Dann muss der Erwartungswert der Auszahlung gleich der Einzahlung sein, damit ein faires Spiel vorliegt.

$$\frac{1}{16}\cdot A+\frac{1}{4}\cdot 1,2+\frac{1}{4}\cdot 1,2+\frac{1}{16}\cdot A=1 \quad\Rightarrow\quad A=3,20$$

c) Die Zufallsvariable X beschreibt die Anzahl der Kugeln im Behälter C bei einem Einwurf von 50 Kugeln. X ist binomialverteilt mit $n=50$ und $p=\frac{3}{8}$.

$$P(X=16)+P(X=17)=\binom{50}{16}\cdot\left(\frac{3}{8}\right)^{16}\cdot\left(\frac{5}{8}\right)^{34}+\binom{50}{17}\cdot\left(\frac{3}{8}\right)^{17}\cdot\left(\frac{5}{8}\right)^{33}$$
$$\approx 0,0864+0,1037=0,1901=19,01\,\%$$

Wegen $\sigma^2=n\cdot p\cdot(1-p)=50\cdot 0,375\cdot 0,625\approx 11,72>9$ ist die Laplace-Bedingung erfüllt und die Normalverteilung kann als Näherung verwendet werden.

$$P(16\le X\le 17)=P(X\le 17)-P(X\le 15)$$
$$\approx \Phi\left(\frac{17+0,5-50\cdot 0,375}{\sqrt{11,72}}\right)-\Phi\left(\frac{15+0,5-50\cdot 0,375}{\sqrt{11,72}}\right)$$
$$\approx \Phi(-0,37)-\Phi(-0,95)\approx 0,3557-0,1711=0,1846=18,46\,\%$$

Die Zufallsvariable X beschreibt die Anzahl der Kugeln im Behälter A bei einem Einwurf von n Kugeln. Es soll $P(X=0)<0,07$ gelten.

$$P(X=0)<0,07$$
$$\binom{n}{0}\cdot\left(\frac{1}{16}\right)^0\cdot\left(\frac{15}{16}\right)^n<0,07$$
$$\left(\frac{15}{16}\right)^n<0,07$$
$$n\cdot\ln\left(\frac{15}{16}\right)<\ln(0,07)$$
$$n>\frac{\ln(0,07)}{\ln\left(\frac{15}{16}\right)}\approx 41,2$$

Es müssen also mindestens 42 Kugeln eingeworfen werden.

d) Bei einem Galton-Brett mit n Stiftreihen und einer Ablenkwahrscheinlichkeit $p_L$ nach links gilt für $p_A$ und $p_B$:

$p_A = p_L^n$

$p_B = n \cdot p_L^{n-1} \cdot (1 - p_L)$

Wegen $p_B = 3 \cdot n \cdot p_A$ gilt für $p_L > 0$:

$$
\begin{aligned}
n \cdot p_L^{n-1} \cdot (1 - p_L) &= 3 \cdot n \cdot p_L^n \\
p_L^{n-1} - p_L^n &= 3 \cdot p_L^n \\
p_L^{n-1} &= 4 \cdot p_L^n \\
1 &= 4 \cdot p_L \\
p_L &= \frac{1}{4}
\end{aligned}
$$

Daher ist die Ablenkwahrscheinlichkeit $p_L = \frac{1}{4}$.

## Schleswig-Holstein – Kernfach Mathematik
## 2012 – Aufgabe 1: Analysis (CAS)

Ein Bergprofil lässt sich annähernd mithilfe des Graphen der Funktion f mit
$f(x) = (x-1)^2 \cdot e^{-0{,}5x}$ für $0 \le x \le 13$
beschreiben.

Dabei entspricht eine Längeneinheit (LE) zehn Metern. Ergebnisse sind im Folgenden auf zwei Nachkommastellen zu runden.

a) • Berechnen Sie die gemeinsamen Punkte des Graphen von f mit den Achsen und dessen Extrempunkte (Talsohle und Gipfel).

• Skizzieren Sie den Graphen von f im Intervall [0; 13] und wählen Sie hierfür auf der x-Achse den Maßstab 1 LE $\triangleq$ 1 cm. Auf der y-Achse verwenden Sie das Intervall [0; 3] mit dem Maßstab 1 LE $\triangleq$ 3 cm.

• Bestimmen Sie den Punkt mit der größten Steigung zwischen der Talsohle und dem Gipfel. 13 P

b) Eine Skisprungschanze für den Nachwuchs soll neu errichtet werden. Dazu wird auf dem Hang an der Stelle $x = 0$ ein 20 m hoher Turm errichtet, von dem aus die Springer starten. Das Schanzenprofil (Anlauf) lässt sich durch den Graphen einer ganzrationalen Funktion g 2. Grades beschreiben. Der Absprungpunkt (Ende des Schanzentisches), der sich im Scheitelpunkt dieser Parabel befindet, liegt genau zwei Meter (0,2 LE) über dem Gipfel.

• Bestimmen Sie die zugehörige Funktionsgleichung.

Verwenden Sie für Ihre weiteren Berechnungen
$g(x) = 0{,}059466x^2 - 0{,}594656x + 3$.

• Skizzieren Sie das Schanzenprofil in das Koordinatensystem von Aufgabenteil a. 6 P

c) Aufgrund der Statik wird ein zusätzlicher Stützpfeiler benötigt. Dieser soll an der Stelle errichtet werden, an der der Höhenunterschied zwischen der Schanze und dem Gelände am größten ist.

• Berechnen Sie den Fußpunkt dieses Stützpfeilers und dessen Länge.

• Begründen Sie, dass die oben genannte Bedingung nur an einer Stelle erfüllt sein kann, an der die Steigungen der Graphen von f und g gleich sind. 6 P

d) Nach der Fertigstellung der Schanze werden erste Probesprünge durchgeführt. Die Flugbahn des ersten Springers lässt sich näherungsweise durch einen Teil des Graphen der Funktion h mit $h(x) = -0{,}0387x^2 + 0{,}387x + 0{,}546$ darstellen.

- Berechnen Sie die Koordinaten des Landepunktes L und geben Sie die horizontale Flugweite an.
  [Kontrolle: $x_L \approx 10{,}00$]
- Bestimmen Sie den Winkel zwischen der Flugbahn und dem Gelände im Auftreffpunkt. 5 P

---

## Hinweise und Tipps

**Teilaufgabe a**

- Es gibt gemeinsame Punkte des Graphen von f mit der x-Achse und mit der y-Achse.
- Suchen Sie die Stellen x, an denen Extrempunkte des Graphen von f liegen können, mithilfe der notwendigen Bedingung $f'(x) = 0$.
- Beweisen Sie mithilfe einer hinreichenden Bedingung, dass an den eben ermittelten Stellen wirklich Extrempunkte liegen, und bestimmen Sie die Art der Extrema.
- Ein Punkt des Graphen, an dem dieser eine lokal maximale Steigung hat, ist ein Wendepunkt des Graphen.

**Teilaufgabe b**

- Benutzen Sie als Ansatz für die Funktion g entweder $g(x) = ax^2 + bx + c$ oder aber die Scheitelpunktform $g(x) = a(x - d)^2 + e$.
- Sie können aus dem Text drei Bedingungen aufstellen, aus denen sich dann a, b, c bzw. a, d, e eindeutig bestimmen lassen.

**Teilaufgabe c**

- Die Länge d des an der Stelle x errichteten Stützpfeilers beträgt $d(x) = g(x) - f(x)$. Bestimmen Sie die Stelle, an der die Funktion d im Intervall [0; 5] ihr globales Maximum hat, und berechnen Sie dessen Wert.
- Suchen Sie dazu zunächst die lokalen Extrema von d.
- Interpretieren Sie beim letzten Teilpunkt von Teilaufgabe c die Bedingung $d'(x) = (g - f)'(x) = g'(x) - f'(x) = 0$ geometrisch.

**Teilaufgabe d**

- Der gesuchte Landepunkt ist ein Schnittpunkt der Graphen von f und h.
- Den gesuchten Winkel erhält man, indem man die Steigungswinkel der Graphen von f und h an der Landestelle berechnet.
- Für den Steigungswinkel $\alpha$ des Graphen von f an der Stelle x gilt $\tan(\alpha) = f'(x)$.

## Lösung

a) Gemeinsame Punkte mit den Achsen:
y-Achse: $f(0) = 1$
Der Schnittpunkt mit der y-Achse ist $S_y(0\,|\,1)$.

| | |
|---|---|
| $f(x) := (x-1)^2 \cdot e^{-0.5 \cdot x}$ | *Fertig* |
| $f(0)$ | 1. |

x-Achse: $f(x) = 0 \;\Leftrightarrow\; x = 1$
Der Schnittpunkt mit der y-Achse ist $S_x(1\,|\,0)$.

| | |
|---|---|
| solve$(f(x)=0,x)$ | $x=1$ |

Lokale Extrema:
Notwendig für ein lokales Extremum von f an der Stelle x ist $f'(x) = 0$.
$f'(x) = 0 \;\Leftrightarrow\; x = 1 \vee x = 5$

Weil außerdem $f''(1) \approx 1{,}21 > 0$ gilt, liegt an der Stelle $x = 1$ ein lokales Minimum mit dem Funktionswert $f(1) = 0$ vor. Der Graph von f hat also in $T(1\,|\,0)$ einen Tiefpunkt (Talsohle).

| | |
|---|---|
| $f1(x) := \frac{d}{dx}(f(x))$ | *Fertig* |
| $f2(x) := \frac{d}{dx}(f1(x))$ | *Fertig* |
| $f3(x) := \frac{d}{dx}(f2(x))$ | *Fertig* |
| solve$(f1(x)=0,x)$ | $x=1$ or $x=5.$ |
| $f2(1)$ | 1.21306 |
| $f(1)$ | 0. |

Da $f''(5) \approx -0{,}16 < 0$ gilt, liegt an der Stelle $x = 5$ ein lokales Maximum mit dem Funktionswert $f(5) \approx 1{,}31$ vor. Der Graph von f hat also in $H(5\,|\,1{,}31)$ einen Hochpunkt (Gipfel).

| | |
|---|---|
| $f2(5)$ | -0.16417 |
| $f(5)$ | 1.31336 |

Skizze:

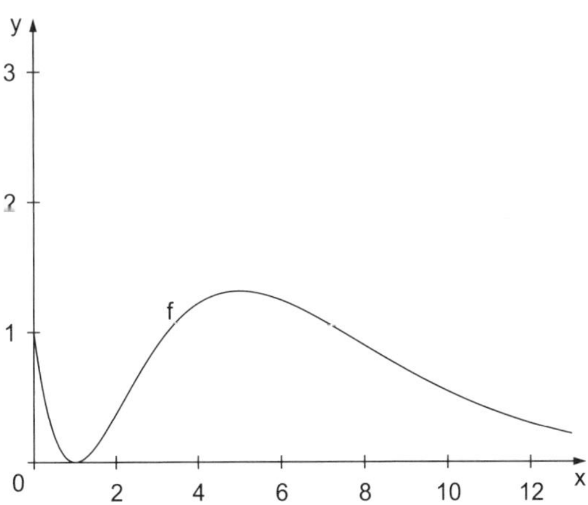

Gesucht ist der Wendepunkt des Graphen von f im Intervall [1; 5]. Notwendig für einen Wendepunkt des Graphen von f an der Stelle x ist $f''(x)=0$.

$f''(x)=0 \;\Leftrightarrow\; x\approx 2{,}17 \;\vee\; x\approx 7{,}83>5$

Weil zusätzlich $f'''(2{,}17)\approx -0{,}48\neq 0$ gilt, ist $x\approx 2{,}17$ die gesuchte Wendestelle und $W(2{,}17\,|\,0{,}46)$ der Wendepunkt.

| | |
|---|---|
| solve(f2(x)=0,x) | x=2.17157 or x=7.82843 |
| f3(2.17) | -0.478507 |
| f(2.17) | 0.462554 |

b) Der Ansatz für die Funktionsgleichung einer ganzrationalen Funktion 2. Grades ist $g(x)=ax^2+bx+c$. Mit den Bedingungen an g

| | |
|---|---|
| $g(0)=3$ | 20 m hoher Turm an der Stelle $x=0$, wobei $f(0)=1$ |
| $g(5)=f(5)+0{,}2$ | Absprungpunkt 2 Meter über dem Gipfel |
| $g'(5)=0$ | Scheitelpunkt an der Stelle $x=5$ |

ergibt sich gerundet die Funktionsgleichung
$g(x)=0{,}059466x^2-0{,}594656x+3$.

| | |
|---|---|
| $g(x):=a\cdot x^2+b\cdot x+c$ | Fertig |
| $g1(x):=\frac{d}{dx}(g(x))$ | Fertig |
| solve(g(0)=3 and g(5)=f(5)+0.2 and g1(5)=0,▸ | a=0.059466 and b=-0.594656 and c=3 |
| g(x)\|a=0.059465600880704 and b=-0.59465▸ | $0.059466\cdot x^2-0.594656\cdot x+3$ |
| $g(x):=0.059466\cdot x^2-0.594656\cdot x+3$ | Fertig |

Skizze:

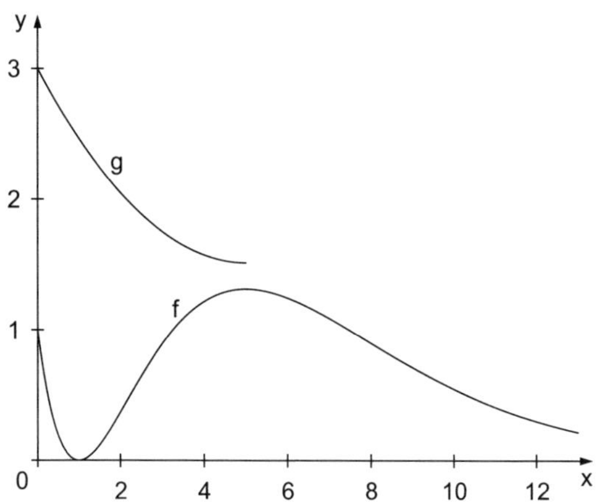


**Alternativ** kann man auch mit der Scheitelpunktform $g(x)=a(x-d)^2+e$ arbeiten. Dann sind $d=5$ und $e=f(5)+0{,}2$ die Koordinaten des Scheitelpunktes des Graphen von g, der Parameter a lässt sich dann aus der Gleichung $g(0)=3$ berechnen.

c) Die Länge eines Stützpfeilers an der Stelle x beträgt $d(x) = g(x) - f(x)$. Gesucht ist das globale Maximum von d im Intervall [0; 5].
Notwendig für ein lokales Extremum von d an der Stelle x ist $d'(x) = 0$.
$d'(x) = 0 \quad \Leftrightarrow \quad x \approx 0{,}67 \vee x = 5$

| | |
|---|---|
| $d(x) := g(x) - f(x)$ | *Fertig* |
| $d1(x) := \frac{d}{dx}(d(x))$ | *Fertig* |
| solve$(d1(x)=0, x)$ | $x=0.667842$ or $x=4.99999$ |

Wegen $d(0) = 2$, $d(0{,}67) \approx 2{,}55$ und $d(5) = 0{,}2$ liegt an der Stelle $x \approx 0{,}67$ das gesuchte Maximum mit $f(0{,}67) \approx 0{,}08$.

Also ist $P(0{,}67 \,|\, 0{,}08)$ der Fußpunkt des längstmöglichen Stützpfeilers, der eine Länge von ca. 25,5 m hat.

| | |
|---|---|
| $d(0)$ | 2. |
| $d(0.67)$ | 2.55037 |
| $d(5)$ | 0.20001 |
| $f(0.67)$ | 0.0779 |

Notwendig für eine lokale Maximalstelle von d ist $d'(x) = 0$.

$$
\begin{aligned}
& d'(x) = 0 \\
\Leftrightarrow \quad & (g - f)'(x) = 0 \\
\Leftrightarrow \quad & g'(x) - f'(x) = 0 \\
\Leftrightarrow \quad & g'(x) = f'(x)
\end{aligned}
$$

Der Höhenunterschied zwischen der Schanze und dem Gelände ist also an der Stelle extremal, an der die Steigungen der Graphen von f und g gleich sind.

d) Der gesuchte Landepunkt ist ein Schnittpunkt der Graphen von f und h für $x > 5$.
$f(x) = h(x)$ liefert $x \approx 0{,}18$ oder $x \approx 10{,}00$.

Es ist $f(10) \approx 0{,}55$.

Also ist $L(10{,}00 \,|\, 0{,}55)$ der Landepunkt, und die horizontale Flugweite beträgt 50,0 m (= 100,0 m − 50 m).

| | |
|---|---|
| $h(x) := -0.0387 \cdot x^2 + 0.387 \cdot x + 0.546$ | *Fertig* |
| $h1(x) := \frac{d}{dx}(h(x))$ | *Fertig* |
| solve$(f(x)=h(x), x)$ | $x=0.180056$ or $x=10.001$ |
| $f(10.001)$ | 0.545622 |

Der gesuchte Winkel sei $\alpha = |\alpha_h - \alpha_f|$.
Es gilt
$\tan(\alpha_f) \approx f'(10{,}00) \approx -0{,}15$ und
$\tan(\alpha_h) \approx h'(10{,}00) \approx -0{,}39$.
Daraus ergibt sich
$\alpha = |\alpha_h - \alpha_f| \approx |-21{,}16° - (-8{,}62°)|$
$= 12{,}54°$
als der gesuchte Winkel im Auftreffpunkt.

| | |
|---|---|
| $\tan^{-1}(f1(10))$ | -8.62061 |
| $\tan^{-1}(h1(10))$ | -21.1564 |
| $\|-21.156437481004 - -8.6206137366326\|$ | 12.5358 |

## Schleswig-Holstein – Kernfach Mathematik
## 2012 – Aufgabe 2: Analysis (CAS)

Die Funktion s mit

$s(t)=0{,}005\cdot t^4-0{,}256\cdot t^3+4{,}386\cdot t^2-25{,}432\cdot t$

modelliert einen vertikalen Tauchgang. Dabei kann man die Werte für t als Zeitangaben in Minuten auffassen, wobei der Tauchgang bei $t=0$ beginnt. Die Funktionswerte s(t) sind als Positionsangaben in Metern anzusehen, wobei der Wert 0 für die Wasseroberfläche und z. B. der Wert –10 für eine Tiefe von 10 Metern stehen.

Runden Sie Ihre Endergebnisse auf zwei Nachkommastellen.

a) • Bestimmen Sie den Zeitpunkt ($t_A$), zu dem der Taucher wieder die Wasseroberfläche erreicht, sowie die Extrem- und Wendepunkte des Graphen von s.

• Skizzieren Sie den Graphen von s im Intervall $[0; t_A]$ unter Verwendung der ermittelten Ergebnisse.

• Beschreiben Sie den Verlauf des Tauchgangs, indem Sie die charakteristischen Punkte im Sachzusammenhang interpretieren, und ermitteln Sie den Wert der größten Aufstiegsgeschwindigkeit. 17 P

b) Bestimmen Sie das 3-minütige Zeitintervall während des Aufstiegs, in dem die Tiefenänderung des Tauchers minimal ist, der Taucher sich also in einem möglichst schmalen Tiefenband bewegt. 6 P

c) Der Inhalt der Fläche zwischen dem Graphen von s und der t-Achse ist ein Maß für die während des Tauchgangs benötigte Luftmenge, die der Taucher in der Flasche mitnehmen muss.

• Berechnen Sie den Inhalt dieser Fläche.

• Der Taucher entscheidet sich, seinen Tauchgang, wie in der Abbildung gezeigt, zu verändern, um eine bestimmte Zeit in einer Tiefe von 30 m zu verweilen.

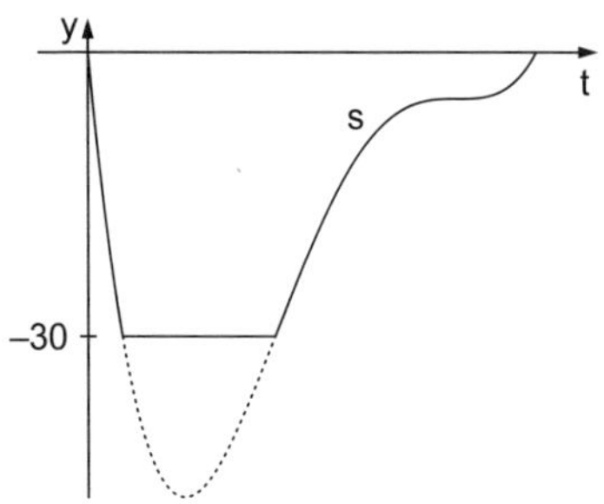

Bestimmen Sie die Verweildauer in der Tiefe von 30 m und die prozentuale Einsparung der bei diesem neuen Tauchgang benötigten Luftmenge im Vergleich zu dem in Teilaufgabe a beschriebenen Verlauf des Tauchgangs. 4 P

d) Der Taucher verweilt noch 4 min länger als bisher in der Tiefe von 30 m und taucht dann in der gleichen Art wie in Teilaufgabe c auf.
Geben Sie die Funktion $s_2$ an, die den neuen Aufstieg beschreibt. 3 P

---

## Hinweise und Tipps

### Teilaufgabe a

- Der Auftauchzeitpunkt ist eine Nullstelle von s.
- Suchen Sie die Stellen, an denen Extrem- und Wendepunkte des Graphen von s liegen können, mithilfe der entsprechenden notwendigen Bedingungen.
- Weisen Sie mithilfe einer hinreichenden Bedingung für Extremstellen bzw. Wendestellen nach, dass an den eben ermittelten Stellen wirklich Extrempunkte bzw. Wendepunkte liegen, und bestimmen Sie die Art der Extrema.
- Beachten Sie, dass nicht jede Stelle mit horizontaler Tangente eine Extremstelle sein muss.

### Teilaufgabe b

- Begründen Sie: Die Breite des Tiefenbandes, in dem sich der Taucher im Zeitintervall $[t; t+3]$ bewegt, ist während der Aufstiegsphase mit dem Term $s(t+3)-s(t)$ zu berechnen.
- Untersuchen Sie die Funktion h mit $h(t)=s(t+3)-s(t)$ auf globale Extrema in dem Intervall, das den Aufstiegsvorgang umfasst.

### Teilaufgabe c

- Der gesuchte Flächeninhalt lässt sich über ein Integral berechnen.
- Der Inhalt der von den Graphen von s und der Funktion $y(t)=-30$ eingeschlossenen Fläche ist ein Maß für die eingesparte Luftmenge.
- Dieser Flächeninhalt lässt sich ebenfalls mithilfe eines Integrals berechnen.
- Bestimmen Sie dazu die Schnittstellen der Graphen der Funktionen s und y mit $y(t)=-30$.

### Teilaufgabe d

- Der Graph von $s_2$ muss gegenüber dem der Funktion s um 4 Einheiten nach rechts verschoben sein.

# Lösung

a) Bestimmung der Nullstellen:
$s(t)=0 \;\Leftrightarrow\; t=0 \vee x\approx 20{,}64$

Es gilt also $t_A \approx 20{,}64$, der Taucher taucht ungefähr zur Zeit 20,64 min wieder auf.

| | |
|---|---|
| $s(t):=0.005\cdot t^4-0.256\cdot t^3+4.386\cdot t^2-25.432\cdot t$ | *Fertig* |
| solve$(s(t)=0,t)$ | $t=0$ or $t=20.6363$ |

Lokale Extrema:
Notwendig für ein lokales Extremum von s an der Stelle t ist $s'(t)=0$.
$s'(t)=0 \;\Leftrightarrow\; t=4{,}4 \vee t=17$

Weil außerdem $s''(4{,}4)\approx 3{,}18>0$ gilt, liegt an der Stelle $t=4{,}4$ ein lokales Minimum mit dem Funktionswert $s(4{,}4)\approx -46{,}92$ vor. Der Graph von f hat also den Tiefpunkt $T(4{,}4\,|\,-46{,}92)$. Wegen $s''(17)=0$ sind an der Stelle $t=17$ weitere Untersuchungen notwendig.

| | |
|---|---|
| $s1(t):=\frac{d}{dt}(s(t))$ | *Fertig* |
| $s2(t):=\frac{d}{dt}(s1(t))$ | *Fertig* |
| $s3(t):=\frac{d}{dt}(s2(t))$ | *Fertig* |
| solve$(s1(t)=0,t)$ | $t=4.4$ or $t=17.$ |
| $s2(4.4)$ | 3.1752 |
| $s(4.4)$ | -46.9209 |
| $s2(17)$ | 0. |

Wendepunkte:
Notwendig für einen Wendepunkt des Graphen von s an der Stelle t ist $s''(t)=0$.
$s''(t)=0 \;\Leftrightarrow\; t=8{,}6 \vee t=17$

Weil zusätzlich $s'''(8{,}6)\approx -0{,}5\neq 0$ und $s'''(17)\approx 0{,}5\neq 0$ gilt, liegen an den Stellen $t=8{,}6$ und $t=17$ Wendepunkte vor.

| | |
|---|---|
| solve$(s2(t)=0,t)$ | $t=8.6$ or $t=17.$ |
| $s3(8.6)$ | -0.504 |
| $s3(17)$ | 0.504 |

Die Funktionswerte lauten $s(8{,}6)\approx -29{,}81$ und $s(17)\approx -4{,}91$, die Wendepunkte des Graphen sind damit $W_1(8{,}6\,|\,-29{,}81)$ und $W_2(17\,|\,-4{,}91)$.

| | |
|---|---|
| $s(8.6)$ | -29.8066 |
| $s(17)$ | -4.913 |

Nach den Ergebnissen von oben ist die Tangente an den Graphen von s an der Stelle $t=17$ waagerecht, $W_2$ ist also sogar ein Sattelpunkt.

Einzeichnen der Punkte und Skizze des Graphen:

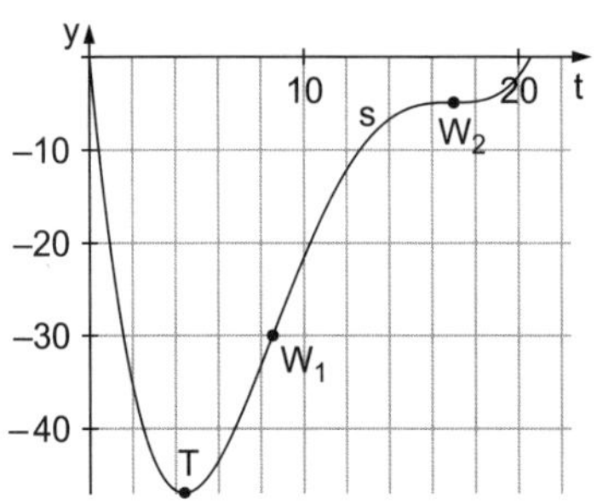

Der Tauchvorgang beginnt bei $t=0$. Der Taucher erreicht nach 4,4 Minuten mit ca. 47 m seine größte Tauchtiefe (Punkt T).

Die größte Aufstiegsgeschwindigkeit liegt entweder an der Wendestelle ($t=8{,}6$) oder aber an der Stelle $t_A$ (Rand) vor.

Wegen $s'(8{,}6) \approx 5{,}93$ und $s'(t_A) \approx 4{,}30$ beträgt die größte Aufstiegsgeschwindigkeit etwa $5{,}9\,\frac{\text{m}}{\text{min}}$. Diese wird nach 8,6 Minuten in einer Tiefe von ca. 29,8 m erreicht.

| | |
|---|---|
| s1(8.6) | 5.92704 |
| s1(20.64) | 4.30347 |

Danach sinkt die Aufstiegsgeschwindigkeit bis auf $0\,\frac{\text{m}}{\text{min}}$ zur Zeit 17 Minuten (Punkt $W_2$) ab, zu dieser Zeit befindet sich der Taucher in ca. 5 m Tiefe.

Für $t > 17$ nimmt die Aufstiegsgeschwindigkeit wieder zu, der Taucher erreicht nach ca. 20,6 min wieder die Wasseroberfläche.

b) Da s während des Aufstiegs (für $t \in [4{,}4;\ 20{,}64]$) monoton steigt, wird die Tiefenänderung h in einem dreiminütigen Intervall $[t;\ t+3]$ mit $t \in [4{,}4;\ 17{,}64]$ durch $h(t) = s(t+3) - s(t)$ beschrieben.

Von der Funktion h ist das globale Minimum auf dem Intervall $[4{,}4;\ 17{,}64]$ zu bestimmen. Dieses kann an den Intervallrändern liegen oder ein lokales Minimum im Intervall sein.

Notwendig für ein lokales Minimum von h an der Stelle t ist $h'(t)=0$.

$h'(t) = 0 \quad \Leftrightarrow \quad t \approx 7{,}19 \vee t \approx 15{,}41$

Wegen

$h(4{,}4) \approx 10{,}16,\ \ h(7{,}19) \approx 17{,}22,$

$h(15{,}41) \approx 0{,}56$ und $h(17{,}64) \approx 4{,}91$

ist das dreiminütige Intervall mit der geringsten Tiefenänderung das Intervall $[15{,}41;\ 18{,}41]$.

| | |
|---|---|
| $h(t):=s(t+3)-s(t)$ | Fertig |
| $h1(t):=\frac{d}{dt}(h(t))$ | Fertig |
| solve(h1(t)=0,t) | t=7.19026 or t=15.4097 |
| h(4.4) | 10.1574 |
| h(7.19) | 17.2202 |
| h(15.41) | 0.56093 |
| h(17.64) | 4.9061 |

c) Es ist

$$\left| \int_0^{20{,}64} s(t)\,dt \right| \approx 431{,}16,$$

also beträgt der Inhalt der gesuchten Fläche ca. 431,16 Flächeneinheiten.

| | |
|---|---|
| $\left\|\int_0^{20.64} (s(t))dt\right\|$ | 431.163 |

Für die Zeiten, in denen der Taucher sich in genau 30 m Tiefe befindet, gilt $s(t) = -30$.

$s(t) = -30 \quad \Leftrightarrow \quad t \approx 1{,}56 \vee t \approx 8{,}57$

Wegen $8{,}57 - 1{,}56 \approx 7$ beträgt die Verweildauer ca. 7 Minuten.

| | |
|---|---|
| solve(s(t)=-30,t) | t=1.56426 or t=8.56736 |
| 8.57-1.56 | 7.01 |

Der Inhalt der von der Geraden y = –30 und dem Graphen von s eingeschlossenen Fläche ist ein Maß für die eingesparte Luftmenge.
Es ist

$$\left|\int_{1,56}^{8,57} -30 - s(t)\,dt\right| \approx 76,64,$$

| | |
|---|---|
| $\left\|\int_{1.56}^{8.57} (-30-s(t))\,dt\right\|$ | 76.6421 |
| $\frac{76.64}{431.16}$ | 0.177753 |

also beträgt der Inhalt dieser Fläche ca. 76,64 Flächeneinheiten. Die prozentuale Einsparung beträgt damit

$$\frac{76,64}{431,16} \approx 17,78\ \%.$$

d) Der Aufstieg beginnt nun bei $t \approx 12,57$, der Graph von $s_2$ ist gegenüber dem Graphen von s um 4 Einheiten nach rechts in Richtung der t-Achse verschoben.

| |
|---|
| $s(t-4)$ |
| $0.005\cdot(t-4)\cdot(t^3-63.2\cdot t^2+1334.8\cdot t-9478.4)$ |
| expand$(s(t-4),t)$ |
| $0.005\cdot t^4-0.336\cdot t^3+7.938\cdot t^2-74.088\cdot t+189.$▸ |

Demnach erhält man für die Funktion $s_2$

$$s_2(t) = s(t-4) = 0,005 \cdot t^4 - 0,336 \cdot t^3 + 7,938 \cdot t^2 - 74,088 \cdot t + 189,568$$

mit $t \in [12,57; 24,64]$.

# Ihre Meinung ist uns wichtig!

Ihre Anregungen sind uns immer willkommen. Bitte informieren Sie uns mit diesem Schein über Ihre Verbesserungsvorschläge!

| Titel-Nr. | Seite | Vorschlag |
|---|---|---|
| | | |
| | | |
| | | |
| | | |
| | | |
| | | |
| | | |
| | | |
| | | |

Bitte hier abtrennen

Lernen • Wissen • Zukunft
STARK

Bitte hier abtrennen

## Zutreffendes bitte ankreuzen!

### Die Absenderin/der Absender ist:

- ☐ Lehrer/in in den Klassenstufen: ____
- ☐ Fachbetreuer/in
  Fächer: ____
- ☐ Seminarlehrer/in
  Fächer: ____
- ☐ Regierungsfachberater/in
  Fächer: ____
- ☐ Oberstufenbetreuer/in
- ☐ Schulleiter/in
- ☐ Referendar/in, Termin 2. Staatsexamen: ____
- ☐ Leiter/in Lehrerbibliothek
- ☐ Leiter/in Schülerbibliothek
- ☐ Sekretariat
- ☐ Eltern
- ☐ Schüler/in, Klasse: ____
- ☐ Sonstiges: ____

### Unterrichtsfächer: (Bei Lehrkräften!)

____

STARK Verlag
Postfach 1852
85318 Freising

22_V01
Bitte ausfüllen und im frankierten Umschlag an uns einsenden. Für Fensterkuverts geeignet.

**Kennen Sie Ihre Kundennummer? Bitte hier eintragen.**

| | | | | | | |
|---|---|---|---|---|---|---|
| | | | | | | |

### Absender (Bitte in Druckbuchstaben!)

Name/Vorname

Straße/Nr.

PLZ/Ort/Ortsteil

Telefon privat

Geburtsjahr

E-Mail

### Schule/Schulstempel (Bitte immer angeben!)

*(Bitte blättern Sie um)*